中国科协学科发展研究系列报告

中国科学技术协会 / 主编

# 摄影测量与遥感学科发展报告

—— REPORT ON ADVANCES IN ——
PHOTOGRAMMETRY AND REMOTE SENSING

中国遥感应用协会 / 编著

中国科学技术出版社
·北 京·

**图书在版编目（CIP）数据**

2018—2019摄影测量与遥感学科发展报告 / 中国科学技术协会主编；中国遥感应用协会编著 . —北京：中国科学技术出版社，2020.7

（中国科协学科发展研究系列报告）

ISBN 978-7-5046-8535-3

Ⅰ. ① 2… Ⅱ. ①中… ②中… Ⅲ. ①摄影测量—学科发展—研究报告—中国—2018—2019 ②遥感技术—学科发展—研究报告—中国—2018—2019 Ⅳ.① P23-12 ② TP7-12

中国版本图书馆 CIP 数据核字（2020）第 036887 号

| | |
|---|---|
| 策划编辑 | 秦德继　许　慧 |
| 责任编辑 | 赵　佳 |
| 装帧设计 | 中文天地 |
| 责任校对 | 焦　宁 |
| 责任印制 | 李晓霖 |

| | |
|---|---|
| 出　　版 | 中国科学技术出版社 |
| 发　　行 | 中国科学技术出版社有限公司发行部 |
| 地　　址 | 北京市海淀区中关村南大街16号 |
| 邮　　编 | 100081 |
| 发行电话 | 010-62173865 |
| 传　　真 | 010-62179148 |
| 网　　址 | http://www.cspbooks.com.cn |

| | |
|---|---|
| 开　　本 | 787mm×1092mm　1/16 |
| 字　　数 | 280千字 |
| 印　　张 | 12.75 |
| 版　　次 | 2020年7月第1版 |
| 印　　次 | 2020年7月第1次印刷 |
| 印　　刷 | 河北鑫兆源印刷有限公司 |
| 书　　号 | ISBN 978-7-5046-8535-3 / P・207 |
| 定　　价 | 65.00元 |

# 2018—2019

# 摄影测量与遥感
# 学科发展报告

**首席科学家**　龚健雅

**主　　编**　徐　文

**副 主 编**　赵红蕊

**编　　委**（按姓氏笔画排序）

| | | | | |
|---|---|---|---|---|
| 卫　征 | 王　金 | 王　密 | 王树东 | 王超军 |
| 龙小祥 | 田庆久 | 田国良 | 芦祎霖 | 杨　博 |
| 吴　玮 | 吴文佳 | 张立福 | 张有广 | 陈　琦 |
| 陈卫荣 | 陈震中 | 邵　芸 | 林明森 | 金永涛 |
| 周　颖 | 姚　毅 | 秦进春 | 聂　娟 | 徐　鹏 |
| 徐念旭 | 黄长平 | 黄冬明 | 葛曙乐 | 焦梦妍 |
| 谢俊峰 | 谭琪凡 | | | |

**学术秘书**（按姓氏笔画排序）

　　刘舒波　张圆圆　林　涛

序
FOREWORD

当今世界正经历百年未有之大变局。受新冠肺炎疫情严重影响，世界经济明显衰退，经济全球化遭遇逆流，地缘政治风险上升，国际环境日益复杂。全球科技创新正以前所未有的力量驱动经济社会的发展，促进产业的变革与新生。

2020年5月，习近平总书记在给科技工作者代表的回信中指出，"创新是引领发展的第一动力，科技是战胜困难的有力武器，希望全国科技工作者弘扬优良传统，坚定创新自信，着力攻克关键核心技术，促进产学研深度融合，勇于攀登科技高峰，为把我国建设成为世界科技强国作出新的更大的贡献"。习近平总书记的指示寄托了对科技工作者的厚望，指明了科技创新的前进方向。

中国科协作为科学共同体的主要力量，密切联系广大科技工作者，以推动科技创新为己任，瞄准世界科技前沿和共同关切，着力打造重大科学问题难题研判、科学技术服务可持续发展研判和学科发展研判三大品牌，形成高质量建议与可持续有效机制，全面提升学术引领能力。2006年，中国科协以推进学术建设和科技创新为目的，创立了学科发展研究项目，组织所属全国学会发挥各自优势，聚集全国高质量学术资源，凝聚专家学者的智慧，依托科研教学单位支持，持续开展学科发展研究，形成了具有重要学术价值和影响力的学科发展研究系列成果，不仅受到国内外科技界的广泛关注，而且得到国家有关决策部门的高度重视，为国家制定科技发展规划、谋划科技创新战略布局、制定学科发展路线图、设置科研机构、培养科技人才等提供了重要参考。

2018年，中国科协组织中国力学学会、中国化学会、中国心理学会、中国指挥与控制学会、中国农学会等31个全国学会，分别就力学、化学、心理学、指挥与控制、农学等31个学科或领域的学科态势、基础理论探索、重要技术创新成果、学术影响、国际合作、人才队伍建设等进行了深入研究分析，参与项目研究和报告编写的专家学者不辞辛劳，深入调研，潜心研究，广集资料，提炼精华，编写了 31 卷学科发展报告以及 1 卷综合报告。综观这些学科发展报告，既有关于学科发展前沿与趋势的概观介绍，也有关于学科近期热点的分析论述，兼顾了科研工作者和决策制定者的需要；细观这些学科发展报告，从中可以窥见：基础理论研究得到空前重视，科技热点研究成果中更多地显示了中国力量，诸多科研课题密切结合国家经济发展需求和民生需求，创新技术应用领域日渐丰富，以青年科技骨干领衔的研究团队成果更为凸显，旧的科研体制机制的藩篱开始打破，科学道德建设受到普遍重视，研究机构布局趋于平衡合理，学科建设与科研人员队伍建设同步发展等。

在《中国科协学科发展研究系列报告（2018—2019）》付梓之际，衷心地感谢参与本期研究项目的中国科协所属全国学会以及有关科研、教学单位，感谢所有参与项目研究与编写出版的同志们。同时，也真诚地希望有更多的科技工作者关注学科发展研究，为本项目持续开展、不断提升质量和充分利用成果建言献策。

中国科学技术协会
2020 年 7 月于北京

1839 年，法国人尼普斯和达盖尔发明了摄影术；1851—1859 年，法国陆军上校劳赛达特提出并进行了交会摄影测量，这被称为摄影测量学的起点；1858 年，法国人纳达利用气球从空中对地面拍摄，获取了第一张地面的空中照片。飞机的发明和第一次世界大战推动了摄影测量的发展，使模拟航空摄影测量成为当时最有效的大面积测图方法。随着光电、航天等技术的发展，20 世纪 60 年代中期，人们基于返回式卫星发展出航天摄影测量；而在航空摄影测量领域，20 世纪 80 年代开始进入数字测量阶段。遥感，以航空摄影测量为基础，20 世纪 60 年代初分别发展出航空遥感和航天遥感：航空遥感侧重发展多镜头 CCD 成像（多光谱遥感）、成像光谱仪（高光谱遥感）、合成孔径雷达（微波遥感）等；航天遥感则以 1972 年美国发射第一颗陆地遥感卫星 Landsat-1 为标志，并逐渐丰富为全色、多光谱、高光谱、微波、红外、激光、微光、偏振等各种探测手段。当时，一般认为遥感与摄影测量的差别主要在于，摄影测量的空间分辨率和精度高（都可达到厘米级），几何信息丰富，处理技术偏重于几何校正、制图等，主要用于地形测量、制图等领域；遥感的空间分辨率和精度较低（气象 / 海洋遥感公里级、陆地遥感数十米到百米级），辐射 / 光谱等信息丰富，使用 CCD 等数字手段获取数据（包括传输）并用计算机和专业软件处理，处理技术偏重于辐射校正、影像解译、动态变化分析等，主要用于气象预报、资源管理、环境监测、科学研究等领域。

随着数字技术的发展，航空摄影测量所用的相机不断数字化；航天摄影测量由于陆地遥感卫星数据空间分辨率和立体观测能力的飞速提升，进入 21 世纪后逐步融入航天遥感。航天遥感则在气象、海洋、陆地、空间探测等方面迅猛发展，并广泛应用于电子政务、自然资源、生态环境、交通运输、公共安全、城乡建设、水利、农业农村、应急管理、林业草业、统计、气象、科学研究等各方面；同时，在陆地遥感方面，以法国 1986 年发射 SPOT-1 卫星为标志，迅速形成遥感立体测图能力。航空遥感随着各种光谱、微波、激光等设备的轻小型化和无人机（尤其是消费级无人机）的迅速普及，也得以迅猛发展，并逐渐消失与航空摄影测量的界限。1910 年成立的国际摄影测量学会于 1980 年更名为国际摄影测量与遥感学会（ISPRS）。

1979 年，邓小平同志出访美国，亲自主持签订了在北京建立遥感卫星地面接收站的协议。之后，中国遥感技术与应用得以迅速发展。随着移动互联网、云计算、大数据、人工智能等新技术与测绘学科的深度交叉与融合，传统的数据生产型测绘升级为全领域、全范围全息的地理信息服务。摄影测量与遥感进入一个动态、快速、多平台、多时相、高分辨率地提供对地观测数据的新阶段。作为《国家中长期科学和技术发展规划纲要（2006—2020 年）》所确定的重大专项之一，2010 年我国启动实施"高分辨率对地观测系统"（高分专项），至 2019 年年底已基本如期完成主要工程任务，是我国迄今为止在遥感领域载荷种类涉及最多、系统建设最完整、技术指标实现从跟跑到并跑跨越的重大工程。高分辨率对地观测系统具备了一定的高空间分辨率、高时间分辨率、高光谱分辨率和高精度对地观测的能力，对于推进我国空间基础设施建设、促进遥感应用推广及相关产业发展具有重大意义。此外，我国制定的《国家民用空间基础设施中长期发展规划（2015—2025 年）》，明确了三个阶段的建设任务，其发布实施以来，第一阶段任务已经完成，第二阶段任务也在稳步推进，最终形成全球遥感数据接收和服务能力。总之，我国的摄影测量与遥感学科和国民经济、社会发展及政府、大众等用户与日俱增的应用需求紧密结合，与摄影测量技术、遥感科学与技术和航空航天等事业互为促进、迅猛发展。在能力建设上，我国空间基础设施在规模上已形成 300 多颗在轨卫星组成的庞大体系，遥感卫星近百颗。在学科建设上，我国自 20 世纪 30 年代以来，已在数以百计的高等学校、科研院所和职业学校设置相关学科，形成人才培养和泰斗权威辈出的良好局面。在国际影响方面，世界大学排名中心从 2017 年开始把遥感作为一级学科排名，武汉大学始终位列全球第一；上海软科教育信息咨询有限公司从 2017 年起也将遥感作为世界一流学科进行排名，并评选武汉大学为全球第一。这说明遥感已成为全球公认快速发展的新兴学科，而我国以武汉大学为代表的遥感学科力量开始引领全球遥感学科发展。

为此，我们相信，我国的摄影测量与遥感学科在新时代必将实现新的跨越和新的融合，为支持摄影测量技术和遥感科学与技术进一步创新发展，为服务数字中国建设、绿色发展、生态文明建设和人类命运共同体构建，为有效应对人类可持续发展所面临的全球气候变化、自然资源管理、生态环境保护、重大自然灾害防治、粮食安全保障等重大问题，为发展空间信息产业、地理信息产业等新兴产业而实现信息消费升级和数字经济创新发展，为民族复兴和"两个一百年"目标顺利实现而提供强大的人力资源和科技资源保障！

中国遥感应用协会

2020 年 3 月

目录
CONTENTS

# ABSTRACTS

## Comprehensive Report

## Reports on Special Topics

综 合 报 告

# 摄影测量与遥感学科发展研究

## 1 引言

### 1.1 摄影测量与遥感学科发展报告编写背景

2015 年 10 月 24 日，国务院印发《统筹推进世界一流大学和一流学科建设总体方案》（国发〔2015〕64 号），强调建设世界一流大学和一流学科，是党中央、国务院作出的重大战略决策，对于提升我国教育发展水平、增强国家核心竞争力、奠定长远发展基础，具有十分重要的意义。教育部、财政部和国家发展改革委 2017 年 1 月 24 日发布《统筹推进世界一流大学和一流学科建设实施办法（暂行）》（教研〔2017〕2 号），要求面向国家重大战略需求，面向经济社会主战场，面向世界科技发展前沿，突出建设的质量效益、社会贡献度和国际影响力，突出学科交叉融合和协同创新，突出与产业发展、社会需求、科技前沿紧密衔接，深化产教融合，全面提升我国高等教育在人才培养、科学研究、社会服务、文化传承创新和国际交流合作中的综合实力。

教育部、财政部和国家发展改革委于 2018 年 8 月 8 日发布《关于高等学校加快"双一流"建设的指导意见》（教研〔2018〕5 号），在学科建设方面，要求强化内涵建设，打造一流学科高峰。明确学科建设内涵，突出学科优势与特色，拓展学科育人功能，打造高水平学科团队和梯队，增强学科创新能力，并创新学科组织模式。

本报告隶属于中国科学技术协会学科发展研究项目，根据国务院学位委员会、教育部 2013 年发布的《一级学科博士、硕士学位基本要求》，测绘科学与技术是研究地球和其他实体与时空分布有关信息的采集、量测、处理、分析、显示、管理和利用的科学与技术。测绘科学与技术的研究内容包括探测地球和其他实体的形状与重力场以及空间定位的理论与方法，利用各种测量仪器、传感器以及组合系统获取地球及其他实体与空间分布相关的信息，制成各种地形图和专题图，建立地理、土地等各种空间信息系统，为研究自然和社会现象，解决人口、资源、环境和灾害等社会可持续发展中的重大问题，以及为国民经济

和国防建设提供技术支撑和数据保障。

为进一步扩大办学自主权，推动学位授予单位快速响应国家对高层次人才的需求，加强新兴交叉学科发展，办出特色和优势，国务院学位委员会、教育部于 2009 年印发了《学位授予和人才培养学科目录设置与管理办法》，对二级学科设置办法进行了改革，学位授予单位可在获得授权的一级学科下自主设置与调整二级学科。1997 年颁布的《授予博士、硕士学位和培养研究生的学科、专业目录》中的二级学科，作为学位授予单位招生、培养人才的重要依据。此目录中，在"08 工学"下设有"0816 测绘科学与技术"一级学科，含大地测量学与测量工程（081601）、摄影测量与遥感（081602）、地图制图学与地理信息工程（081603）3 个二级学科。一级学科在 2018 年 4 月更新的《学位授予和人才培养学科目录》中未有更新。截至 2019 年 5 月 31 日，二级学科在 1997 年目录的二级学科之外，相关学位授予单位立足学科发展前沿，积极回应社会需求，在"测绘科学与技术"自主设置了矿山空间信息工程、数字矿山与沉陷控制工程、海洋测绘、城市空间信息工程、地理国情监测 5 个二级学科。

为系统梳理当前摄影测量与遥感学科的发展现状，回顾总结近年来发展经验，汇聚学科发展思路，在中国科学技术协会支持下，中国遥感应用协会承担了"摄影测量与遥感学科发展研究"项目。本报告是二级学科摄影测量与遥感（081602）首次学科发展报告。

## 1.2 摄影测量与遥感学科发展报告编写原则

二级学科"摄影测量与遥感"（081602）隶属于工学框架下的一级学科"测绘科学与技术"，但是遥感也有很强的理学属性，与地理学、大气科学、海洋科学、地质学等理学学科深度融合。遥感"理""工"兼备的特性无疑需要在本学科报告的边界确定时有所取舍。因本发展报告为初次编写，故基本原则还是遵循现有的学科设置体系，充分尊重现有工学框架制度，并与 2014—2015 年和 2016—2017 年的《测绘科学技术学科发展报告》相衔接，据此界定研究范围，并遵循一般学科发展报告处理原则，将部分内容有序规划于未来年度的报告中，适当兼顾遥感之理学属性。

此外，对摄影测量与遥感的关系认知，亦是本报告编写之初有待说明的内容之一。摄影测量与遥感的关系，学术界观点不尽相同。1851—1859 年法国陆军上校劳赛达特提出和进行交会摄影测量，被称为摄影测量的真正起点。在 20 世纪 60 年代，遥感技术随着空间科学的发展而兴起。1972 年，第一颗 Landsat 卫星升空，标志着遥感学科的建立。1980 年国际摄影测量学会正式改名为"国际摄影测量与遥感学会"。

传统意义上一般认为摄影测量主要研究被测物体的几何属性，遥感的工作重点集中在"解译"上，回答"是什么"和"为什么"的问题，研究的是物体的物理属性。有学者认为，"摄影测量"与"遥感"指的是一个相同的学科而存在于两个不同的时期，遥感就是摄影测量学的发展和扩充。

经过几十年的发展，今天中国已经成为世界遥感大国，在国家民用航天、高分辨率对地观测系统重大专项（以下简称高分专项）、国家民用空间基础设施等重大工程推进下，我国的高分辨率对地观测系统建设取得巨大突破，基本实现了通过多平台、多传感器、多角度，以高空间分辨率、高光谱分辨率、高时相分辨率和高辐射分辨率对陆地、大气、海洋的天空地一体化、全天候、全天时观测，遥感数据获取技术取得了长足的发展，遥感数据定量化处理与应用技术也大幅提升，为自然资源、生态环境、应急管理等众多行业和各省（区、市）的工程化、业务化应用需求提供了强大支撑，并推进摄影测量与遥感学科快速发展。中国学者的遥感论文数量超过世界任何国家的发文量，在各类顶尖国际遥感刊物、摄影测量与遥感组织中也发挥着越来越重要的作用。与国际遥感界同步，中国发展了众多的遥感应用分支学科，如农业遥感、土壤遥感、地质遥感、水文遥感、气候遥感、海洋遥感、城市遥感、考古遥感等。有学者认为，遥感无处不在，应该把握住正在蓬勃兴起的无线传感器网络技术，把声、光、味等物理、化学、生物传感都纳入遥感的范畴。

本发展报告系首次编写，脉络上大致依数据流展开，从平台与传感器开始，介绍摄影测量与遥感数据处理技术以及典型的应用领域。报告适当包含了部分必要的概念、背景及基本理论、技术方法的介绍；在技术理论研究环节，尽量不涉及分支学科或交叉学科的内容；同时，由于遥感理论研究，如定量遥感反演、遥感同化、遥感尺度效应等，一方面具有更多的理学特性，另一方面其在本报告依托的二级学科范畴还难以系统化、体系化，故本报告暂未涵盖。对于遥感应用而言，遥感为我们提供了真正看到不可见世界的能力。毫无疑问，遥感可以超越学科的界限，在各个领域发挥巨大的作用，但也正因为其范围之广，难以在本报告中逐一描述，本研究主要选取了自然资源、生态环境和应急与减灾3个方面进行了重点介绍，更多的内容有待于在未来年度报告中逐步完善。

根据本学科特点，报告以遥感平台与传感器为基础，分析国际上本学科最新研究热点、前沿和趋势，回顾总结我国摄影测量与遥感学科的新观点、新理论、新方法、新技术、新成果等，客观反映本学科国内外的发展动态，分析总结我国摄影测量与遥感学科未来发展战略和重点发展方向；并简要介绍在学科建设与人才培养等方面取得的进展，为摄影测量与遥感学科的建设与发展汇聚智慧。

## 2　近期研究进展

### 2.1　平台与传感器最新进展

#### 2.1.1　国内外平台与传感器综合进展

##### 2.1.1.1　高空间分辨率光学遥感平台与传感器

20世纪90年代以来，高分辨率对地观测卫星蓬勃发展，通过这些卫星获取影像为国土资源勘测与调查、城市规划与建设、防灾减灾、农林水利等各领域提供广泛而有效的服务；因此，美国、法国、德国、日本、印度、以色列、韩国等国都大力发展，并拥有本国的高分辨率对地观测卫星系统。其中，美国的光学遥感卫星发展始终走在世界前列，WorldView 系列遥感卫星代表着当前民用遥感卫星的最高水平，空间分辨率最高可达 0.31m；欧洲的光学遥感卫星主要以法国的 SPOT 和 Pleiades 系列遥感卫星为典型代表，在空间分辨率、敏捷性和精度等方面都表现良好，空间分辨率最高达 0.5m；中国的高景一号卫星星座空间分辨率达到 0.5m；印度的 Cartosat 系列制图卫星空间分辨率达 0.65m；韩国的KOMPSAT 系列卫星达到 0.55m。

### 2.1.1.2 高光谱遥感平台与传感器

从 20 世纪 80 年代开始，随着成像光谱技术的出现，高光谱遥感已成为国际遥感技术研究的热门课题，逐步发展为光学遥感领域重要技术与应用手段之一。1983 年，世界第一台航空成像光谱仪 AIS-1 在美国研制成功，在矿物填图、植被生化特征等方面进行了研究和应用。此后，许多国家先后研制了多种类型的航空成像光谱仪，如美国的 AVIRIS、DAIS、TRWIS，加拿大的 FLI、CASI，德国的 ROSIS，澳大利亚的 HyMap 等。在基于地物反射特性的航空高光谱成像仪发展的同时，航空热红外高光谱成像仪也得以发展，如美国的 AHI 和 SEBASS、加拿大的 TIPS 等。

我国从 20 世纪 80 年代中后期至今，也积极推进高光谱成像技术研究，经历了从细分多光谱到成像光谱遥感，从光学机械扫描到面阵推扫的发展过程，先后研制和发展了新型模块化航空成像光谱仪（MAIS）、推帚式成像光谱仪（PHI）、实用型模块化成像光谱仪（OMIS）、宽视场面阵 CCD 超光谱成像仪（WHI）以及高分辨率成像光谱仪（C-HRIS）等，在国内外得到多次示范应用，为我国航天高光谱遥感技术发展提供了技术储备，并有力支撑了我国精细化定量遥感应用。

1999 年以来，美国地球观测计划（EOS）搭载中分辨率成像光谱仪（MODIS）的Terra 卫星、搭载 Hyperion 成像光谱仪的"新千年计划第一星"EO-1、搭载超光谱成像仪试验相机（FTHSI）的美国 MightySat Ⅱ 小型技术试验卫星、搭载于国际空间站的第一颗针对近岸海洋遥感的近海高光谱成像仪（HICO）、搭载中分辨率成像光谱仪（MERIS）的欧洲环境卫星（ENVISAT），以及欧洲搭载紧凑式高分辨率成像光谱仪（CHRIS）的 PROBA小卫星相继升空，宣告了航天高光谱时代的来临。我国借助载人航天工程的推动，在航天领域紧跟国际高光谱遥感技术的发展，并结合国内应用需求，先后研制了中分辨率成像光谱仪（CMODIS）、环境与灾害监测小卫星（HJ-1A/B）、高分五号高光谱卫星、珠海一号系列卫星、资源一号 02D 星等多型航天高光谱遥感器，已形成强大的高光谱分辨率对地观测能力。

### 2.1.1.3 合成孔径雷达平台与传感器

从 20 世纪 90 年代中后期，合成孔径雷达干涉、极化测量技术逐渐成熟，应用领域不断扩展，成为合成孔径雷达（Synthetic Aperture Radar，SAR）应用研究的热点之一。SAR卫星采用微波有源探测（发射/接收）方式，通过距离向脉冲压缩和方位向合成孔径技术，可穿透云、雨、雾、沙尘暴等，具备全天候、全天时工作能力，能实现对地高分宽幅成像、干涉测高、地表微小形变监测等，是常年多云雨地区最有效的数据获取方式；使SAR卫星在国土资源、地质、地震、防灾减灾、农业、林业、水文、测绘、军事等领域有独特的应用价值，受到各国政府和科研机构重视，并得到了迅猛发展。

1978年，美国发射了全球第一颗合成孔径雷达卫星，随后又利用航天飞机将SIR-A、SIR-B和SIR-C三部成像雷达送入太空，其发射的军用雷达卫星Lacrosse是目前空间分辨率最高的星载SAR系统。1995年和2007年，加拿大先后发射了RADARSAT-1卫星和RADARSAT-2卫星。德国于2007年和2010年先后发射了TerraSAR-X卫星和TanDEM-X卫星，双星编队飞行，获取了新的高精度全球数字高程模型。欧洲空间局（ESA）通过哥白尼计划（GMES）2014年发射了Sentinel-1卫星（2颗），载有C波段合成孔径雷达。我国也积极发展合成孔径雷达卫星，如环境—号C卫星（HJ-1C）、高分三号卫星（GF-3）等。

### 2.1.1.4 激光雷达平台与传感器

星载激光雷达（Light Detection And Ranging，LiDAR）实验始于20世纪90年代初。30年来，世界主要空间大国先后开展了星载激光雷达的研究。以美国为代表，公开报道的典型激光雷达系统有MOLA、MLA、LOLA、GLAS、ATLAS、LIST等；其中MOLA、MLA、LOLA搭载在深空探测飞行器上，分别完成火星、水星、月球地形测绘。这三个系统都采用了线性探测体制，其中LOLA是第一颗采用非扫描多波束的激光雷达系统；相对深空探测，对地测绘对激光雷达载荷和卫星平台的要求更高，技术难度更大，目前仅有ICESat-1、ICESat-2、LIST为对地测绘激光雷达。

中国科学院空天信息创新研究院、上海技术物理研究所、上海光学精密机械研究所、中国电子科技集团有限公司27所、北京空间机电研究所、武汉大学、哈尔滨工业大学等国内科研单位都在开展激光雷达技术研究。目前国内已发射或在研的星载激光设备，主要是嫦娥系列的深空激光高度计和ZY-3、GF-7、CM-1、TH-3搭载的对地激光高度计等。

### 2.1.1.5 立体测绘平台与传感器

具备立体测图或高程测量能力的卫星称为测绘卫星，其任务是进行立体观测，获取地面目标的几何和物理属性。空间位置信息是地面目标的基本几何属性，在军事和民用领域有广泛的应用。随着摄影测量技术的发展，传输型光学立体测绘卫星因其可长期在轨运行、快速获取三维地理信息的能力，改善了返回式卫星因受其携带的胶片数量限制而在轨寿命短、获取情报的时效性差和不能直接形成数字影像等不足，已逐渐成为摄影测量卫星发展的主流。传输型三线阵光学成像及摄影测量属于动态摄影，卫星从不同视角多次对同一目标摄像，通过后期影像处理可确定目标的三维空间位置信息。三线阵测绘卫星具有相机几何结构稳定、基高比高、立体影像时间一致、对卫星平台稳定度要求较低等优点，适用于卫星测绘领域。我国测绘卫星虽然起步相对较晚，但近年来也有较大突破。2010年8月24日，我国成功发射了传输型立体测绘卫星天绘一号，迈出了我国测绘卫星的第一步，搭载了自主研发的线面混合三阵线CCD相机、多光谱相机，采用了2m分辨率的全色相机，将有效载荷比提高到42%，可以提供分辨率5m的全色地面影像。2012年1月9日，成功发射了首颗高分辨率传输立体测绘卫星资源三号01星，采用三线阵方式进行测绘，其前后视相机的分辨率为3.5m，正视相机的分辨率达2.1m，多光谱相机影像的地面分辨率为5.8m。2016年5月30日，成功发射了资源三号02星，将前后视相机的地面像元分辨率由01星的3.5m提高到2.5m，与01星组网观测，实现重点城市地理信息3个月更新一次，全国每年更新一次。2019年11月3日发射高分七号卫星，实现了亚米级立体测绘观测。

### 2.1.1.6 气象遥感传感器

以极地轨道气象遥感卫星风云三号D星（FY-3D）和静止轨道气象遥感卫星风云四号A星（FY-4A）为例，介绍气象遥感传感器。

**1）极地轨道气象遥感卫星典型载荷**

风云三号D星搭载有中分辨率光谱成像仪Ⅱ型（MERSI-Ⅱ）、微波温度计Ⅱ型（MWTS-Ⅱ）、微波湿度计Ⅱ型（MWHS-Ⅱ）、红外高光谱大气垂直探测仪（HIRAS）、微波成像仪（MWRI）、高光谱温室气体监测仪（GAS）、广角极光成像仪（WAI）、电离层光度计（IPM）、GNSS掩星大气探测仪（GNOS）、空间环境监测器（SEM）10台遥感载荷。

（1）中分辨率光谱成像仪Ⅱ型（MERSI-Ⅱ）是风云三号卫星的核心仪器之一，升级改进后可以与美国最新发射的联合极轨气象卫星的成像仪器相媲美，成为国际上最先进的宽幅成像遥感仪器之一。中分辨率光谱成像仪整合了原有风云三号卫星两台成像仪器的功能，是世界上首台能够获取全球250m分辨率红外分裂窗区资料的成像仪器，可以每日无缝隙获取全球250m分辨率真彩色图像，实现云、气溶胶、水汽、陆地表面特性、海洋水色等大气、陆地、海洋参量的高精度定量反演，为我国生态治理与恢复、环境监测与保护提供科学支持，为全球生态环境、灾害监测和气候评估提供中国观测方案。

（2）微波温度计Ⅱ型（MWTS-Ⅱ）在01批微波温度计（MWTS-Ⅰ）基础上，通过通道细分将50~60GHz氧气吸收带附近的通道数从4大幅增加到13，提高了微波温度计的探测能力和性能指标。微波温度计可以全天时、全天候观测大气垂直温度分布，改进数值天气预报模式初始场，提高天气预报的准确性。

（3）微波湿度计Ⅱ型（MWHS-Ⅱ）在继承01批卫星仪器通道设置基础上，重点提升仪器辐射定标精度、探测灵敏度和使用寿命。MWHS-Ⅱ利用183.31GHz水汽吸收线附近的5个大气湿度探测通道和118.75GHz氧气吸收线附近的8个大气温度探测通道，结合89GHz和166GHz两个窗区通道的探测结果可获取全球大气湿度和温度垂直分布廓线，以及降水检测、路径冰水厚度、降水强度等产品，为数值天气预报提供大气湿度初始场信息。

（4）红外高光谱大气垂直探测仪（HIRAS）采用了目前国际上最先进的傅里叶干涉探测技术，可以实现地气系统的高光谱分辨率红外观测，光谱覆盖 1370 个通道。相较于原有的风云三号红外分光计，光谱通道数量增加了 70 倍，光谱分辨率最高达 0.625cm 波数，可以提高大气温度和大气湿度廓线反演精度 1 倍以上，极大提升对我国中长期数值天气预报的支撑能力，并将天气预报的有效时效延长 2~3d。

（5）微波成像仪（MWRI）是风云三号卫星的重要成像仪器之一，通过对地球表面 10.65~89GHz 双极化被动微波辐射能量的观测，获取风场、陆表和海表降水、大气可降水、云水、大气路径液水厚度、路径冰水厚度、融化层高度和厚度、土壤水分、海冰、海表温度、积雪等相关信息。微波成像仪延续前三颗卫星的设计功能，保持稳定连续观测，具备气候观测和研究能力。

（6）高光谱温室气体监测仪（GAS）是首次在风云卫星上搭载的监测全球温室气体浓度的遥感仪器，可以获取二氧化碳、甲烷、一氧化碳等主要温室气体的全球浓度分布和时间变化的信息，提高区域尺度上地表温室气体通量的定量估算，分析和监测全球碳源碳汇，为巴黎气候大会温室气体减排提供科学监测数据。

（7）广角极光成像仪（WAI）是全球首台从空间大范围获取极光图像的遥感仪器，在高磁纬地区可以实现极紫外波段、每 2min 一幅、约 130°×130° 范围的极光图像，空间分辨率 10km，可以监视极光边界位置、电离层全局图像和沉降电子分布，实现极光强度和范围、极区沉降粒子的现报，进而开展磁暴预报、磁层亚暴预报和极区电离层天气预报。

（8）电离层光度计（IPM）通过测量氧气原子和氮气分子的极紫外波段气辉辐射强度，反演夜间电子浓度和白天氧氮比参数，实现电离层状态及变化监测。WAI 和 IPM 提升了保证我国空间基础设施安全的能力，确保国家航天强国战略的实施。

（9）GNSS 掩星大气探测仪（GNOS）在继承 FY-3C 卫星仪器基础上，重点增加了我国北斗导航卫星的定位通道和掩星通道数量，是世界上首个具备同时接收 GPS 和北斗两个导航卫星系统信号的探测仪器，共计 29 个接收通道。它为我国数值天气预报和气候监测业务提供全球高精度、高垂直分辨率的大气折射率和大气温湿压廓线，并为空间天气监测提供电离层电子密度信息。

（10）空间环境监测器（SEM）主要探测卫星运行轨道上粒子辐射环境、原位磁场矢量变化、仪器的辐射剂量累积以及卫星表面电位变化情况，为航天活动、卫星设计、空间科学研究及空间天气预警预报业务提供必要的数据支撑。

2）静止轨道气象遥感卫星典型载荷

风云四号 A 星搭载有多通道扫描成像辐射计（AGRI）、干涉式大气垂直探测仪（GIIRS）、闪电成像仪（LMI）、空间环境监测仪器（SEP）4 台遥感载荷。

（1）多通道扫描成像辐射计（AGRI）是风云四号静止气象卫星的主要载荷之一，通过精密的双扫描镜机构实现精确和灵活的二维指向，可实现分钟级的区域快速扫描；采用离轴三反主光学系统，高频次获取 14 波段（6 个可见 / 近红外波段，2 个中波红外波段，2 个水汽波段和 4 个长波红外波段）的地球云图，可见 / 近红外波段的空间分辨率为 0.5~1km、红外波段的空间分辨率为 2~4km，并利用星上黑体进行高频次红外定标，以确保观测数据的精度。

（2）干涉式大气垂直探测仪（GIIRS）是国际上第一台在静止轨道上以红外高光谱干涉分光方式探测三维大气垂直结构的精密遥感仪器，具有突破性；采用 32×4 面阵探测器，通过迈克尔逊干涉分光方式观测不同谱段的红外辐射，长波探测波段为 700~1130cm$^{-1}$（8.85~14.29μm），中波探测波段为 1650~2250cm$^{-1}$（4.44~6.06μm），光谱分辨率达 0.625cm$^{-1}$，光谱探测通道达 1650 个，空间分辨率为 16km，时间分辨率为 30min（768km×960km）和 60min（4480km×5000km），可获取大气温度和湿度的垂直分布，为气象预报提供大范围、连续、快速、准确的遥感信息。

（3）闪电成像仪（LMI）是全球第一批两颗静止气象卫星闪电成像仪之一，我国首次研制，采用 CCD 面阵和光学成像技术，成像速率达 500 帧 / 秒，中心波长 777.4nm，带宽 1nm，空间分辨率在星下点为 7.8km，总视场角为 4.98°（南北）×7.41°（东西），可对观测区域内包括云闪、云间闪、云－地闪在内的总闪电进行凝视观测，闪电探测率为 90%，实现对雷暴系统的实时、连续监测和跟踪，为强对流天气监测、民航、铁路、电力等行业安全保障等提供服务。风云四号卫星闪电成像仪每年从春季到秋季观测中国地区，其他时间观测印度洋和澳大利亚西部地区。

（4）空间环境监测仪器（SEP）包含有高能粒子探测器（HEPD）、磁强计（FGM）和空间天气效应探测器，主要作用是监测空间环境状况、记录空间环境对卫星的影响、保障卫星在轨运行安全，这是我国首次在静止轨道卫星上同时搭载有空间环境和效应探测仪器。其中，高能粒子探测器（HEPD）包括高能质子探头和高能电子探头，可测量高能质子（能量范围：1~165MeV 和大于 165MeV）和高能电子（能量范围为 0.4~4MeV），并且在三轴稳定的平台上多个方向上安装了粒子探头，可进行粒子的多方向流量探测。磁强计（FGM）可以实现在 ±400nT 范围内对地球同步轨道的磁场探测。空间天气效应探测器可以对空间环境辐射剂量以及卫星表面电位和绝对电位进行探测，包括辐射总剂量探测器（RADD）、表面电位探测器和深层充电探测器（CPD）。

2.1.1.7　海洋遥感传感器

以海洋水色遥感卫星海洋一号 B 星（HY–1B）和海洋动力环境遥感卫星海洋二号 B 星（HY–2B）为例，介绍海洋遥感传感器。

1）海洋水色遥感卫星典型载荷

海洋一号 B 星搭载有海洋水色扫描仪、海岸带成像仪 2 台载荷，主要用于探测叶绿素、悬浮泥沙、可溶有机物及海洋表面温度等要素和进行海岸带动态变化监测，为海洋经济发展和国防建设服务。

（1）海洋水色扫描仪拥有从可见光402nm到近红外12.50μm的10个探测波段，星下点空间分辨率优于1100m，每行像素为1664，辐射精度可见光为10%、近红外为±1K，覆盖周期为1d。

（2）海岸带成像仪拥有可见光从433~695nm的4个探测波段，星下点空间分辨率为250m，每行像素为2048，覆盖周期为7d。

2）海洋动力环境遥感卫星典型载荷

海洋二号B星搭载有雷达高度计、微波散射计、扫描微波辐射计、校正辐射计等遥感载荷，具有高精度测轨、定轨能力与全天候、全天时、全球探测能力，主要用于监测和调查海洋环境，获得包括海面风场、浪高、海面高度、海面温度等多种海洋动力环境参数，直接为灾害性海况预警预报提供实测数据，为海洋防灾减灾、海洋权益维护、海洋资源开发、海洋环境保护、海洋科学研究以及国防建设等提供支撑服务。

（1）雷达高度计工作频率为13.58GHz和5.25GHz，脉冲有限足迹优于2km，测距精度海洋星下点优于2cm，用于测量海面高度、有效波高和重力场参数，具有外定标工作模式。

（2）微波散射计的工作频率为13.256GHz，工作带宽（1dB）为1MHz，极化方式有HH和VV 2种，处理后地面分辨率25km，刈幅H极化方式优于1350km、V极化方式优于1700km，其测量精度可达0.5dB、测量范围–40dB~+20dB，用于测量海面风矢量场，具有外定标工作模式。

（3）扫描微波辐射计拥有6.925GHz、10.7GHz、18.7GHz、23.8GHz和37.0GHz 5个探测频率，带宽分别为350MHz、100MHz、200MHz、400MHz和1000MHz，灵敏度分别优于0.5K、0.6K、0.5K、0.5K和0.8K，刈幅优于1600km，分辨率为20~150km，动态范围为3~350K，定标精度1K（95~320K），用于测量海面温度、海面水汽含量、液态水和降雨强度等参数。

（4）校正辐射计拥有18.7GHz、23.8GHz和37.0GHz 3个工作频率，带宽分别为250MHz、250MHz和500MHz，灵敏度均为0.4K，动态范围为3~300K，定标精度1K（120~320K），为高度计提供大气湿对流层路径延迟校正服务。

### 2.1.2 高分专项

高分专项是《国家中长期科学和技术发展规划纲要（2006—2020年）》所确定的重大专项之一，主要任务是面向国家现代农业、防灾减灾、资源环境、公共安全等重要领域的重大紧迫需求，研制覆盖陆地、大气、海洋，全天候、全天时、国际一流的高分辨率对地观测系统（以下简称高分系统）。高分专项由天基系统、临近空间系统、航空系统、地面系统、应用系统等组成，于2010年经国务院批准实施，对于突破高分辨率对地观测核心技术、追赶美欧先进水平、推进我国空间基础设施建设、促进遥感应用推广及其相关产业发展等具有重大意义。

高分专项的天基系统包含高分系列卫星，覆盖全色、多光谱、高光谱、微波，以及太阳同步轨道、地球同步轨道等多种类型，具备高空间分辨率、高时间分辨率、高光谱分辨率和高精度对地观测能力。

#### 2.1.2.1 高分一号

高分一号卫星于 2013 年 4 月 26 日成功发射，载有 2 台 2m 分辨率全色 /8m 分辨率多光谱相机、组合幅宽优于 70km 和 4 台 16m 分辨率多光谱相机、组合幅宽优于 800km；设计寿命 5~8 年；回归周期 41d，重访周期 2m/8m 相机 4d、16m 相机 2d。其数据已广泛应用于土地利用动态监测、矿产资源调查、环境监测与调查、农作物动态监测、减灾防灾等方面。

#### 2.1.2.2 高分二号

高分二号卫星于 2014 年 8 月 19 日发射成功，载有 2 台 0.8m 分辨率全色 /3.2m 分辨率多光谱相机、组合幅宽优于 45km；设计寿命 5~8 年；回归周期 69d，重访周期 5d。其数据已为地质解译、地质灾害调查、矿山开发监测、生态地质环境调查、土地利用监测与变更调查风景名胜区管理、城乡建设管理路网规划与灾害应急、航道环境监测、道路基础设施监测以及森林资源、湿地、荒漠化、林业生态工程和森林灾害监测等提供强大支撑。

#### 2.1.2.3 高分三号

高分三号卫星于 2016 年 8 月 10 日发射成功，具有 C 波段全极化微波成像能力，可实现 1~500m 分辨率多种工作模式，设计寿命超过 8 年。该星可全天候、全天时监视监测全球海洋和陆地资源，有力支撑海洋权益维护、灾害风险预警预报、水资源评价与管理、灾害天气和气候变化预测预报等应用。

#### 2.1.2.4 高分四号

高分四号卫星于 2015 年 12 月 29 日发射成功，载有 1 台同步轨道 50m 分辨率凝视相机，成像区域为我国周边 7000km×7000km，单景覆盖区域 400km×400km，可实现分钟级高时间分辨率监测；设计寿命为 8 年。其数据可满足水体、堰塞湖、云系、林地、森林火点、气溶胶厚度等识别与变化信息提取需求，对减灾、气象、地震、林业、环保等提供有力支撑。

#### 2.1.2.5 高分五号

高分五号卫星于 2018 年 5 月 9 日发射成功，是世界首颗实现对大气和陆地综合观测的全谱段高光谱卫星，填补了国产卫星无法有效探测区域大气污染气体的空白，可满足环境综合监测等方面的迫切需求，是中国实现高光谱分辨率对地观测能力的重要标志。该星搭载了大气痕量气体差分吸收光谱仪、主要温室气体探测仪、大气多角度偏振探测仪、大气环境红外甚高光谱分辨率探测仪、可见短波红外高光谱相机、全谱段光谱成像仪共 6 台载荷，可对大气气溶胶、二氧化硫、二氧化氮、二氧化碳、甲烷、水华、水质、核电厂温排水、陆地植被、秸秆焚烧、城市热岛等多个环境要素进行监测。

#### 2.1.2.6 高分六号

高分六号卫星于 2018 年 6 月 2 日发射成功，是中国首颗精准农业观测的高分卫星，配置 2m 全色 /8m 多光谱高分辨率相机（观测幅宽 90km）和 16m 多光谱中分辨率宽幅相机（观测幅宽 800km），具有高分辨率、宽覆盖、高质量成像、高效能成像、国产化率高等特点，主要应用于农业、林业和减灾业务领域，为农业农村发展、生态文明建设等重大需求提供遥感数据支撑，兼顾环保、国安和住建等应用需求。

#### 2.1.2.7 高分七号

高分七号是我国首颗亚米级高分辨率光学传输型立体测绘卫星，分辨率优于 1m，主要任务是进行国土立体测绘工作，2019 年 11 月 3 日发射，将在高分辨率立体测绘图像数据获取、高分辨率立体测图、城乡建设高精度卫星遥感和遥感统计调查等领域取得突破。

### 2.1.3 国家民用空间基础设施

根据国家发展改革委、财政部和国防科工局 2015 年发布的《国家民用空间基础设施中长期发展规划（2015—2025 年）》（发改高技〔2015〕2429 号），国家民用空间基础设施是指利用空间资源，主要为广大用户提供遥感、通信广播、导航定位以及其他产品与服务的天地一体化工程设施，由功能配套、持续稳定运行的空间系统、地面系统及其关联系统组成。民用空间基础设施既是信息化、智能化和现代化社会的战略性基础设施，也是推进科学发展、转变经济发展方式、实现创新驱动的重要手段和国家安全的重要支撑。加快建设自主开放、安全可靠、长期连续稳定运行的国家民用空间基础设施，对我国现代化建设具有重大战略意义。

我国将面向 2025 年，分 3 个阶段建设国家民用空间基础设施。第一阶段已完成，整合统筹了现有的卫星资源、地面资源，基本形成了国家民用空间基础设施的骨干框架，建立了业务卫星发展模式和服务机制，并发布了国家相关数据政策。第二阶段的目标是在"十三五"期间，构建形成卫星遥感、卫星通信广播、卫星导航定位三大系统（预计包含 40 颗遥感卫星、20 颗通信卫星、35 颗导航卫星），基本建成国家民用空间基础设施的体系，提供连续稳定的业务服务，数据共享服务机制基本完善，标准规范体系基本配套，商业化发展模式基本形成，具备国际服务的能力。第三阶段的目标是在"十四五"期间，建成技术先进、全球覆盖、高效运行的国家民用空间基础设施体系，有力支撑经济社会的发展，有效参与国际化发展。预计将新增 88 颗卫星，包括 20 颗科研卫星和 68 颗业务卫星；其中，由 7 个星座和气象、海洋、陆地 3 类专题卫星组成的遥感卫星系统，将按照"一星多用、多星组网、多网协同"的发展思路，分为陆地观测、海洋观测和大气观测三大系列，具有全球遥感数据接收和服务能力。

## 2.2 摄影测量与遥感理论技术研究最新进展

### 2.2.1 摄影测量与遥感理论研究进展

摄影测量的基础理论与计算机视觉原理和算法体系大体相似，研究领域和内容也基本一致。摄影测量侧重于地学，服务于测绘行业，关注地形、建筑等领域的场景重现；计算机视觉侧重工业，主要以大众数据为主，相较而言其应用的领域更加具有普适特性。当前，随着数字摄影机的广泛应用和数字近景摄影测量的发展，两者的研究领域越来越接近。2017 年，龚健雅从几何角度探讨了摄影测量与计算机视觉紧密联系，并指出摄影测量与计算机视觉、人工智能等学科的进一步交叉融合是摄影测量发展的必然之路。摄影测量与深度学习的融合也推动了摄影测量理论的发展。深度学习在近几年掀起研究热潮，其强大的泛化能力、对任意函数的拟合能力及极高的稳定性，促进了摄影测量的智能化发展。在微观尺度上，通过数据特征学习，自动化、智能化的点云数据识别、分割、分类及目标检测已经成为可能。在宏观尺度上，通过深度学习等技术可以实现影像场景解译摄影测量，智能地从影像场景中进行道路提取、场景语义分割、道路交通指示识别等场景解译。摄影测量自动化与智能化处理应用领域广泛，已成为当前的热点研究问题。

遥感的基础理论则与光学、电磁学、光谱学等紧密相关。依托中国科学院空天信息创新研究院和北京师范大学的遥感科学国家重点实验室，是我国目前唯一进行遥感科学基础研究的国家级重点实验室，研究水平位居全球前列。代表性的理论成果即李小文院士的植被二向性反射 Li-Strahler 几何光学模型；近年来，以施建成研究员、柳钦火研究员、陈良富研究员等团队为核心，在全波段电磁波与地物目标的相互作用机理研究，不同地物和不同尺度的遥感辐射传输和机理模型发展与完善，复杂地形与环境下的全波段遥感模型模拟平台构建，多角度、偏振、全极化和干涉的多波段微波、超光谱、激光雷达、高时空分辨率、无线传感器网络等先进的遥感探测、数据处理与信息提取技术研究，多源遥感数据协同反演的机理与方法研究，全波段多源遥感数据综合反演平台建设，多尺度遥感观测数据与地表过程模型的同化理论研究和技术体系建设，地表辐射与能量平衡、水循环、碳氮循环遥感和人类活动影响的综合模拟平台建设等方面都取得了大量成就。

在此基础上，我国遥感理论专家更进一步基于粒子光学理论积极推进量子遥感研究，理论水平处于国际领先地位。量子遥感是从微观量子尺度，基于量子光学、非线性光学、量子力学特性等相关理论进行载荷设计和数据获取、处理等，通过基于电磁场量子化的量子光场可以有效地抑制量子噪声，实现成像的无噪声、超高分辨率和高成像质量；根据当前研究成果，量子遥感成像数据的空间分辨率比经典遥感可提高 2~5 倍。原中国科学院遥感应用研究所毕思文研究员团队从 2000 年开展量子遥感探索研究，在基础理论、科学实验、关键技术等方面取得了一系列突破性的进展和创新性成果，创建了量子遥感理论与技术体系框架，包括基础理论与模型、量子遥感信息机理、量子遥感成像、量子遥感图像处理、量子光谱遥感、量子遥感技术、量子遥感探测、量子遥感定标、量子遥感应用等，并完成了全球第一台量子遥感成像原理样机研制。

北京大学遥感与地理信息系统研究所晏磊教授团队积极发展偏振遥感理论，全球首创系统性提出太阳天空偏振场概念和表征以太阳为中心的天空偏振强度的偏振场力线–天空偏振模式图，创建了遥感"新大气窗口"的偏振场源点理论和场源–力线结合的天空偏振场基本理论，使地物、大气、仪器"遥感三要素"的定量化极限可趋近光粒子尺度，支撑遥感定量反演精准度进一步提高；创建植被偏振遥感光子立体效应模型，提出偏振遥感"弱光强化、强光弱化"理论，形成非线性粒子效应的对数表达和偏振特征变量应用方法，可有效剔除光的偏振影响；深化研究观测仪器和影像处理的偏振遥感机理与方法，创立了观测平台地学–仪器参量贯通理论与自动化方法，提出了光学锥体构像的坐标基准理论与偏振计量的高分辨率变量基准，数量级地提升了遥感图像处理的效率、精度、抗误差敏感度等。

依托中国科学院空天信息创新研究院的国家航天局航天遥感论证中心则积极推进遥感应用理论研究，顾行发研究员、余涛研究员团队提出遥感应用学，认为遥感应用学是对遥感应用实践活动进行认识、分析与理解，也是对遥感应用概念、范畴、原理方法与作用的概括和抽象。遥感应用学的研究对象是人、遥感工具、观测对象的作用及三者间相互关系；基本理论包括遥感信息论、遥感数据工程论、应用技术成熟度、价值论等；基本方法以基于数理逻辑的实验法、模拟法、计算机仿真法和数据密集型科学四大范式为主；基础知识需要掌握物理学基本理论方法，具有良好的数学基础和实验基础。

### 2.2.2　摄影测量技术最新进展

随着平台技术、集成传感器技术、计算机技术的飞速发展，摄影测量的数据获取与处理能力得到了极大提升。

在数据获取技术方面，目前摄影测量可以从近景、航空、航天等不同尺度，快速获取多时相、多角度、多光谱、多分辨率的影像。近年来，随着无人机平台的快速发展，无人机系统在航空摄影测量中占据越来越重要的地位。无人机精准控制技术可以保证在超低空飞行情况下，获取空间分辨率为厘米级甚至毫米级的航空影像，为航空摄影测量影像精化处理提供了高质量的数据源。利用激光雷达、深度相机等传感器，可快速获取待测场景高密度、高分辨率的三维空间信息，在地面摄影测量任务的作用日益凸显。多传感器的协同促进了同时定位与地图构建（Simultaneous Localization And Mapping，SLAM）技术的快速发展。机器人在未知环境中移动，根据传感器信息及参考地图进行定位，在此基础上建造增量式地图，实现机器人的自主定位和导航。这些新技术的发展使摄影测量数据获取更加快速便捷。

在数据处理技术方面，传统摄影机检校、区域网平差、影像匹配和信息提取环节都取得了新的进展。在摄影机检校技术方面，除常规检校场方法外，无目标校准在近些年取得长足进步，并已发展出 RGB-D（RGB-Depth）深度相机自标定技术。在区域网平差技术发展方面，在传统的外业像控、内业加密平差处理的基础上，利用高精度 GNSS 数据支持三角测量方法已经在实际工程中广泛应用，通过 GNSS 辅助的无人机空中三角测量可以实现免像控航空影像区域网平差处理。在影像匹配和三维重建技术发展方面，一方面是传统特征提取算子如 SIFT 等不断有新的改进，另一方面是深度学习在特征提取和匹配过程中发挥更大作用。随着与人工智能领域的深入融合，摄影测量数据处理也日趋自动化和智能化。近年来，点云匹配、检测、分割的应用领域逐渐由小规模数据发展为大规模数据，局部依赖问题及噪声问题已经得到良好解决。利用点云数据进行的实时目标检测已应用于自动驾驶领域。摄影测量影像解译呈现出多种数据源融合的趋势，发展了各种基于卷积神经网络、基于像素级注意力机制和基于递归搜索空间等的多种场景解析算法，可以智能化从影像场景中自动进行典型目标分类、提取、识别、语义标注等解译。

### 2.2.3 遥感数据处理技术最新进展

#### 2.2.3.1 高空间分辨率数据处理技术

高空间分辨率遥感数据信息包含几何信息和辐射信息，其处理可分为几何处理和辐射处理两部分，几何处理主要涉及姿态测量与处理、几何定标、平台震颤处理、几何建模、传感器校正处理等，辐射处理主要包括相对辐射校正和影像高精度复原。

姿态测量与处理方面，目前国内外高分辨率光学遥感卫星多采用星敏感器和陀螺组合进行卫星姿态确定。随着分辨率的提高，平台稳定度和姿态测量的相对精度对几何处理精度影响愈加明显。因此，除对姿态测量精度的要求外，还需要有更高频率的姿态对卫星状态进行更精细的描述。当前星上姿态测量有代表性的是 IKONOS 卫星和我国资源三号卫星、高分系列卫星搭载的高精度三轴姿态稳定系统，敏捷成像的 WorldView 和高景系列卫星采用控制力矩陀螺技术实现快速机动稳定成像，SPOT-5 卫星采用 DORIS 定轨技术、姿态跟踪测算调整技术等。

几何建模方面，物理模型真实反映了成像几何关系并集成影像信息的各种畸变误差，严格确定了卫星成像从相机成像像元位置到地面几何位置的几何转换过程，因此，严格成像模型历来是遥感科研和应用的重要工作。20 世纪末，美国国防部提出了有理多项式模型（RFM），通过 90 个仿射参数对严格成像模型进行了高精度的拟合，得到了广泛应用。目前国内外高分卫星对外发布的传感器校正产品均带有 RPC，可以直接在 ENVI、ERDAS IMAGINE 等遥感商业软件中使用。

几何定标主要包括两方面：一方面是几何内检校（内方位元素检校），标定成像相机内每个探元的精确几何位置，并归一化建模处理。通过几何内检校消除相机光学系统和焦平面内探元安装引起的成像内部畸变，提高影像的内部几何精度；另一方面是几何外检校（外方位元素检校），标定对地成像相机指向与卫星指向（或者星敏姿态测量系统指向）间精确几何夹角关系，消除两者间系统误差，提高图像的无控几何定位精度。目前国内外均主要利用地面高精度的数字几何检校场通过误差分析和建模，标定误差，求解卫星对地成像的内外方位元素。随着光学卫星影像几何分辨率以及定标处理时效性需求的不断提高，现有基于地面定标场的几何定标方法已无法满足当前光学卫星影像高精度处理与实时应用的需求。近年来，无需定标场的自主几何定标方法研究已逐渐受到国内外学者的重视，其通过两两间相互几何关系分析可以实现高次误差参数的迭代求解。

平台震颤处理方面，高精度的姿态相对误差测量和精确建模处理是关键，其本质包括两个方面：一方面是卫星成像过程的高精度姿态变化测量；另一方面是严格成像几何模型构建中姿态建模与相机实际成像间一致性。

高精度姿态变化测量方面，国内外高分辨率光学卫星如 IKONOS 卫星、QuickBird 卫星、WorldView 系列卫星、Pleiades 卫星、ALOS 卫星、遥感系列等，均采用高精度陀螺或角位移测量设备方式实现高精度、高频率的姿态测量。国内学者对卫星平台震颤研究初期主要集中在平台震颤对图像辐射质量影响的理论分析以及震颤模拟仿真与半物理仿真方面，近几年针对资源三号等在轨卫星展开了平台震颤检测与补偿研究，主要关心对成像有影响的平台震颤分析与补偿。

传感器校正处理方面，主要是基于统一平台的高精度严格几何模型和检校技术，实现卫星平台上相机之间、相机内传感器之间、传感器内各 CCD 间几何基准的统一，统一解决几何畸变、几何拼接、成像时间归一化、波段配准等问题，保证卫星平台上所有载荷影像的高精度内部几何精度。

相对辐射校正方面，对于正常推扫模式下的定标法主要有实验室相对辐射定标、室外相对辐射定标、星上内定标、场地相对辐射定标。而随着卫星敏捷能力的发展，偏航 90° 成像模式拍摄的数据能够为高精度相对辐射定标系数的获取提供保障，目前使用的方法主要有：基于线性模型的均匀场景定标法、基于分段线性的定标法以及基于直方图匹配的定标法。

影像高精度复原方面，遥感光学影像复原必须在提高影像清晰度和抑制影像噪声之间进行平衡，获取最符合使用需求的复原影像。遥感影像调制传递函数补偿（Modulation Transfer Function Compenation，MTFC）是通过估计退化函数，在频率域上对已降质的影像进行补偿的一种光学遥感影像复原方法，国内外学者都对其进行了深入的研究，主要是在 MTF 曲线的精度上进行突破。

随着遥感大数据和人工智能的发展，深度学习方法迅速被引入遥感领域。深度学习能够自动、多层次地提取复杂地物的抽象特征，已被证明是一种有效的特征学习手段。目前，深度学习已经广泛用于遥感影像的分类、识别、检索和提取，在语义上基本全面碾压了传统的方法。2014 年以来，遥感界将注意力转向了深度学习。基于深度学习的遥感影像处理方法可分为四类：图像预处理（Image Preprocessing）、基于像素的分类（Pixel-based Classification）、目标检测（Target Recognition）和场景理解（Scene Understanding）。

深度学习在遥感中的应用场景分为影像融合、影像配准、场景分类和物体检测、土地利用和土地覆盖（LULC）分类、语义分割、基于对象的影像分析等方面。深度学习算法在土地利用与土地覆盖分类、场景分类、目标提取等许多图像分析任务中取得了显著的成功。

### 2.2.3.2 高光谱数据处理技术

高光谱遥感数据处理技术的研究主要包括降噪处理、数据降维、特征提取、图像融合、图像分类、混合像元分解和目标探测等方向。

高光谱数据降噪处理有条带噪声处理和图像噪声处理两个研究方向。高光谱载荷探元之间的响应特性差异造成影像中沿轨方向的条带噪声，降噪处理研究主要包括：空间统计法、最优线性系数法和变换域去条带噪声法。高光谱载荷观测过程中时间域和空间域多种因素导致消除沿轨条带噪声后，高光谱影像中仍残留其他噪声，图像降噪处理研究主要包括：光谱域降噪法、空间域降噪法、空谱联合降噪法等。随着近些年深度学习研究的发展，一些处理方法成为高光谱影像降噪的研究热点，典型的方法包括卷积神经网络法、自动编码器法。

高光谱图像混合像元分解有 4 类主要方法：凸几何分析方法、统计分析方法、稀疏回归分析方法和光谱 - 空间联合分析方法。近年来，有学者提出了半监督混合像元分解思路，非线性解混和高性能计算也逐渐成为混合像元分解领域的研究热点。

高光谱图像融合算法，从融合数据各维度（时、空、谱）指标提升的角度，可分为面向空间维提升的融合算法、面向光谱维提升的融合算法和面向时间维提升的融合算法。纵观融合算法的发展历程，其发展特点和趋势呈现多指标综合、多源传感器综合、融合精度不断提高、算法鲁棒性增强等特点。深度学习由于具备刻画观测数据间的非线性关系的能力，以及具有强大的学习能力，成为近年来融合算法发展的新方向。

高光谱目标探测算法可简单分为两类：异常探测和光谱匹配。近年来，随着高光谱影像的空间分辨率的提升，越来越多的空间信息被用于结合光谱信息开展高光谱目标探测。随着高光谱数据量的增大，以及对目标探测的时效性需求，实时处理成为高光谱目标探测研究的新方向。针对摆扫式点扫描成像光谱仪，现有研究采用 Woodbury 矩阵引理作为基础，或结合多 DSP、可编程电子器件 FPGA 等并行处理，有效降低了实时处理过程中的时间复杂度。针对推扫式成像光谱仪，在所获取的行数据中进行多次随机采样应用于背景估计，同时通过 QR 分解对背景矩阵进行快速压制，实现逐行实时异常目标探测。

高光谱遥感影像分类常用的方法，根据是否有已知类别的训练样本参与分类，可划分为监督分类方法和非监督分类方法，半监督分类算法也逐渐被采用。近年来，高光谱图像分类方法取得的新进展主要有结合丰度信息的分类方法、高光谱非线性学习理论与方法和针对影像中的多流形结构构造模型的方法等。深度学习算法也是当前遥感大数据智能化分类的研究热点，基于深度学习的高光谱遥感影像分类主要分为基于光谱特征分类、基于空间特征分类以及融合空间和光谱特征分类 3 类。

### 2.2.3.3  合成孔径雷达数据处理技术

合成孔径雷达数据处理技术在国内外已发展的较为成熟，针对 SAR 数据处理，国内外学者展开了多方面的研究，其中 SAR 数据的几何处理、极化信息处理以及干涉测量数据处理是 SAR 数据处理技术研究发展的几个重要方向。

根据所采用的定位模型不同，目前的 SAR 影像几何校正方法大致可以分为两类：一类是由光学遥感影像数字摄影测量的共线方程定向方法转化而来，已发展到实用化的可操作软件的实现；另一类是根据 SAR 本身的构像几何特点开发出来的，也有相应的开源代码及应用软件实现。

极化 SAR 的研究领域越来越宽，可大致概括为极化 SAR 数据预处理技术、极化 SAR 图像分类技术、极化 SAR 目标检测技术、极化 SAR 目标散射机理分析技术。极化分解是散射特性分析最重要的手段，极化 SAR 目标散射特性描述是非常复杂的难题，面临的主要问题有以下两方面：第一，SAR 成像系统非常复杂，很难从成像的角度分析目标散射特性；第二，随着极化 SAR 的分辨率越来越高，目标和背景杂波已经不能用高斯分布来建模，需要寻求更精确、复杂的模型。

在干涉处理技术方面，合成孔径雷达干涉测量（InSAR）拥有了多波段（X/C/L）、多极化（HH/HV/VH/VV）、多分辨率（30m/3m/1m）的丰富数据源，并在 DEM 获取、地图测绘、地球动力学和海洋中得到了广泛应用。但是在长时间序列的缓慢地表形变监测方面，传统的 InSAR 技术存在难以克服的局限，大大阻碍了其大规模应用。为克服传统 InSAR 技术存在的局限性，永久散射体技术（Persistent Scatterer Interferometry，PSI）、时间序列 SAR 干涉技术（Multi-Temporal InSAR，MTInSAR）、分布式散射体（Distributed Scatterers，DS）等得以发展。PS-InSAR 技术、SBAS-InSAR 技术各国学者也展开了许多研究。自发布第二代永久散射体技术 SqueeSAR 以来，时序 InSAR 领域的研究热点逐渐转向对分布式散射体的探索。

遥感大数据时代下的 SAR 图像解译是一个极大的科学应用挑战。SAR 图像解译和信息获取，必须基于对基本的电磁（Electro Magnetic，EM）散射机制的理解；发展 SAR 智能信息获取方法，必须同时在数学层面结合智能信息处理方法、在物理层面结合电磁散射理论。SAR 技术的迅猛发展，使得可以得到更高分辨率、更高维度、更多成像模式（HR-MD-MM）的海量 SAR 数据，这就迫切需要发展先进的 SAR 智能信息获取方法。

### 2.2.3.4  激光雷达处理技术

20 世纪 90 年代后，LiDAR 技术呈现爆炸式增长。仪器生产厂家和科研人员通过大量定性和定量研究，不断降低地面三维激光扫描点云的误差影响。尤其在多测站点云的转换和配准上，利用扫描仪配套的靶标球 / 面构建同名点，转换精度通常可以达到毫米级甚至更高。

针对特定的应用场景，众多学者在观测地表形态及其变化，结合 MLS 技术的道路特征提取、林业领域生物量评估、电力巡线、三维重建、点云变形监测等方面研究了不同的数据处理和模型构造方法。

在点云数据的处理上，通过将数据转换为体积表示，产生了点云深度学习方法。2017年起基于点的方法有了大幅度的增长，有学者提出 PointNet 方法直接从离散点云中提取特征信息，实现室内多目标物体的自动分类。之后不久，出现了 PointNet++，本质上是 PointNet 的分层版本。同样经典的还有 Kd-Network，使用 Kd 树在点云中创建一定的顺序结构的点云。

在多源数据交叉研究方面，高精度遥感影像和点云结合可用于点云颜色矫正。不同比例尺 LiDAR 数据结合，可实现数据坐标体系的融合。LiDAR 技术与其他技术的融合，也日益成为遥感领域的核心技术之一。

## 3 社会应用与服务

### 3.1 摄影测量应用与服务

#### 3.1.1 测绘制图

航空摄影测量最初广泛应用于小比例尺测图。随着数码相机的快速发展和航空摄影的飞行航高降低，获取影像的分辨率不断提高，航测成图比例尺也在不断变大。我国航空摄影测量地形图尺度已由最初的 1∶10 万、1∶5 万发展至 1∶5000、1∶2000、1∶1000、1∶500 比例尺。无人机摄影测量的发展更扩展了传统摄影测量视角，利用多片立体测图、倾斜摄影测量等概念解决了影像重叠度大、摄影基线较短、基高比小的问题。

传统的测图方法有单片测图方法和立体测图方法。其中单片测图方法是利用 DEM 在数字正射影像图上，人工跟踪框架要素数字化。立体测图方法是利用数字摄影测量系统，通过人工立体观测辅助设备，实现交互式三维要素跟踪，相对于单片测图方法精度更有保证。不过，随着更大比例尺、更高精度和更高效率的测图需求日益加剧，传统测图手段受限于技术的瓶颈，需要依赖大量烦琐的内业工作，并且存在外业布设大量控制点和补测情况，很难保证事先外业提供必要地物要素观测数据，内外业工作存在大量的交互。

2017 年 5 月 10 日，国内首套 1∶500 大比例尺免像控无人机航测系统 CW-10C 发布。该系统采用了高精度 GPS 差分技术、自标定 GPS 辅助光束法平差技术、顾及曝光延迟的无人机 GPS 辅助光束法平差技术等关键技术，能够实现 10~20km² 范围的无人机数据的无地面控制空中三角测量，满足 1∶500 测图要求。减少了航空摄影测量测图技术对地面控制点的依赖，改善了航测周期长、内外业工作量大、人力成本高的问题。

#### 3.1.2 三维建模

传统的三维建模方式是由专业技术人员使用几何建模软件对物体进行手动绘制，建模过程复杂，建模周期漫长。利用多视的二维图像来重建场景的三维模型，是近景摄影测量学科中的一个热点研究课题。采用基于运动恢复结构算法（Structure from Motion，SFM），可以通过多视图获取场景的结构信息和计算相机的运动参数信息。近年来，通过无人机航摄与多视图三维重建算法结合，重建大规模区域三维模型，已应用于土地确权、城市规划、地形测量等众多领域。

随着传感器技术能力的不断提高，三维建模的手段更加丰富，当前热门研究领域有 RGB-D 相机建模、三维激光扫描建模等。

RGB-D 传感器发展迅猛并且不断地进行更新换代。因此基于 RGB-D 的三维重建技术在室内测图、文物重建等领域也得到了广泛的运用。目前国内学者在基于 RGB-D 的三维重建技术中有诸多的进展和突破。2015 年，中国科学院的梅峰等人利用 RGB-D 深度相机进行室内三维重建。2018 年，武汉大学的杨必胜课题组使用多个消费级 RGB-D 相机，构成大视场的深度相机阵列，进行室内场景三维重建。同时，基于深度学习的方法在 RGB-D 三维重建的回环检测和纹理贴图环节取得了极大的成功。新模型、新结构和新的训练手段也在不断地涌现和发展。

三维激光扫描技术采用非接触激光测量方式，直接获取待测量目标表面的三维点云坐标，大大节约了时间、人力和物力。目前，三维激光扫描技术在古建筑测绘、工程测量、建筑的变形监测等众多领域有了丰富的研究成果。此外，激光扫描技术还可用于精密工程测量。2018 年，广州市城市规划勘测设计研究院采用地面三维激光扫描技术进行精密工程测量，与全站仪校差仅为毫米级。

## 3.2 遥感应用与服务

### 3.2.1 自然资源应用

遥感能够全面、立体、快速、有效地探明地矿、土地、林草、海洋等自然资源的分布、存量、动态变化等情况，使其成为自然资源勘察和监管的重要方法和手段。

（1）利用遥感服务地矿应用，包括地质与矿产资源勘查、矿业权监管、矿产资源评估与资产核算、矿山开发与运营监管、矿产资源保护、矿山地质环境恢复治理、土壤质量评价、地质灾害调查与监测等。

（2）利用遥感服务土地应用，包括土地资源调查与动态变化监测、土地确权、土地资源评估与资产核算、国土空间规划、国土空间用途管制、国土空间综合整治、土地整理复垦支持、耕地保护监管等。

（3）利用遥感服务林草应用，包括林地/草地/湿地资源调查与动态监测（尤其是重点国有林区）、林地/草场确权、林地/草地/湿地资源评估与资产核算、荒漠化监测、森林/草原灾害监测与防控（病虫害、火灾等）、重大林业工程监管（三北防护林、退耕还林等）、国家公园承载能力评估、环境治理与监管等。

（4）利用遥感数据服务海洋应用，包括海洋资源开发保障（如海水养殖、大洋渔业、油气资源等）、海面风场、波浪和洋流监测、海岸带和海域岛礁资源价值评估、资产核算、确权、综合保护与利用、海洋生态预警监测、海洋污染监控与防治、海洋灾害预防、风险评估和隐患排查治理、海冰监控与航道设计、海洋科学调查与勘测、港口和航道运行保障、海洋权益维护、海洋突发公共事件和安全保障、海事搜救支持等。

### 3.2.2 生态环境应用

利用遥感服务生态环境应用，涉及环境质量、污染防治、生态保护、生态环境变化等方面。

（1）利用遥感服务环境质量监管，包括区域环境状况监测与评估（含海域）、地表水和海水浴场质量监测与评价、城市空气质量监测与评估等。

（2）利用遥感服务污染防治，包括流域水环境监测与评估、饮用水水源地环境监管、大气污染防治、土壤污染防治、固体废弃物监管、危化品环境管理、农村环境综合治理保障等。

（3）利用遥感服务生态保护，包括生态文明示范评价、生态功能监管、自然保护地监管、生物多样性保护、生态保护红线监管、生物安全管理等。

（4）利用遥感服务生态环境变化监测，包括生态系统类型分布与格局、生态环境质量、生态系统五福功能及其变化趋势等。

### 3.2.3 住房城乡建设应用

利用遥感服务住房城乡建设应用，涉及城乡规划、工程建设项目管理、城市黑臭水体整治、城市管理、文物保护等方面。

（1）利用遥感服务城乡规划，包括城乡建设用地现状调查与动态监测、城市区线变化监测与评价（涉及城市绿线、黄线、蓝线、紫线等）等。

（2）利用遥感服务工程建设项目管理，包括工程建设项目规划设计、工程建设项目执行情况评估、工程建设项目实施过程监管、工程建设项目环境影响评估等。

（3）利用遥感服务城市黑臭水体整治，包括城市黑臭水体识别与分析、城市黑臭水体污染源监控、城市黑臭水体整治成效评估等。

（4）利用遥感服务城市管理，包括城市园林绿化监测与评价、小城镇发展监测与评价、城市管理执法支持、市政精细化管理等。

（5）利用遥感服务文物保护，包括文物修复、文物遗产管理、监测与预警等。

### 3.2.4 交通运输应用

利用遥感服务交通运输应用，涉及公路交通、水上交通、铁路交通、民航交通、邮政业务等方面。

（1）利用遥感服务公路交通，包括公路识别与变化监测（尤其是农村公路）、公路规划、选址选线与环境影响评估、公路施工过程监管、公路运行环境监控、道路运输监管等。

（2）利用遥感服务水上交通，包括水路规划、水路运输监管、水上交通安全监管、航海保障、船舶与港口设施监管、水路设施环境影响评估、水路设施施工过程监管、水路设施运行环境监控等。

（3）利用遥感服务铁路交通，包括铁路规划、选址选线与环境影响评估、铁路施工过程监管、铁路运行环境监控、铁路沉降监测等。

（4）利用遥感服务民航交通，包括机场及其配套设施规划、选址与环境影响评估、机场施工过程监管、机场运行环境监控等。

（5）利用遥感数据服务邮政业务，包括物流线路规划、邮政设施规划与运行监管等。

### 3.2.5 水利应用

利用遥感服务水利应用，涉及水资源管理、水利工程建设、河湖管理、水土保持、水旱灾害防御等方面。

（1）利用遥感服务水资源管理，包括水资源调查与动态变化监测、水质监测与评价、饮用水水源监控与保护、入河排污口监控、调水／分水监控、陆地水储量、地下水储量变化等。

（2）利用遥感服务水利工程建设，包括水利工程规划、选址与环境影响评估、水利工程施工过程监管、水利工程运行环境监控、工程建设成效评估、灌溉面积监测等。

（3）利用遥感服务河湖管理，贯彻落实河长制和湖长制，包括河湖水域及其岸线识别与动态变化监测、水利风景区建设管理、河道管理、河道采砂监管等。

（4）利用遥感服务水土保持，包括水土流失监测与评估、重大生产建设项目水土保持评估、水土保持设施规划与选址、水土保持设施施工过程监管、水土保持设施运行环境监控、水土保持设施成效评估、植被盖度监测与评估、土壤侵蚀监测与评估等。

（5）利用遥感数据服务水旱灾害防御，包括水情旱情实时监测与时空变化分析、土壤含水量反演、洪涝淹没范围监测与仿真分析、水旱灾害损失评估、水旱灾害预测预报预警、水库蓄水量估算和干旱影响评估、山洪灾害防御信息化建设等。

### 3.2.6 农业农村应用

利用遥感服务农业农村应用，包括农业资源区划与协调发展、精准扶贫、休闲农业等特色产业发展支持、农村人居环境监测与评价、乡村宅基地使用监测、国内外大宗农产品长势监测和估产、农业转基因作物识别、农业设施监测与分析、农产品绿色认证、无公害认证和富硒认证支持及其追溯、农作物重大病虫害防治、国内渔业监测与评估、大洋渔业支持、农垦垦区现代农业建设支持、耕地质量评价与监管等。

### 3.2.7 应急管理应用

利用遥感服务应急管理应用，包括重大突发事件情况监测、分析与报告、应急响应和救助调配与协同工作支持、重大灾害孕灾环境分析与风险评估、重大灾害预测预报预警、重大灾害损失评估（含人为事故）、灾区安置支持、灾后重建规划与恢复成效评估等。

### 3.2.8　气象应用

利用遥感服务气象应用，包括开展天气预报、天气系统识别、暴雨分析和监测、雾霾识别和监测、臭氧监测、重大气候事件监测、气候分析 / 应对全球气候变化、气象灾害预测预警预报、人工影响天气 / 空中云水资源开发、空气污染防治 / 空气环境保护与治理等。

### 3.2.9　海洋应用

利用遥感服务海洋应用，包括海冰监测、海岸线监测、岛礁外缘线监测、台风的连续跟踪观测、灾害性海浪监测、海平面变化监测、海洋重力异常监测等。

### 3.2.10　其他应用

遥感应用与服务的范围极为广阔，除了上述所列的应用领域，在公共安全、统计、能源、安监、旅游、烟草等方面也发挥着重要作用。

## 4　发展趋势及展望

### 4.1　平台与传感器的发展及展望

光学遥感卫星发展具有如下趋势：①以应用为导向，强调主题任务突出、共同驱动；②功能强大，不仅具备立体测量和高精度定位能力，还具有越来越宽的有效谱段，实现地物测量与大气探测同步；③具有"四高一宽"特点，即高空间分辨率、高光谱分辨率、高时间分辨率、高辐射分辨率和宽覆盖；④具备灵活的星上过滤和数据预处理能力；⑤多星联合，在星座、卫星及载荷间实现有效协同；⑥星地协同，实现星地一体化处理，与应用直接挂钩。未来，需要重点攻克的技术难点主要包括：甚高分辨率卫星光学遥感系统测图技术、多（高）光谱成像和处理技术、轻小型高精度在轨云判和预处理技术、全链路一体化仿真与验证技术、高精度几何检校技术、成像品质提升技术、业务化信息处理和提取技术、全链路遥感卫星应用效能评价技术等。

高光谱遥感发展有以下几个趋势：①探测波段进一步拓宽，时间、空间、光谱分辨率进一步提高，以适应未来长期天气预报、精准农业监测、定量化土地与海洋资源调查、实时战场环境分析等新应用领域；②新原理、新方案不断提出，高光谱遥感技术种类进一步丰富；③图像、光谱、偏振多元信息的一体化获取；④高光谱遥感智能化、大数据时代来临；⑤高光谱遥感载荷的小型轻量化。

微波遥感卫星发展有以下几大趋势：①载荷水平不断提高，由单一成像模式向多种成像模式转化，由单极化向多（全）极化发展，分辨率由百米级提高到亚米级；②卫星寿命逐渐延长，工作寿命至少在5年以上，未来甚至可以达到10年；③高分辨率宽幅成像能力不断加强，方位向分辨率越来越高；④具备多模式，可使用不同频率、不同极化、不同入射角的电磁波对地物进行观测，获取地物信息更加丰富；⑤ InSAR 和 PolInSAR 技术发展潜力巨大，使用 SAR 进行定量化分析过程中大多使用干涉技术，对相位进行分析；⑥ SAR 卫星星座与卫星编队使得卫星时效性提高、重访周期缩短，对地观测和监视能力得到提高。未来，需要重点攻克的技术难点主要包括：可靠的卫星硬件设计与制造技术、模拟仿真论证技术、InSAR 数据处理技术、干涉测量检校技术等。

星载激光测高仪有以下几大趋势：①激光器正由传统的二极管泵浦 Zig-Zag 板条激光器向主振荡功率放大的 MOPA 结构发展；②探测体制由低重频、高能量、单光束的线性探测体制向高重频、微脉冲、多光束的单光子探测体制发展；③寿命维持由传统的备份方式向轮班值守方向发展；④应用领域由单一领域向多领域方向发展（全球高程控制、森林植被参数测量、极地冰盖监测、水文监测等）。为实现卫星激光测高数据高精度处理与应用，未来需要重点攻克的技术难点主要包括：高精度距离测量技术、激光指向高精度测量技术、卫星在轨高精度几何标定技术、大气延迟距离改正技术、固体潮改正技术、全波形数据处理技术、激光高程参考点提取及数据库构建技术等。

## 4.2 数据相关技术发展及展望

### 4.2.1 高空间分辨率遥感技术

基于过去 15 年高分辨率光学遥感卫星技术的发展状况，可以预见未来高分辨率光学遥感卫星的发展趋势，主要体现在以下 3 个层面：

（1）单星性能越来越高，其成像空间分辨率、时间分辨率、光谱分辨率、成像定位精度等水平均大幅度提升。

（2）由传统单星观测模式转变为组建星座观测，低成本、高效率实现更优的对地观测性能。

（3）将卫星观测资源、通信 / 导航星群资源、地面处理资源以及用户之间相互集成，构建网络化的天基智能对地观测系统。

### 4.2.2 高光谱遥感技术

未来 5 年，全球计划发射系列性能优异的高光谱遥感卫星，将给全球高光谱遥感技术及应用的快速发展带来新的机遇。在高光谱卫星产品标准化设计、典型应用产品算法研发、产品精度评价等方面将走向国际联合，通过优势互补、成果共享、标准统一等模式，加快高光谱遥感由研究走向应用的步伐，进而通过应用模式创新，借助"互联网 +"技术平台，提高应用水平。

近年来全球新科技革命，特别是空间科学、电子科学、计算机科学的快速发展，为解决高光谱遥感数据高效获取与快速处理提供机遇。高光谱遥感技术将进一步发展为从数据源头出发，面向观测对象和用户建立精准、快速的数据获取和专题产品生产直接通道，将会降低高光谱遥感技术的应用门槛。

伴随着各项技术的革新以及应用需求的不断提高，高光谱遥感已由传统的纳米级光谱分辨率向亚纳米级的超光谱发展。新型高光谱成像仪的出现提高了高光谱遥感应用的广度和深度，同时也会给高光谱遥感信息处理带来新的挑战，带来新颖的数据处理与信息提取技术。

大数据、云计算等新兴技术的出现，特别是互联网快速发展所产生的服务模式变革，为高光谱遥感技术快速向各个行业拓展应用提供了发展机遇。借助互联网平台和云服务技术，构建高光谱遥感应用云服务平台，实现产学研的真正结合；同时，借助"互联网+"的服务模式和理念，面向行业形成包括数据获取与处理，信息提取和应用的整套解决方案，并建立基于互联网的应用拓展渠道，将有利于推动高光谱遥感便捷地服务于大众。

### 4.2.3　合成孔径雷达技术

几何精校正是 SAR 图像广泛应用的前提，但是校正过程中需要大量地面控制点（GCPs），构建高精度地面控制点数据库是 SAR 几何校正的关键技术。收发分置的双站 SAR（BISAR）与传统的单站 SAR 相比，具有很好的技术优势，在军事应用、资源调查、地壳变形监测等方面有着广阔的应用前景，需要根据双站 SAR 成像过程中发射机和接收机的几何关系以及等效相位中心原理，建立几何失真校正的数学模型。

对于 SAR 极化数据处理技术研究，极化 SAR 目标散射特性描述仍然是一个复杂的难题；新的研究动向是将极化 SAR 目标分解模型引入极化干涉 SAR 以及三维和四维 SAR 中，以提高信息获取的精度。极化干涉研究趋势是构建适合不同植被，以反演不同植被参数为目的的相干散射模型，其次是发展针对低矮植被更加稳健的反演方法，以及发展适合不同植被的时间去相干算法，以便实现植被参数的高精度反演。对于极化信息与三维、四维 SAR 相结合，已成功应用于城市三维重建、城市地表沉降和森林参数估计等领域，在地质学、冰川学及地下埋藏物体的探测方面都有着巨大的应用潜力，是未来 SAR 发展的一个重要方向。另外，作为传统极化 SAR 信息的一个子集，紧缩极化 SAR 是目前新一代 SAR 的一种模式，结合特定的应用需求，还需进一步的深入研究。

SAR 卫星的成像质量和时空分辨率越来越高，使得获取的数据日益海量，亟须进一步挖掘 SAR 数据的时空几何物理特性在 InSAR 误差改正和多源融合等方面的潜力，实现高精度三维时序变形监测和精度评定；也需要快速分布式处理海量 SAR 数据。面向实际应用需求，通过优化关键算法、标准化定制数据收集处理流程、并行计算提高干涉测量数据处理效率，是 SAR 数据处理技术的发展趋势。国内已有科研机构不断突破关键技术，形成了一系列的自动化干涉测量系统。

借助 SAR 形变数据进行灾害信息的深度挖掘及早期预警，是 SAR 干涉技术发展的重要趋势，如 MT-InSAR 能够及时提取基础设施、地质灾害体等已经发生的变形信息；但是，如何利用这些信息进行灾害预警，还需要结合当地的水文、工程、气象等信息进行进一步同化与信息挖掘。随着人工智能尤其是深度学习的快速发展，利用 MT-InSAR 监测的形变信息进行基础设施、地质灾害体等危险的早期预警，已经成为重要的研究方向。

大前斜 SAR 具有提前探测目标的能力，与正侧视 SAR 相结合，可以大大增加 SAR 的灵活性和可探测的角度范围，并且能够获得目标多角度的散射特性，增加雷达对目标的识别能力，在多个领域尤其是军事侦察方面有着重要应用。由于传统的 SAR 成像技术已不能满足其需求，需要针对大前斜 SAR 的成像特点，进一步深入研究成像技术。

### 4.2.4　激光雷达技术

我国自主生产的设备在校正以及仪器稳定性和精度方面，还需更多关注和投入。三维激光扫描装备未来将由现在的单波形、多波形走向单光子乃至量子雷达，在数据的采集方面将由现在以几何数据为主走向几何、物理，乃至生化特性的集成化采集。三维激光扫描的搭载平台也将以单一平台为主转变为以多源化、众包式为主的空地柔性平台，从而对目标进行全方位数据获取。

点云精细分类可为高精度地图的自动化生产提供高质量的数据支撑，但是距离自动化还有很长一段距离，需要通过场景三维表达，将离散无序的点云转换成具有拓扑关系的几何基元组合模型，从可视化为主的三维重建发展到可计算分析为核心的三维重建，以提高结果的可用性和好用性。此外，不同的应用主题对场景内不同类型目标的细节层次要求不同，场景三维表达需要加强各类三维目标自适应的多尺度三维重建方法，建立语义与结构正确映射的场景。后续研究还需在以下方面进行重点攻克：增强数学模型的普适性；大区域数据更新需要管理、科研和生产部门统一协调；提高自动化程度，减少项目实施过程中的人工干预。

点云的特征描述、语义理解、关系表达、目标语义模型、多维可视化等关键问题将在人工智能、深度学习等先进技术的驱动下朝着自动化、智能化的方向快速发展，点云或将成为测绘地理信息中继传统矢量模型、栅格模型之后的一类新型模型，将有力提升地物目标认知与提取自动化程度和知识化服务的能力。

在 LiDAR 数据处理方面，近年来众多领域有持续的研究成果。相比国外研究，我国在解决具体问题的深度上可更进一步挖掘。基于几何或纹理特征相关性的统计分析方法，还需要突破鲁棒性、区分性强的同名特征提取、全局优化配准模型的建立及抗差求解等瓶颈，以弥补单一视角、单一平台带来的数据缺失，实现大范围场景完整、精细的数字现实描述。此外，由于激光点云及其强度信息对目标的刻画能力有限，需要将激光点云和影像数据进行融合，使得点云不仅有高精度的三维坐标信息，也具有更加丰富的光谱信息。

## 4.3　应用发展与展望

### 4.3.1　建立国家空间基础设施综合应用服务系统

我国的空间基础设施已形成由 300 多颗在轨卫星组成的庞大体系，规模稳居世界第三位。遥感卫星近百颗，在性能、质量、服务等方面则迅速赶超欧美，支持我国公共安全、自然资源、生态环境、住房城乡、交通运输、水利、农业农村、文化旅游、卫生健康、应急管理等行业部委和主要省（区、市）政府部门基本实现了空间信息的工程化、业务化应用，形成了数以百计的专利、软件著作权、软硬件 / 数据产品、服务模式、标准规范等成果，产生了巨大的社会效益。但是，我国遥感数据供给的市场化程度和数据利用率都偏低，数据处理和应用技术仍然受制于人，民用软件近 90% 被欧美垄断，国际市场占有率几乎为零。

欧美政府对空间信息应用及其产业发展高度重视，通过政府投资、信用担保、政策保障等多种措施大力扶持。如美国组织研制生产、全球普遍应用的中分辨率成像光谱仪（MODIS），在相关卫星发射前 10 年美国航空航天局（NASA）就积极投资成立了全球权威专家参加的、庞大的产品研发专家组，并由其戈达德航天飞行中心负责产品生产与分发服务，更将产品集成到谷歌地球，成为美国扩张数据 / 信息霸权的有力工具。美国国家地理空间情报局（NGA）则通过 Clear View、Enhance View、Next View 等计划，给予其核心商业遥感卫星企业数以十亿美元的政府采购订单，并组织国家技术力量予以支持。欧洲的哥白尼计划也是由政府直接投资来培育和引导其空间信息产业发展，并且欧盟委员会也通过新的航天战略鼓励和引导私人投资支持欧洲的初创航天企业发展。

在此基础上，为进一步释放国家空间基础设施的应用效能，保障空间信息战略资源自主权，尤其是积极调动广大地方与社会力量、充分利用市场化机制加强国家空间基础设施的运营管理，更好支撑各级政府部门提升认知精确化、管理精细化、决策精准化能力并服务大众消费升级的精致生活需要，需要整合空间信息优势资源和力量，构建"自主、先进、开放、共享"的空间信息综合应用创新服务平台，实现空间信息的数据服务、技术服务、运营服务能力。

### 4.3.2　推进国家空间基础设施运营服务机制创新

据分析，人类 75% 以上活动与空间信息关联。与我国和全球当前广泛发展的、以个人信息消费为主、单笔流通的数据量较小（主要是 KB 级和 MB 级）而靠庞大的用户数量和使用频次驱动的数字经济不同，空间信息是保障群体信息消费需求（如绿色发展、生态文明建设、防灾减灾等）、单笔流通的数据量急剧增加（已从数百 MB 到几十 GB，并将迅速增加到 TB 级）、用户需求量更飞速增加（已从 GB 级到 TB 级，正上升至 PB 级）的新型大数据，而且具有多学科交叉、多维度应用、多领域渗透的特点和较高的科技门槛。空间信息不仅可以对现有的社会性大数据进行承载集成和时空关联，而且正在为政务信息化、民生信息化提供决定性支撑。空间信息应用及其相关产业发展更有望推动我国乃至全球的数字经济产业升级，充分体现科技第一生产力的强大作用。

为有效参与国际空间信息产业竞争，需要有效运营国家投资形成的卫星、飞艇、飞机、接收站、测控站、数据中心、定标场、真实性检验场、数据传输网络、基础数据库等空间基础设施，发挥市场机制优势兼顾公益服务和商业服务，并确保国有资产保值增值。这需要结合当前国家事业单位和国企改革，按照"一次注资、国有控股、混合股份、市场运营"的原则组建新的大型国企，确保有效控制国内市场并形成强大国际市场竞争力。可考虑由国家相关金融力量提供必要资金担保，吸引相关国企和优质社会资本参与，利用商业手段整合国内资源，形成大型国有控股、混合股份制的有限责任制集团公司，承担面向政府空间信息公益服务职责，并充分利用市场手段，有效抓住数字中国、5G 网络和智能手机、无人驾驶、新零售等"风口"实施空间信息应用领域的供给侧结构性改革，面向中基层政府部门和大众用户把产业迅速发展起来。

### 4.3.3 推进遥感学科建设

遥感相关基础设施、应用、产业和理论方法、科学技术的不断发展，原有工学框架下作为二级学科，已逐渐不适应遥感自身发展和经济建设、社会发展、公共安全等方面的重大紧迫需求，尤其是不能反映遥感强大的理学属性和多学科交叉、多维度渗透、多领域应用的特性。我国遥感各界为推进"遥感科学与技术"一级学科建设已呼吁和奋斗了 20 多年，并正按照国家和教育部"双一流"建设相关战略部署，紧密结合新时代的新发展进一步推进遥感学科建设。

撰稿人：徐　文　赵红蕊

专题报告

# 平台与传感器研究

## 1 高空间分辨率遥感平台与传感器

20 世纪 90 年代以来，高分辨率对地观测卫星蓬勃发展，卫星的空间分辨率从最初的几十米发展到目前的亚米级，光谱分辨率更是达到纳米级[1]。高分辨率卫星影像的应用不仅局限于军事领域，在国家众多行业和部门中的应用也十分广泛，能为国土资源勘测与调查、城市规划与建设、防灾减灾、农林水利等领域提供具体有效的服务[2]。因此，美国、法国、德国、日本、印度、以色列和韩国等各国都大力发展高分辨率卫星遥感对地观测技术，并拥有本国独立的高分辨率遥感卫星系统[3]。

### 1.1 国外高分辨遥感卫星发展现状

自从 1999 年美国发射世界首颗商业高分辨率遥感卫星 IKONOS 以来，就在高分辨率卫星遥感领域处于明显的优势地位。数字地球（DigitalGlobe）公司和地球之眼（GeoEye）公司发展迅速，逐渐成为美国最大的两家高分辨率商业卫星影像公司，2013 年 DigitalGlobe 公司成功收购 GeoEye 公司，成为全球最大商业卫星影像提供商，其运营的 WorldView 系列卫星，最高分辨率可达 0.3m（WorldView-3 卫星）。Planet 公司是全球最大规模的地球影像卫星星群，是目前世界上发射卫星最多的公司，自 2013 年发射第一颗卫星以来，Planet 已经成功部署了 331 颗卫星，至今仍有约 150 颗卫星在轨，包括 120 多颗 Doves 卫星、15 颗 SkySat 卫星和 5 颗 RapidEye 卫星。Planet 卫星星座的最大特点是可以为客户提供快速更新的卫星影像，能以 3m 的分辨率提供大范围的地球影像，其覆盖的广度和更新程度都是无与伦比的，最大亮点是可直接获取经过校正的正射影像。

法国在对地观测卫星的研发和应用方面一直处于世界前列，2002 年发射了世界上的首颗多线阵商业遥感卫星 SPOT-5，其搭载的高分辨率立体成像装置 HRS（High Resolution

Stereoscopic）由前视和后视相机组成，两台相机分别偏离铅垂线 20°，可以获取同轨立体影像，空间分辨率达 2.5m。其后续系列 SPOT-6、SPOT-7 也分别于 2012 年和 2014 年发射成功，影像空间分辨率为 1.5m。此外，阿斯特里姆（Astrium）公司的两颗卫星 Pleiades HR-1A 和 HR-1B 目前也处于在轨工作状态，Pleiades 上搭载的高分辨率成像仪 HiRI（High Resolution Imager）能提供高分辨率、高精度的全色和多光谱影像。经过地面系统的处理，Pleiades 卫星数据最终可以达到全色影像 0.5m 和多光谱影像 2m 的空间分辨能力[4]。Pleiades 系列卫星具备敏捷、灵巧等优点，既保持了 SPOT 系列卫星在立体成像、波段设置等方面的特点，又在空间分辨率、观测灵活性以及数据获取等方面较以往有所提升。SPOT-6、SPOT-7 与 Pleiades HR-1A 和 HR-1B 卫星在空间交替排列组成卫星星座，相邻卫星之间相差 90°，可实现全球任意地点每日两次以上重访。

德国于 2008 年 8 月成功发射了由 5 颗 RapidEye 卫星组成的对地观测卫星星座，卫星装载有多光谱成像仪，幅宽 78km，星下点空间分辨率 6.5m。5 颗卫星均采用太阳同步轨道，日覆盖范围 400 万 km$^2$，能实现每天全球重访。

日本于 1992 年发射了地球资源卫星 JERS-1，主要用于地球资源勘测。2006 年 1 月，成功发射 ALOS 对地观测卫星，ALOS 搭载有 3 个传感器：全色遥感立体测绘仪（PRISM）、先进可见光与近红外辐射计-2（AVNIR-2）以及相控型 L 波段合成孔径雷达（PALSAR）。其中 PRISM 为三线阵 CCD 成像传感器，由前视、下视和后视 3 台 CCD 相机构成，能同时获取同一地区的三视立体影像，形成无时间差的重叠影像，星下点的空间分辨率达 2.5m。

印度遥感卫星的发展以需求为主要导向，逐步构建了多种分辨率相结合的观测卫星体系。2005 年 5 月，印度空间研究组织（ISRO）成功发射了 Cartosat-1 卫星，该卫星装载有两台分辨率为 2.5m 的全色传感器，影像幅宽为 26.8km，重访周期 5d，卫星平台同时配有高精度的轨道与姿态控制系统（AOCS），具备同轨立体成像能力[3]。2007 年 1 月，Cartosat-2 发射升空，其全色相机分辨率可达 0.8m，重访周期 4d。此后，Cartosat-2A/2B 也陆续发射升空运行。Cartosat-2、Cartosat-2A/2B 三颗卫星几乎完全相同，都运行在高度为 635km、倾角为 98° 的太阳同步圆轨道上，主要用于高分辨率（优于 1m）成像观测以及在全球基准框架测绘基础上进行重点地区详细测绘。印度目前正在着手研制新一代 Cartosat-3 系列卫星，发射成功后，Cartosat-3A 将在 450km 高度的轨道上运行，实现全色影像 0.5m、多光谱影像 1m 的空间分辨能力。

以色列在美国的帮助下于 1999 年成立了国际影像卫星公司（ImageSat），该公司目前运营着两颗高分辨率商业遥感卫星，其中一颗是 2000 年发射的 EROS-A1 卫星，空间分辨率为 1.8m；另一颗 EROS-B 卫星于 2006 年发射，空间分辨率达 0.7m。以色列也积极发展面向中东监测的"地平线"系列成像侦察卫星；如地平线-5 卫星于 2002 年 5 月发射升空，携带的光学相机空间分辨率约 1m；地平线-7 卫星于 2007 年 6 月成功发射，空间分辨率为 0.5m[3]；地平线-9 卫星于 2010 年 6 月发射升空，携带的高分辨率全色相机的空间分辨率为 0.5m。

韩国于 1999 年发射首颗高分辨率光学遥感卫星 KOMPSAT-1，全色空间分辨率近 6m，2006 年发射的 KOMPSAT-2 将空间分辨率提高为全色 1m、彩色 4m，影像幅宽 15km。2012 年 5 月，KOMPSAT-3 也发射成功，影像空间分辨率达到全色 0.7m、彩色 3.2m。

泰国的第一颗地理测量卫星泰国地球观测卫星（Theos）于 2008 年 10 月 1 日发射入轨，由法国 Astrium S.A.S 公司设计制造。星上装备两个推扫式扫描仪，即 2m 分辨率的全色相机和 4 个波段、15m 分辨率的宽视场多光谱相机。该星的重要特点是其机动性能很好，可以前后、左右侧摆成像，从而实现对同一地区的高频度重复观测。

阿联酋第一颗卫星 DubaiSat-1 于 2009 年 7 月 30 日发射升空，携带的光学成像相机黑白分辨率大约是 2.5m、彩色分辨率大约为 5m，预期寿命为 5 年。

委内瑞拉在中国支持下积极发展遥感卫星，其中，委内瑞拉遥感卫星一号（VRSS-1）于 2012 年 9 月 29 日发射，其全色多光谱相机采用 SJ-9A 卫星的相机方案，全色分辨率优于 2.5m，多光谱分辨率优于 10m。

俄罗斯 Resurs-DK1 卫星于 2005 年下半年发射，是俄罗斯新型民用高分辨率成像卫星，能向地面战传送空间分辨率为 1m 的图像卫星。老人星 -V-1 是民用地球资源卫星，于 2012 年 7 月发射，其全色空间分辨率为 2.1m，设计寿命为 5~7 年。Resurs-P1 于 2013 年 6 月发射升空，旨在替换之前已超期服役的 Resurs-DK1 卫星，全色空间分辨率为 1m。Resurs-P3 和 Bar-M2 卫星于 2016 年 3 月成功发射，Resurs-P3 的 Geoton-2 相机全色分辨率为 1m、多光谱分辨率为 4m。

## 1.2  我国高分辨率遥感卫星发展现状

我国十分重视发展高分辨率卫星，经过多年的不懈努力，目前共计发射 24 颗民用陆地观测卫星和 4 颗商业光学卫星，其中 25 颗卫星在轨运行，分辨率优于 2.5m 的高分辨率卫星可实现 10 天覆盖全国一遍[5]。我国陆地高分辨率卫星参数如表 1 所示。

**表 1  我国陆地高分辨率卫星参数**

| 卫星名称 | 代号 | 发射时间 | 传感器 | 空间分辨率 / m | 条带宽度 / km | 设计寿命 / 年 | 在轨工作状态 |
|---|---|---|---|---|---|---|---|
| 中巴地球资源卫星 02B 星 | CBERS-02B | 2007-09-19 | 高分辨率相机 | 2.36 | 27 | 2 | 2010-03-11 失效 |
| 天绘一号 01 卫星 | TH-1A | 2010-08-24 | 全色 / 多光谱 | 2/10 | 60 | / | / |
| 资源一号 02C 卫星 | ZY-1 02C | 2011-11-23 | HR 相机 | 2.36 | 27（单台）54（双台） | 3 | 在轨运行卫星及载荷工作正常 |

续表

| 卫星名称 | 代号 | 发射时间 | 传感器 | 空间分辨率/m | 条带宽度/km | 设计寿命/年 | 在轨工作状态 |
|---|---|---|---|---|---|---|---|
| 资源三号 01 卫星 | ZY-3 01 | 2012-01-09 | 正视相机 | 2.1 | 51 | 4 | 在轨运行卫星及载荷工作正常 |
| 天绘一号 02 卫星 | TH-1B | 2012-05-06 | 全色/多光谱 | 2/10 | 60 | / | / |
| 实践九号 A 卫星 | SJ-9A | 2012-10-14 | 全色/多光谱 | 2.5/10 | 30 | 3 | 在轨运行卫星及载荷工作正常 |
| 高分一号卫星 | GF-1 | 2013-04-26 | 全色/多光谱 | 2/8 | 35（单台）70（双台） | 5~8 | 在轨运行卫星及载荷工作正常 |
| 高分二号卫星 | GF-2 | 2014-08-19 | 全色/多光谱 | 0.8/3.2 | 23（单台）45（双台） | 5~8 | 在轨运行卫星及载荷工作正常 |
| 北京二号卫星 | BJ-2 | 2015-07-11 | 全色/多光谱 | 0.8/3.2 | 24 | 7 | 在轨运行卫星及载荷工作正常 |
| 天绘一号 03 卫星 | TH-1C | 2015-10-26 | 全色/多光谱 | 2/10 | 60 | / | / |
| 资源三号 02 卫星 | ZY-3 02 | 2016-05-30 | 正视相机 | 2.1 | 51 | 5 | 在轨运行卫星及载荷工作正常 |
| 高分一号 02/03/04 卫星 | GF-1B/C/D | 2018-03-31 | 全色/多光谱 | 2/8 | 66（双台） | 6 | 在轨运行卫星及载荷工作正常 |
| 高分六号卫星 | GF-6 | 2018-06-02 | 全色/多光谱 | 2/8 | 90 | 8 | 在轨运行卫星及载荷工作正常 |
| 高景一号 01/02 卫星 | GJ-1A/B | 2016-12-28 | 全色/多光谱 | 0.5/2 | 12 | 8 | 在轨运行卫星及载荷工作正常 |
| 高景一号 03/04 卫星 | GJ-1C/D | 2018-01-09 | 全色/多光谱 | 0.5/2 | 12 | 8 | 在轨运行卫星及载荷工作正常 |
| 资源一号 02D 卫星 | ZY-1 02D | 2019-09-12 | 全色/多光谱 | 2.5/10 | 115 | 5 | 在轨测试运行卫星及载荷工作正常 |
| 高分七号卫星 | GF-7 | 2019-11-03 | 全色/多光谱 | 0.8/2.6 | 20 | 8 | 在轨测试运行卫星及载荷工作正常 |

经过近 20 年的快速发展，我国高分辨遥感卫星的制造水平、数据处理精度取得非常大进步。以我国 2017 发射的分辨率最高、精度最高的高景卫星数据与美国 WorldView 系列卫星等数据处理精度进行对比，卫星数据参数对比如表 2 所示。

表2　我国高景卫星与 WorldView 等卫星数据对比

| 卫星名称 | 全色分辨率 /m | 多光谱分辨率 /m | 立体采集能力 | 幅宽 /km | 无控定位精度 /m | 轨道高度 /km |
|---|---|---|---|---|---|---|
| 高景 -01/02/03/04 | 0.5 | 2 | 有 | 12 | 15（CE90） | 695 |
| WorldView-3 | 0.31 | 1.24 | 有 | 13.1 | 3.5（CE90） | 617 |
| WorldView-2 | 0.46 | 1.85 | 有 | 16.4 | 5（CE90） | 770 |
| WorldView-1 | 0.5 | — | 有 | 17.6 | 6.5（CE90） | 496 |
| GeoEye-1 | 0.41 | 1.65 | 有 | 15.2 | 5（CE90） | 681 |

2019 年 11 月 3 日发射的高分七号卫星采用双线阵立体相机和激光测高系统进行联合立体测量，经在轨测试分析，卫星平面几何精度优于 5m，立体像对高程测量绝对精度优于 3.5m，激光测高精度优于 1.5m，将使我国高空间分辨率卫星数据处理精度基本与国际先进水平相当。

## 1.3　我国高分辨率遥感卫星发展趋势与对策

在技术进步和应用需求的牵引下，我国将继续巩固遥感卫星光学高分辨率水平，并发展超高分辨率光学遥感卫星。同时，通过星座组网运行的方式，提升卫星数据获取能力，并获得更高的时间分辨率[6]。在满足图像商业应用的前提下，小卫星将得到大力的发展，其发射成本低，利用最新的图像处理硬件和算法，以相对较短的卫星寿命换取由更大卫星数量组成的星座，不但降低了卫星的设计、总装和发射成本，还使卫星和图像数量增加，覆盖能力增强，时间分辨率增高[7-9]，使得获取海量空间数据的能力提高，为建立数字地球提供数据支持。

建议国家加大资金扶持，加强政策引导，规范产业管理制度，完善国家监管体系，放宽商业图像资源和国外出口卫星的分辨率限制，促进我国高分辨率遥感卫星事业蓬勃发展。

## 2　高光谱遥感平台与传感器

高光谱遥感即高光谱分辨率成像光谱遥感，是在测谱学基础上发展起来的新技术，是基于高光谱分辨率的超多连续波段遥感图像，利用地表物质与电磁波的相互作用及其所形成的光谱辐射、反射、透射、吸收及发射等特征研究地表物体（包括大气），识别地物类型[10]，鉴别物质成分，分析地物存在状态及动态变化的新型光学遥感技术。高光谱分辨率遥感是用很窄而连续的光谱通道对地物持续遥感成像的技术，在可见光到短波红外波段其光谱分辨率高达纳米数量级，通常具有波段多的特点，光谱通道数多达数十甚至数百个以上，而且各光谱通道间往往是连续的，因此高光谱遥感又通常被称为成像光谱遥感。

## 2.1 国外高光谱遥感卫星发展现状

高光谱遥感起步便是从航空领域开始的。1983 年世界第一台航空成像光谱仪 AIS-1 在美国研制成功，在矿物填图、植被生化特征等研究方面进行了应用。此后，许多国家先后研制了多种类型的航空成像光谱仪。如美国的 AVIRIS、DAIS、TRWIS，加拿大的 FLI、CASI，德国的 ROSIS 和澳大利亚的 HyMap 等。在基于地物反射特性的航空高光谱成像仪发展的同时，航空热红外高光谱成像仪也得以发展，如美国的 AHI 和 SEBASS、加拿大的 TIPS 等。

20 世纪 90 年代末，在经过航空试验和成功运行应用之后，高光谱遥感终于进入航天发展领域。1999 年美国地球观测计划（EOS）的 Terra 综合平台上的中分辨率成像光谱仪（MODIS）、号称"新千年计划第一星" EO-1 上的 Hyperion 成像光谱仪、美国 MightySat Ⅱ 小型技术试验卫星上携带的超光谱成像仪试验相机（FTHSI）、美国海军研究中心研制的第一颗专门应用于海岸带的星载高光谱成像仪近海高光谱成像仪（HICO）、欧洲环境卫星（ENVISAT）上的 MERIS，以及欧洲的 CHRIS 卫星相继升空，宣告了航天高光谱时代的来临[11~16]。

### 2.1.1 EO-1 卫星平台及 Hyperion 传感器

EO-1（EarthObserving-1）是美国 NASA 面向 21 世纪为接替 Landsat-7 而研制的新型地球观测卫星，于 2000 年 11 月发射升空，其卫星轨道参数与 Landsat-7 卫星的轨道参数接近。EO-1 卫星由戈达德飞行中心负责管理和运营，ATK 空间系统负责研发和制造。空间飞行器平台的特征为人工智能结构，外部构型为六边形棱柱，直径 1.25m，高 0.73m，平台重量 370kg，载荷重量 110kg。卫星采用三轴稳定控制，具有对惯性空间定向和对地定向模式。AST（自主式星敏感器）提供三轴姿态敏感信息。4 台 1N 推力器和肼推进系统，可实现姿态指向控制精度 0.03°。抖动小于 5″。PPT 推进系统，作为第二套推进装置，可以在一定程度上替代动量轮。

Hyperion 是地球观测卫星 EO-1 携带的高光谱传感器，是目前常用的星载民用高光谱传感器，载荷的前部光学系统是基于 KOMPSAT 的光电相机设计，望远镜孔径 12cm，它通过一条小缝对地球实施观测，瞬时视场角宽 0.624°，对应地面宽度 7.5km。Hyperion 共有 220 个波段，波长覆盖范围为 357~2567nm，光谱分辨率为 10nm，其 L1 级产品实际上有 242 个波段，其中 1~70 为可见光近红外（V-NIR）波段，71~242 为中红外（SWIR）波段。

### 2.1.2 傅里叶转换超光谱成像仪

"强力卫星"（MightySat）是美国空军研究实验室（时称美国空军菲利普斯实验室）于 1994 年实施的多任务小型卫星项目下研制的科学与技术试验卫星，主要作用是作为低成本试验台在轨验证高性能、高风险的航天技术，为空军未来的实用系统提供技术储备。该卫星系列分两类，一类是强力卫星-1（含1颗卫星），另一类是强力卫星-2（原计划4颗卫星，实际只发射1颗）。成功发射的两颗卫星设计寿命均为1年，完成任务后再入大气层销毁。

强力卫星-2.1采用SA-200B平台，总质量123.7kg，有效载荷质量37kg。卫星主体为箱式结构，长68.6cm、宽89cm、高89cm，总功率330W（寿命终止时平均功率100W）。卫星采用三轴稳定方式，设计寿命为1年。卫星运行于高度556km、倾角97.6°的太阳同步轨道上。2001年9月卫星已完成所有的任务目标，其继续工作至2002年11月12日，再入大气层。

### 2.1.3　PROBA 卫星 CHRIS 高光谱传感器

PROBA（Project for On-Board Autonomy）是欧洲太空局于2001年10月22日发射的一颗小型卫星，太阳同步轨道，轨道高度615km，倾角97.89°。卫星上搭载了3种传感器，分别为紧凑式高分辨率成像分光计CHRIS（Compact High Resolution Imaging Spectrometer）、辐射测量传感器SREM（Radiation Measurement Sensor）、碎片测量传感器DEBIE（Debris Measurement Sensor）。其中CHRIS为高光谱传感器，成像光谱范围为400~1050nm，光谱分辨率5~12.00nm，地面分辨率17/34m，幅宽14km。CHRIS传感器有5种成像模式，每种成像模式均能获取同一地点5个角度的影像，分别为0°、+36°、-36°、+55°、-55°。这些优点不仅有利于生物量评估和生物健康状况的监测，而且对于植被或林地的冠层结构、密度、识别植被或林木种类方面也很有帮助。

### 2.1.4　美国"十年勘探"（Decadal Survey）高光谱卫星 HyspIRI

该计划最早由NASA于2006年提出，面向未来地球科学与应用需求，着重于系统性，通过较少的卫星数量和多种探测手段、多种平台的综合应用，实现"成本下降、能力提升和多任务并举"的发展目标。该卫星预计2021年发射。

HyspIRI由两种仪器组成，一种是可见光到短波红外（VSWIR）成像光谱仪和一种热红外（TIR）多光谱成像仪，另一种有一个智能有效载荷模块（IPM），用于机载处理和选定数据的快速下传。VSWIR仪器将具有10nm的连续波段，覆盖380~2500nm的光谱范围，空间分辨率为30m，重访时间为16d。TIR仪器将在4~13μm范围内具有8个离散带，空间分辨率为60m，重访时间为5d。通过这两种仪器，HyspIRI将能够解决从生态系统功能和多样性到人类健康和城市化等广泛领域的关键科学和应用问题。

### 2.1.5　近海高光谱成像仪（HICO）

近海高光谱成像仪（HICO）是第一颗专门应用于海岸带的星载高光谱成像仪，是由美国海军研究中心发起的一项海军创新计划。在完成1年的服役时间后，主要为各项海岸带及其他地区的科学研究提供数据，研究内容包括水体光学特性、海底类型、水深和近岸植被分类等。

HICO 以推扫方式获取 42km×192km 大小的条带状影像，卫星高度为 343km，倾角 51.6°，轨道重访周期约 3d，空间分辨率为 90m，偏振敏感度小于 5%。HICO 在 360~1080nm 范围内共设置了 128 个波段，光谱分辨率为 5nm。其中只有 87 个波段（405~897nm）的精度满足要求且可以被一般用户获取。HICO 的可见光波段（400~700nm）能够反映水体和水底的光谱特性，短波近红外波段（700~900nm）则可用于气溶胶校正和地表反射率的校正。

目前 HICO 的各项产品中，用户可以获得 L1B 和 L2A 级产品。原始数据（Level 0）包含大气层顶的辐亮度以及各项轨道参数和传感器参数。经光谱定标和辐射校正后得到 L1B 产品。L1B 产品包含了大气层顶的辐射亮度数据、几何纠正信息、植被指数和质量控制信息。为了有效地存储数据，HICO 采用了缩放系数。对于 L1B 数据，所有波段的缩放系数为 50，在使用 L1B 数据前要先对所有波段数据除以 50。L2A 是大气纠正后的产品，包括星上反射率、地表反射率、遥感反射比和归一化离水辐射。

### 2.1.6 日本"月亮女神"月球探测器

进入 21 世纪，高光谱遥感探测器逐步迈向深空探测。北京时间 2007 年 9 月 14 日上午 9 点 31 分，月亮女神探测器 SELENE（Selenological and Engineering Explorer，意为"月球探测工程"）由 H-2A 火箭在距东京以南约 1000km 的鹿儿岛县种子岛航天中心发射升空。该卫星长宽各为 2.1m，高 4.8m，大约 3t 重，包括一个主探测器和两个子探测器。月亮女神探测器在轨干质量 1984kg，造价 320 亿日元（约合 2.72 亿美元），由日本三菱重工业公司负责研制。

月亮女神探测器各探测器上共搭载了 15 种精密仪器，围绕月球运行 1 年，以前所未有的精度对月球进行全面观测，分析月球化学成分构成、矿产分布、地表特征等。所采集到的数据将用于研究月球起源和演化过程。按照发射计划，"月亮女神"的主探测器在离月球表面大约 100km 的轨道上环绕飞行，两个被释放出去的子探测器，一个主要保障各探测器与地面的通信工作，另一个负责测量月球的重力场。探月飞船使用 4 个太阳传感器、2 个惯性测量器、2 个星象跟踪仪、4 个 20Nms 反力轮和推进器来三轴稳定姿态控制。

月亮女神月球探测器设计有 3 个主要科学目标：①探索月球和地球的起源，研究月球的形成和演化过程；②观测月球的空间环境；③利用月球观测外太空。为实现这些科学目标，"月亮女神"共搭载 15 种有效载荷，主要包括 X 射线谱仪、伽马射线谱仪、多光谱成像仪、连续光谱测量仪、地形测绘相机、激光高度计、测月雷达、月球磁强计、带电粒子谱仪、等离子体分析仪、上层大气和等离子体成像仪等，还有中继子卫星、VLBI 射电源子卫星以及高清电视摄像机。受外部因素制约和空间环境影响，"月亮女神"的 X 射线谱仪、伽马射线谱仪、测月雷达、带电粒子谱仪等有效载荷先后出现各种故障，但整体科学探测基本按预定计划进行，获得了大量新的、有价值的科学探测数据。

### 2.1.7 印度月船 1 号月球探测器

月船 1 号（Chandrayaan-1）于当地时间 2008 年 10 月 22 日由印度国产的极地卫星运

载火箭 PSLV-C11 发射升空，发射地点位于距离印度南部城市钦奈 90km 的萨迪什·达万航天中心。月船 1 号绕月飞行两年，对月球的地质结构和矿物资源进行调查。

月船 1 号总质量为 1380kg，造价约 8300 万美元，携带 11 台探月仪器，其中，一台名为月球撞击探测器的装置最为重要。月球撞击探测器质量为 29kg，由印度自行研制，就像帽子一样装在月船 1 号的顶部；月船 1 号进入绕月轨道后，月球撞击探测器将以 75m/s 的速度从飞船上弹出，向月球表面撞去。在接近月球的过程中探测器将会不断对月球进行拍摄，这些数据有助于印度空间研究组织未来选择月球车的着陆位置。

印度月船 1 号在为期 2 年飞行任务中，获得高分辨率的月球地质图、月球矿物图和月球地形图，但这只是任何月球探测活动的"基本动作"。月船 1 号千里迢迢奔赴月球的最关键任务，还是寻找人类未来最可能的替代能源氦 -3。其搭载的超光谱图像仪 HySI 基本参数为：地面分辨率 80m，刈幅宽度 20km，光谱范围为 0.4~0.92μm，光谱分辨率小于 15nm，量化等级 12bit，信噪比 100。可能扩展近红外谱段范围为 2.6~3.0μm。重量 3kg，功耗 15W。通过绘制月球表面矿物分布获得相应的频谱数据，由超光谱成像仪得到的数据将帮助月球表面矿物质成分的可用信息。同时，对深陨坑区域或者重要峰值记录进行深入研究，这将有助于理解月球内部矿物质分布状况。

## 2.2　我国高光谱遥感卫星发展现状

就我国而言，有两件事极大促进了成像光谱或高光谱遥感的发展。一是始于 20 世纪 80 年代中期的黄金找矿热潮。影像解译可以了解区域的地质构造、地层和岩石的空间格局，而光谱分析则可能揭示与岩矿类型、矿物特征和成矿背景有关的信息，这也是国际上最新的地矿遥感研究方向。二是自主研发的红外细分多光谱扫描仪（FIMS-1），于 1986 年装载于中国科学院"奖状"型遥感飞机上在新疆西准噶尔地区圈定的范围开展了遥感飞行测量。此后科研人员又对这台仪器进行了改进与提高，翌年一台更为先进的 12 波段短波红外多光谱扫描仪（FIMS-2）投入应用，开展了对新疆西准噶尔地区更大范围的遥感飞行测量。这在当时国际上尚无先例，完全是根据中国国情、技术状况和特殊需求的创新型研究成果，也是中国在机载准成像光谱技术和应用上取得的重大突破[17]。

20 世纪 80 年代中后期至今，我国开展了高光谱成像技术的独立发展计划，经历了从细分多光谱到成像光谱遥感，从光学机械扫描到面阵推扫的发展过程，先后研制和发展了新型模块化航空成像光谱仪（MAIS）、推帚式成像光谱仪（PHI）、实用型模块化成像光谱仪（OMIS）、宽视场面阵 CCD 超光谱成像仪（WHI）以及高分辨率成像光谱仪（C-HRIS）等，在国内外得到多次示范应用，为我国航天高光谱遥感发展提供了技术储备，为精细化定量遥感应用提供了技术保障。

我国借助载人航天工程，紧跟国际高光谱遥感技术发展，并结合国内应用需求，先后研制了多个光谱成像仪并成功发射。中国科学院上海技术物理研究所研制的中分辨率成像光谱仪（CMODIS）于 2002 年随神舟三号发射升空，成功获取航天高光谱影像，其获取影像从可见光到近红外共 30 波段，中红外到远红外的 4 波段，空间分辨率为 500m。2007 年 10 月年发射的嫦娥 1 号卫星携有中国科学院西安光学精密机械研究所研制的干涉成像光谱仪，用于获取月球表面二维多光谱序列图像和可分辨地元光谱图，通过与其他仪器配合使用对月球表面元素及物质类型的含量与分布进行分析，并编制其月面分布图。

2008 年 9 月，环境与灾害监测小卫星星座 A、B 星（HJ-1）成功发射并顺利入轨，标志着我国环境与灾害监测预报小卫星星座成功组建，其携带的超光谱成像仪，采用 0.45~0.95μm 波段，平均光谱分辨率为 5nm，地面分辨率为 100m。

2011 年 9 月，我国成功发射天宫一号目标飞行器，搭载的高光谱成像仪由中国科学院长春光学精密机械与物理研究所和上海技术物理研究所共同研制，波段范围覆盖可见光至短波红外谱段，是目前我国空间分辨率和光谱分辨率最高的星载高光谱成像仪，可实现对地物特征和性质的纳米级光谱分辨率成像探测。

2018 年 5 月 9 日，高分五号卫星在太原卫星发射中心成功发射，是世界首颗实现对大气和陆地综合观测的全谱段高光谱卫星，填补了国产卫星无法有效探测区域大气污染气体的空白，可满足环境综合监测等方面的迫切需求，是中国实现高光谱分辨率对地观测能力的重要标志。该星搭载了大气痕量气体差分吸收光谱仪、主要温室气体探测仪、大气多角度偏振探测仪、大气环境红外甚高分辨率探测仪、可见短波红外高光谱相机、全谱段光谱成像仪共 6 台载荷，可对大气气溶胶、二氧化硫、二氧化氮、二氧化碳、甲烷、水华、水质、核电厂温排水、陆地植被、秸秆焚烧、城市热岛等环境要素进行监测。

### 2.2.1 HJ-1 卫星 HSI 高光谱成像仪

环境一号卫星系统是由国务院批准的专门用于环境和灾害监测的对地观测系统，由两颗光学卫星（HJ-1A 卫星和 HJ-1B 卫星）和一颗雷达卫星（HJ-1C 卫星）组成，拥有光学、红外、超光谱多种探测手段，具有大范围、全天候、全天时、动态的环境和灾害监测能力。现在环境一号 HJ-1A 卫星高光谱卫星数据由中国资源卫星应用中心负责分发。

2008 年 9 月 6 日，我国 HJ-1 顺利升空，其中 A 星搭载了我国自主研制的空间调制型干涉高光谱成像仪（HSI）。HSI 对地成像幅宽为 50km，星下点像元地面分辨率为 100m，在工作谱段 459~956nm 内有 115 个波谱通道。HJ-1A/HSI 的优点表现在：①光谱分辨率高，HJ-1A/HSI 的平均光谱分辨率为 4.32nm，优于当前国际上应用最广泛的 Hyperion（10nm），说明 HSI 能够获得更为精细的地物光谱曲线，对目标识别和信息提取能力更强；②重访周期高，HJ-1A/HSI 通过 30°侧摆可以实现 96h 重访观测，而 Hyperion 的重访周期为 16d，HSI 的高重访周期对于满足溢油、赤潮等专题研究需求更有优势。然而，HJ-1A/HIS 的空间分辨率相对较低，且工作谱段为 459~956nm，这对其应用产生了诸多限制。

HJ-1A 卫星和 HJ-1B 卫星是中国环境与灾害监测预报小卫星星座的光学卫星，采取"一箭双星"的形式，由长征二号丙运载火箭发射两颗小卫星入轨。卫星入轨工作后，可获取高时间分辨率、中等空间分辨率的对地观测数据。环境一号 A/B 星的卫星数据不仅能为环境与减灾业务运行系统提供重要保障，还将成为很多部门日常业务的重要数据源。基于环境卫星数据建立的环境与减灾应用系统，对推动遥感卫星业务服务具有重要的示范作用。除具有高时间分辨率外，环境一号 A/B 星还有超光谱成像等技术创新点，并将承担亚太国际合作等重要任务，对推动中国遥感卫星国际合作以及在国际卫星相关事务等方面具有非常重要的作用。

### 2.2.2　天宫一号高光谱成像仪

2011 年 9 月 29 日，我国在酒泉卫星发射中心成功发射天宫一号目标飞行器，利用目标飞行器的实验支持能力，载人航天工程空间应用系统开展了地球环境监测实验。于 2016 年 3 月结束在轨运行，在轨稳定运行 1630 天，在轨期间完成了与神舟八号、神舟九号、神舟十号 3 艘飞船的交会对接实验任务，搭载的先进高光谱成像仪工作正常、稳定，具有同时对同一目标进行多个谱段的综合对地观测信息获取能力。高光谱成像仪包含可见光全色、可见近红外、短波红外和热红外谱段。由上海技术物理研究所（负责承担高光谱成像仪的短波红外和指向反射镜两部分设备）和长春光机所共同研制的高光谱成像仪在实验中获得大量宝贵的数据，这些数据广泛应用于国土资源、林业、农业、油气、矿产、海洋、城市热岛、大气环境探测、材料科学等领域的研究。

高光谱成像仪是国际上首次采用相移速度补偿技术实现航天高分辨率短波红外高光谱成像，设备在研制过程中提出多个创新点和多项新技术。短波红外探测设备空间分辨率为 20m，共有 73 个波段，光谱分辨率达到 23nm，该设备具有波段多、波段宽度窄、光谱分辨率高、数据量大、图谱合一等特点。指向反射镜设备在国内首次采用轻量化的 SiC 材料，并使用无应力支撑技术，设计的双轴承组满足高精度的要求。

天宫一号高光谱成像仪的空间分辨率和光谱分辨率综合指标在国内外星载高光谱仪中处于先进水平，与美国的 MODIS、Hyperion，欧洲的 MERIS、CHRIS，国内的 HJ-1A 相比，在谱段范围、波段数目、空间分辨率、光谱分辨率等方面具有突出优势。天宫一号高光谱成像仪具有对地物精细特征的成像探测能力，在地物精细分类与识别方面具有重要的应用价值。在轨运行以来，获取了大量的高质量对地观测数据，丰富了中国高光谱遥感数据源，该数据已在海洋、林业、国土资源、城市环境监测、水文生态监测等众多领域开展了应用研究，取得了较好的应用成果。

### 2.2.3　高分五号（GF-5）卫星可见短波红外高光谱相机（AHSI）

2018 年 5 月 9 日，高分五号卫星在太原卫星发射中心成功发射，它填补了国产卫星无法有效探测区域大气污染气体的空白，可满足环境综合监测等方面的迫切需求，是中国实现高光谱分辨率对地观测能力的重要标志。

　　高分五号卫星（GF-5）是我国第一颗高光谱综合观测卫星，该卫星设计运行于太阳同步轨道，轨道高度 705km，主要用于获取从紫外到长波红外谱段的高光谱分辨率遥感数据产品，是实现高分专项"形成高空间分辨率、高时间分辨率、高光谱分辨率和高精度观测的时空协调、全天候、全天时的对地观测系统"目标的重要组成部分，是实现国家高分辨率对地观测能力的重要标志之一。高分五号卫星是世界首颗实现对大气和陆地综合观测的全谱段高光谱卫星，也是中国高分专项中一颗重要的科研卫星。

　　国际首次具备紫外 – 可见 – 红外（短波、中波、长波）全谱段的高光谱观测能力，观测光谱分辨率最高 $0.03cm^{-1}$，光谱定标精度最高 $0.008cm^{-1}$。配置的对地成像载荷可获取地表目标的可见 – 短波红外谱段高光谱和多光谱图像，幅宽可达 60km，与国外同类载荷（如 Hyperion）相比，其幅宽更大且具备短波 – 中波 – 长波红外多光谱观测能力，填补国内地表高光谱 – 多光谱综合观测空白。

### 2.2.4　Spark 双星高光谱成像卫星

　　2016 年 12 月 22 日，由中国科学院微小卫星创新研究院（上海微小卫星工程中心）研制的两颗宽幅高光谱微纳卫星 Spark 在酒泉卫星发射中心成功发射，被美国《大众科学》称作"世界上非常强大的高光谱成像卫星"。该星采用模块化设计思路，使用了大量工业先进技术和元器件来提高性价比，整星重量仅 43kg，是中国科学院自主研发的第四代实用型微纳卫星；可获取 50m 空间分辨率、100km 幅宽、148 个光谱谱段数、覆盖 $0.42\sim1.0\mu m$ 微米谱段范围的高光谱数据。通过双星配合观测，幅宽可达约 200km，每天能够覆盖约 $500km^2$ 的地表范围，获得约 400GB 高光谱数据；能够在一个月内实现全国覆盖，服务国家农业估产、林业病虫害监测、环境保护、灾害监测和资源开发等领域。

　　基于这两颗卫星，中国科学院相关研究团队已完成中国全境地表高光谱观测覆盖，突破并填补了"光谱中国"地图绘制的领域空白。该星数据被纳入为中国科学院"地球大数据科学工程"，致力满足"一带一路""美丽中国""生态文明"等国家战略实施的迫切需求；已完成"一带一路"60 多个国家和地区 90% 的地表面积覆盖，后续还将持续提供高质量的数据服务。

### 2.2.5　珠海一号 OHS 高光谱卫星

　　珠海一号 02 组卫星由珠海欧比特宇航科技股份有限公司组织研制，由 4 颗高光谱卫星 OHS-01/02/03/04 和 1 颗视频卫星 OVS-2 组成，于 2018 年 4 月 26 日在酒泉卫星发射中心发射升空。珠海一号是由珠海欧比特宇航科技股份有限公司投资的商业遥感卫星星座，建成后将为全球农林牧渔、水土资源、环境保护、交通运输、智慧城市、现代金融等行业提供卫星大数据服务[16, 17]。

　　单颗 OHS 高光谱卫星配置 1 台分辨率优于 10m、幅宽优于 150km 的高光谱相机，光谱分辨率优于 2.5nm，成像范围为 150km×2500km。OHS 高光谱卫星在入轨前预选了 32 个波谱段，在轨可根据需要对波谱段范围进行自定义调整。4 颗高光谱卫星可实现 5 天左右全球覆盖扫描一遍,对于特定地区可以每天多遍重访扫描。珠海一号02组卫星发射成功,补充了整个珠海一号星座采集高光谱数据的能力,增加卫星数据的多样性;也进一步提升了公司运营商业遥感卫星星座的能力,踏上了卫星大数据服务新台阶,开启定量遥感新时代。

## 2.3 我国高光谱遥感卫星发展趋势与对策

十余年的实践表明,航天高光谱成像技术的应用前景十分广阔,对仪器性能的期望也越来越高,除空间分辨率、光谱分辨率等常规指标外,对仪器的定量化水平、对目标的访问能力(时间分辨率)均提出了更高的要求[18]。同时,相关关键技术的进步也为航天高光谱成像仪器的未来发展提供了保障。除了分光技术日趋完善以外,高性能图像传感器以及信息获取技术也日新月异。探测器继续朝大面阵、高帧频和高灵敏度方向发展,配合高速、海量信息采集处理技术,使得成像光谱仪能够获得更大幅宽、更短重访周期以及更高分辨率;探测器的响应波长不断扩大,得以将以往多个不同波段的光谱仪集成合一,实现小型化和高配准精度[19]。此外,光学、精密机械和热学领域的进步都促进了航天高光谱成像仪的性能提升。

大数据、云计算等新兴技术的出现,特别是互联网快速发展所产生的服务模式变革,为高光谱遥感技术快速向各个行业拓展应用提供了发展机遇。借助互联网平台和云服务技术,构建高光谱遥感应用云服务平台,在专业人员和普通大众之间建立一条桥梁,把专业人员在高光谱数据处理和信息提取方面的技术与用户对具体生产和应用的需求通过网络平台结合起来,实现产学研的真正结合。同时,借助"互联网+"的服务模式和理念,面向行业形成包括数据获取与处理,信息提取和应用的整套解决方案,并建立基于互联网的应用拓展渠道,将有利于推动高光谱遥感便捷地服务于大众[20]。

## 3 合成孔径雷达平台与传感器

从20世纪90年代中后期,合成孔径雷达成像技术逐渐成熟,应用领域不断扩展,成为SAR应用研究的热点之一[21]。SAR卫星采用微波有源探测(发射/接收)方式,通过距离向脉冲压缩和方位向合成孔径技术,可穿透云、雨、雾、沙尘暴等,具备全天候、全天时工作能力,能实现对地高分宽幅成像、干涉测高、地表微小形变监测等,是常年多云雨地区最有效的数据获取方式。有别于光学遥感,SAR卫星可获取观测区域的复影像,即同时包含强度信息和相位信息。通过合成孔径雷达干涉测量技术,可提取雷达复影像数据的相位信息反演地形和地表微小变化信息。这些特性,使SAR卫星在国土资源、地质、地震、防灾减灾、农业、林业、水文、测绘与军事等领域有独特的应用价值,受到各国政府和科研机构重视,并得到了迅猛发展[22]。

### 3.1　国外合成孔径雷达卫星发展现状

美国海洋卫星（SEASAT）于 1978 年发射升空，是全球第一颗合成孔径雷达卫星，该星的运行高度约为 800km，工作波段为 L 波段，测绘带宽的宽度为 100km，成功实现了对地表 1 亿 $km^2$ 的区域的测绘，为空间微波遥感掀开了崭新的一页。1981 年、1984 年和 1994 年，美国又用航天飞机将 SIR-A、SIR-B 和 SIR-C 三部成像雷达送入太空，其中 SIR-C 采用了相控阵扫描技术，具有较大的波束角扫描范围，并且拥有多波段多极化的能力。从 1988 年到 2001 年美国还先后发射了 5 颗 Lacrosse 军用雷达卫星，其分辨率从 1m 提高至 0.3m，是目前空间分辨率最高的星载 SAR 系统。

欧空局（ESA）先后于 1991 年和 1995 年发射了 ERS-1 和 ERS-2 两颗 SAR 卫星，还利用相继获得的 ERS-1 和 ERS-2 数据，生成了间隔至多相差一天的干涉数据[23]。2002 年 ESA 在 ERS 系列基础上发射了改进的后续卫星 ENVISAT，主要用于监视环境；星上载有 10 种探测设备，所载最大设备是先进的合成孔径雷达（ASAR），可生成海洋、海岸、极地冰冠和陆地的高质量图像。ESA 也分别在 2014 年和 2016 年发射了 Sentinel-1A 和 Sentinel-1B 卫星，这是 ESA 哥白尼计划的重要组成部分；其中，Sentinel-1A 为 C 频段 SAR 卫星，轨道周期 99min，重复周期 12d，设计寿命 7.25 年；Sentinel-1B 与 Sentinel-1A 均匀分布在同一轨道面上，使系统回归周期缩短为 6d[24]。Sentinel 卫星配置了条带模式、广域干涉模式、超幅宽模式和波模式四种模式，为监测全球气候变化和民用安全提供准确信息。地球云、气溶胶与辐射探测者（EarthCARE）卫星为欧洲 – 日本合作项目，配置有大气激光雷达、地球云雷达以及多光谱相机等载荷，用于探测地球云、气溶胶与辐射间的相互作用关系以及其对地球气候的影响。

加拿大于 1995 年 11 月发射了 RADARSAT-1，载有先进的合成孔径雷达，有多种波束和入射角，广泛用于全球气候和环境监测、极区冰覆盖情况观测、多云的热带和温带雨林观测以及海洋观测等。2007 年发射了 RADARSAT-2，可提供 11 种波束模式，包括 2 种高分辨率模式、3 种极化模式、增宽的扫幅以及大容量的固态记录仪等；在前一代 RADARSAT-1 的基础上增加了多极化和"地面动目标显示（GMTI）"等功能；对所有波束模式都可以左视或右视；卫星编程服务最快可达 4~12h，满足应急需要。加拿大也正在开发 RADARSAT 星座任务（RCM），接替 RADARSAT-2 卫星。

以色列于 2008 年发射的 TecSAR 卫星是小型 SAR 卫星的代表，其卫星总重仅 300kg，有效载荷不到 100kg，极轻的重量和体积不仅降低了发射费用，也增加了卫星的机动性[24,25]。地平线-8 卫星于 2008 年 1 月发射升空，是以色列首颗专用雷达成像侦察卫星，载有重约 100kg 的合成孔径雷达，分辨率 1m，设计寿命 4 年。

意大利军民两用"地中海周边观测小卫星星座系统"（Cosmo-Skymed）高分辨率雷达卫星星座由 4 颗卫星组成，是由意大利航天局和意大利国防部共同研制。目前 4 颗卫星已全部在轨运行。在 COSMO 一代卫星星座之后，还将发射 6 颗 COSMO 二代卫星星座。Cosmo-Skymed 星座的主要有效载荷为 SAR-2000 合成孔径雷达，可提供分辨率高达 1m 的雷达数据，满足 1∶5000 和 1∶10000 的比例尺制图要求；具有多种成像方式，5 种分辨率；4 颗卫星组成星座，成像重访能力高；另外，卫星星座还具备干涉测量和极化测量的能力。其中，干涉测量采用双星前后相（Tandem）串行干涉测量模式，两星成像间隔 20s，轨道平面相差 0.08°，获取的干涉像对具有很好的相干性，其所生产的 DEM 具有较好的精度；极化测量采用条带成像双极化模式（PINGPONG），获取空间分辨率 15m，幅宽大于 30km 的多极化数据，利用多极化数据可进行彩色合成，大大提高了地物的识别能力。Cosmo-Skymed 星座标称轨道高度 619.6km，倾角 97.86°，太阳同步圆轨道，周期 97.19min，升交点地方时为早上 6 时。

德国 2006—2008 年共发射了 5 颗军事侦察卫星，组成了 SAR-Lupe 雷达卫星星座。SAR-Lupe 各星仅有 2 种工作模式：条带（stripmap）模式和聚束（spotlight）模式；而由于质量减轻，SAR-Lupe 可以整星 180° 转动，改变天线波束的指向，增加观测范围；并且利用多星组网的优势，该星座可以提高时间分辨率和反应速度，利用较低的成本实现高可靠的性能[26]。德国之后建立了世界首个高精度干涉 SAR 卫星系统，2007 年和 2010 年先后发射了 TerraSAR-X 卫星和 TanDEM-X 卫星，其成像的绝对高程精度优于 10m，相对高程精度优于 2m，空间分辨率 12m。

1992 年，日本发射了 JERS-1 号卫星，载有合成孔径雷达系统，其工作时间为 2 年，工作在 L 波段，工作方式为水平极化，分辨率为 18m×24m。2006 年 1 月 24 日发射 ALOS 对地观测卫星，采用了先进的陆地观测技术，能够获取全球高分辨率陆地观测数据，主要应用目标为测绘、区域环境观测、灾害监测、资源调查等领域。ALOS 卫星载有相控阵型 L 波段合成孔径雷达（PALSAR），具有高分辨率、扫描式合成孔径雷达、极化三种观测模式，使之能获取比普通 SAR 更宽的地面幅宽。

## 3.2 我国合成孔径雷达卫星发展现状

近年来我国也积极发展合成孔径雷达卫星，包括环境一号 C 星（HJ-1C）和高分三号等。

环境一号 C 星（HJ-1C）于 2012 年 11 月 19 日成功发射，重约 849kg，设计寿命约 3 年，载有两台容量为 32GB 的固态存储器，工作波段为 S 波段，采用 VV 极化方式，具有对原始雷达遥感数据进行 8∶3 BAQ 压缩量化的功能。SAR 工作模式分为基本工作模式和缺省工作模式，基本工作模式包括高空间分辨率条带成像工作模式和宽刈幅 SCANSAR 成像工作模式；缺省工作模式为天线转角 36° 情况下的高分辨率条带成像工作模式[27, 28]。利用 HJ-1C 卫星数据，可对生态环境和灾害发展变化趋势进行快速预测、评估，为紧急救援、灾后救助和重建工作提供科学依据；还可以与地面监测手段相结合，提高环境和灾害信息的

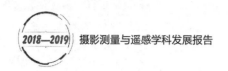 

观测、采集、传送和处理的能力，为提高我国的减灾和环境保护能力提供有力的保障。

高分三号于 2016 年 8 月 10 日在太原卫星发射中心成功发射，是我国首颗分辨率达到 1m 的 C 频段多极化合成孔径雷达成像卫星，在轨设计寿命 8 年。GF-3 能够全天候实现全球海洋和陆地信息的监视监测，并通过左右姿态机动扩大对地观测范围和提升快速响应能力，其获取的 C 频段多极化微波遥感信息可以用于海洋、减灾、水利及气象等多个领域，服务于我国海洋、减灾、水利及气象等多个行业及业务部门，是我国实施海洋开发、陆地环境资源监测和防灾减灾的重要技术支撑。

### 3.3 我国合成孔径雷达卫星发展趋势与对策

总体上看，合成孔径雷达卫星发展有以下趋势[29]：①载荷水平不断提高，由单一成像模式向多种成像模式转化，由单极化向多（全）极化发展，分辨率由百米级提高到亚米级；②卫星寿命逐渐延长，工作寿命至少在 5 年以上，未来甚至可以达到 10 年；③高分辨率宽幅成像能力不断加强，方位向分辨率越来越高；④具备多模式，可使用不同频率、不同极化、不同入射角的电磁波对地物进行观测，获取地物信息更加丰富；⑤ InSAR 和 PolInSAR 技术发展潜力巨大，使用 SAR 进行定量化分析过程中大多使用干涉技术，对相位进行分析；⑥ SAR 星座与卫星编队使得卫星时效性提高、重访周期缩短，对地观测和监视能力得到提高[30, 31]。未来，需要重点攻克的技术难点主要包括：可靠的卫星硬件设计与制造技术、模拟仿真论证技术、InSAR 数据处理技术、干涉测量检校技术等。

## 4 激光雷达平台与传感器

激光雷达是 20 世纪 90 年代发展起来的一种新型传感器，集激光扫描、POS 于一体，由于其量子能量高、波长短的特性，弥补了微波雷达在大气气溶胶、分子等微小粒子探测方面的不足，成为探测气溶胶和大气分子的重要工具。激光雷达按运载平台可以分为地基固定式激光雷达、车载激光雷达、机载激光雷达、船载激光雷达、星载激光雷达、弹载激光雷达和手持式激光雷达等。相对于全球观测，地基固定式激光雷达、车载激光雷达以及机载激光雷达等观测范围都有限，只能在较小的区域内进行观测。而在进行气候预测时，仅有局部的大气信息是不够的，因此人们开始考虑利用星载激光雷达实现较大区域的大气探测。星载激光雷达则可以实现全球观测，包括海洋、南北极、沙漠等传统激光雷达难以观测的地区[32~35]。

### 4.1 国外激光雷达装备发展现状

美国是星载激光雷达的先行者，曾在 1994 年 9 月 20 日用发现号航天飞机搭载激光雷达进行了激光雷达空间技术试验（LiDAR In-space Technology Experiments，LITE），证明了空间激光雷达在研究气溶胶和云方面的潜力，LITE 成为世界上首个地球轨道激光雷达试验。

NASA 于 1996 年发射的火星全球勘探者号 MGS（Mars Global Surveyor）搭载了火星轨道激光测高仪 2 号 MOLA-2（Mars Orbiter Laser Altimeter），获取了大量火星表面的地形特征数据。在 MOLA-2 建造、试验和发射准备的同时，NASA 利用 MOLA 研制过程中的备份器件，进行了航天飞机搭载 DAR 的试验，即 Shuttle LiDAR Altimeter-1（SLA，1996 年 1 月）和 SLA-2（1997 年 8 月），获取了高精度全球控制点信息。

NASA 于 2003 年 1 月 13 日发射了第一颗主要用于极地冰量测量的冰、云和陆地海拔测量卫星（Ice、Cloud and Land Elevation satellite，ICESat），搭载了地球激光测高系统（Geoscience Laser Altimeter System，GLAS），ICESat 还可以同时给出全球分布大气云层和地貌数据。

NASA 在 1998 年与法国国家航天中心（CNES）合作实施"云 – 气溶胶激光雷达和红外探测者卫星观测"（Cloud-Aerosols LiDAR and Infrared Pathfinder Satellite Observations，CALIPSO）计划，该计划的任务是提供全球的云和气溶胶观测数据，用于研究云和气溶胶对气候的影响。2006 年 4 月 28 日，CALIPSO 卫星由 Delta-Ⅱ火箭发射升空，正交偏振云 – 气溶胶激光雷达（Cloud-Aerosol LiDAR with Orthogonal Polarization，CALIOP）则是 CALIPSO 卫星的主要有效载荷之一。相比于 LITE，CALIPSO 采用了偏振检测技术，实现了全球覆盖，其首批试验结果更表明，CALIOP 具备识别气溶胶、沙尘、烟尘以及卷云的能力，它成为世界上首个应用型的星载云和气溶胶激光雷达，其观测能力优异。

星载多普勒激光雷达（Atmospheric Laser Doppler Instrument，ALADIN）是目前正在开展的地球大气观测项目（Atmospheric Dynamic Mission Aeolus，ADM-Aeolus）的主要载荷，用于探测全球分布对流层和平流层底大气风场垂直剖面，以弥补目前此类数据在海洋和极地等崎岖较少的不足。ALADIN 激光雷达由三个主要元素组成：发射系统，结合的 Mie 和 Rayleigh 后向散射接收器组件以及直径 1.5m（4.9in）的卡塞格林望远镜。其发射系统基于 150mJ 二极管 Nd：YAG 激光器，工作在 355nm 的紫外线下。Mie 接收器由一台分辨率为 100MHz（相当于 18m/s）的 Fizeau 光谱仪组成。Rayleigh 接收机采用 2GHz 分辨率和 5GHz 间隔的双滤波法布里 – 珀罗干涉仪。

除了上述星载激光雷达系统以外，比较知名的还包括 NASA/LaRC 星载差分吸收雷达、月球观测 Clementine 系统、火星勘探者的 MOLA-2 系统、观测空间小行星的 NRL 系统、后向散射雷达 ATLID 等。

## 4.2 我国激光雷达装备发展现状

星载 LiDAR 在短短几十年中的迅猛发展，体现出这个新兴探测方式所具有的独特潜力，星载 LiDAR 将越来越多地用于科学研究或军事战略等众多领域，作为获取三维高程和垂直结构信息非常有效且精确的手段,必将成为未来空间探测的发展趋势。

国内中科院遥感所、技物所、光电院、上海光机所,中电集团27所、北京空间机电研究所、武汉大学、哈尔滨工业大学等单位都开展了激光雷达技术研究。目前国内已发射或在研的星载激光设备,主要是嫦娥系列的深空激光高度计和ZY-3、GF-7、CM-1、TH-3搭载的对地激光高度计等[36-38]。

## 4.3 我国激光雷达装备发展趋势与对策

我国星载激光测高仪的激光器正由传统的二极管泵浦Zig-Zag板条激光器向主振荡功率放大的MOPA结构发展;探测体制由低重频、高能量、单光束的线性探测体制向高重频、微脉冲、多光束的单光子探测体制发展;寿命维持由传统的备份方式向轮班值守方向发展;应用领域由单一领域向多领域方向发展(全球高程控制、森林植被参数测量、极地冰盖监测、水文监测等)[38, 39]。为实现卫星激光测高数据高精度处理与应用,未来需要重点攻克的技术难点主要包括:高精度距离测量技术、激光指向高精度测量技术、卫星在轨高精度几何标定技术、大气延迟距离改正技术、固体潮改正技术、全波形数据处理技术、激光高程参考点提取及数据库构建技术等。

## 5 立体测绘平台与传感器

具备立体测图或高程测量能力的卫星称为测绘卫星,其任务是进行立体观测,获取地面目标的几何和物理属性。传输型三线阵光学成像及摄影测量属于动态摄影,卫星从不同视角多次对同一目标摄像,通过后期影像处理可确定目标的三维空间位置信息。三线阵测绘卫星具有相机几何结构稳定、基高比高、立体影像时间一致、对卫星平台稳定度要求较低等优点[40]。

### 5.1 国外立体测绘卫星发展现状

随着地理空间信息产业的迅猛发展,测绘卫星获得了广阔的发展空间,国外光学遥感测绘卫星如雨后春笋般涌现出来。国外主要的光学遥感测绘卫星的基本参数如表3所示。

### 5.2 我国立体测绘卫星发展现状

我国近年来也大力发展立体测绘卫星,包括2010年发射的天绘一号01星(TH-1A)、2012年发射的资源三号01星(ZY-3 01)、2012年发射的天绘一号02星(TH-1B)、2015年发射的天绘一号03星(TH-1C)、2016年发射的资源三号02星(ZY-3 02)、2019年发射的天绘二号卫星(TH-2)和高分七号卫星(GF-7)。

表 3　国外光学遥感测绘卫星的基本参数

| 遥感卫星 | 发射时间/年 | 成像模式 | 立体方式 | 地面分辨率/m | 平面精度/m | | 高程度精度/m | |
|---|---|---|---|---|---|---|---|---|
| | | | | | 有控制 | 无控制 | 有控制 | 无控制 |
| 法国 SPOT-4 | 1998 | 单线阵推扫 | 异轨 | 10（全色） | 10~30 | 350 | / | / |
| 美国 IKONOS-2 | 1999 | 单线阵摆动/推扫 | 同轨、异轨 | 1（全色）<br>4（多光谱） | 2 | 12 | 3 | 10 |
| 美国 QuickBird-2 | 2001 | 单线阵推扫 | 同轨、异轨 | 0.61（全色）<br>2.44（多光谱） | / | 23 | / | 17 |
| 法国 SPOT-5 | 2002 | 双线阵推扫/复原 | 同轨、异轨 | 2.5（全色）<br>10（多光谱） | 10 | 50 | 5 | / |
| 美国 Orbview-3 | 2003 | 线阵推扫 | 同轨、异轨 | 1（全色）<br>4（多光谱）<br>8（多光谱） | / | 单片：18<br>立体：11 | / | 16 |
| 印度 CartosSat-1 | 2005 | 双线阵推扫 | 同轨 | 2.5（全色） | 5 | 80 | 5 | 70 |
| 日本 ALOS | 2006 | 三线阵推扫 | 同轨、异轨 | 2.5（全色） | 4~6 | 15 | 5 | 6 |
| 美国 WorldView-1 | 2007 | 线阵推扫 | 同轨、异轨 | 0.5（全色） | 2 | 7.6 | / | / |
| 美国 GeoEye-1 | 2008 | 线阵推扫 | 同轨、异轨 | 0.41（全色）<br>1.64（多光谱） | 2 | 单片：3<br>立体：4 | 3 | 6 |
| 美国 WorldView-2 | 2009 | 线阵推扫 | 同轨、异轨 | 0.46（全色）<br>1.84（多光谱） | 2 | 4 | 2 | 3 |
| 法国 SPOT-6 | 2012 | 双线阵推扫/复原 | 同轨、异轨 | 1.5（全色）<br>6（多光谱） | / | / | / | / |

TH-1A 是我国首颗传输型立体测绘小卫星，星上载荷有三线阵立体测绘相机、单线阵高分辨率 CCD 相机和 4 波段多光谱相机等。其中，三线阵立体测绘相机 LMCCD 的交会角为 ±25°，分辨率 5m；高分辨率相机空间分辨率优于 2m；多光谱相机工作在红、绿、蓝和红外 4 个波段，空间分辨率优于 10m，影像幅宽 60km，采用有理多项式 RPC 作为基本定位模型[41, 42]。

ZY-3 01 主要用于全国范围 1∶5 万立体测图、1∶2.5 万或更大比例尺基础地理信息产品的生产和更新以及国土资源的调查与监测。ZY-3 01 采用大卫星平台，搭载 4 台光学相机，其中 3 台全色相机按照前视、下视、后视方式排列，构成三线阵立体测图相机，前、后视相机的倾角为 ±22°，空间分辨率 3.5m，正视相机空间分辨率为 2.1m，多光谱相机工作在红、绿、蓝和红外 4 个波段，空间分辨率为 5.8m。前后视和多光谱相机地面幅宽 52km，正视相机幅宽 51km。ZY-3 02 由 ZY-3 01 星发展优化而来，搭载了三线阵测绘相机和多光谱相机等有效载荷，前后视相机分辨率提高到优于 2.7m。ZY-3 01/02 双星同时在轨，首次实现了中国自主民用立体测绘卫星双星组网运行，能更加快速地获取覆盖全中国乃至全球的高分辨率立体影像和多光谱影像，同一地点的重访周期由 5d 缩短至 3d 之内，全球覆盖的周期缩短一半，以更短的周期满足地理国情常态化监测以及灾害监测的测绘应急保障服务要求。

GF-7 是我国首颗亚米级高分辨率光学传输型立体测绘卫星，分辨率优于 1m，主要任务是进行国土立体测绘工作，2019 年 11 月 3 日发射，将在高分辨率立体测绘图像数据获取、高分辨率立体测图、城乡建设高精度卫星遥感和遥感统计调查等领域取得突破。

### 5.3 我国立体测绘卫星发展趋势与对策

总体上看，我国立体测绘卫星发展具有如下趋势：①以应用为导向，强调主题任务突出、共同驱动；②功能强大，不仅具备立体测量和高精度定位能力，还具有越来越宽的有效谱段，实现地物测量与大气探测同步；③具有"四高一宽"特点，即高空间分辨率、高光谱分辨率、高时间分辨率、高辐射分辨率和宽覆盖；④具备灵活的星上过滤和数据预处理能力；⑤多星联合，在星座、卫星及载荷间实现有效协同；⑥星地协同，实现星地一体化处理，与应用直接挂钩[43,44]。未来，需要重点攻克的技术难点主要包括：其高分辨率卫星光学遥感系统测图技术、多（高）光谱成像和处理技术、轻小型高精度在轨云判和预处理技术、全链路一体化仿真与验证技术、高精度几何检校技术、成像品质提升技术、业务化信息处理和提取技术、全链路遥感卫星应用效能评价技术等。

## 6 海洋遥感平台与传感器

大面积、高精度、全方位认识和管控海洋，发展海洋经济，维护海洋开发环境安全，保障海洋权益是世界各国的重大海洋战略。建立完善的海洋遥感调查监测体系，扩大卫星和航空遥感的应用领域和范围，能够显著提高对海洋的监控能力，保障海洋经济对于社会的可持续发展促进作用。目前遥感技术已应用于海洋学各分支学科的各个方面。海洋遥感技术的应用，使得内波、中尺度涡、大洋潮汐、极地海冰观测、海 - 气相互作用等的研究取得了新的进展。如气象卫星红外影像，直接记录了海面温度的分布，海流和中尺度涡漩的边界在红外影像上非常清晰。利用这种影像可直接测量出这些海洋现象的位置和水平尺度，进行时间系列分析和动力学研究。但是，某些传感器的测量精度和空间分辨力还不能满足需要，很难做到定量测量；有的遥感资料不够直观，分析解译难度很大；传感器主要利用电磁波传递信息，穿透海水的能力较弱，很难直接获得海洋次表层以下的信息。

## 6.1 国外海洋遥感平台与传感器发展现状

国外海洋卫星遥感已经十分成熟，通过极轨和静止轨道的陆地、气象、资源、环境等多种卫星平台载荷可实现海洋环境信息的获取，技术指标不断提高。已经稳定运行的系列卫星有 Jason 系列、Sentinel 系列、GCOM 系列、RADARSAT 系列和 ICESat 系列等，形成了卫星组网运行、技术指标先进、数据产品丰富的海洋、大气和极地环境观测体系。但是，在海洋环境要素观测方面没有专用的海洋卫星系列，获取的海洋信息不全面、不同步，不能有效满足海洋应用对高时效、宽覆盖、多要素数据产品的需求。在海洋次表层、大洋海底地形、全球宽刈副风浪流等方面仍观测能力不足。在新体制海洋卫星遥感器发展方面，激光雷达技术目前只有 NASA 和 ESA 的卫星在轨运行，并有后续计划。但这些 LiDar 主要集中在大气环境的观测，对于海洋只有 NASA ICESat-2 上的激光雷达 ATLAS 能够进行海冰信息（海冰面积、厚度等）和冰盖高程信息的获取，无关于海洋次表层观测的技术指标。SWOT 是新体制的海洋测高卫星，兼顾了陆地水体测高的功能，卫星预计在 2021 年发射升空。我国 TG-2 上搭载的成像雷达高度计也具此功能，已经实现了功能体制验证，还需进一步提高测高精度。

以下为外国主要航天国家的发展现状概述。

### 6.1.1 美国

美国在轨和后续卫星计划中具备海洋观测能力的卫星有 25 颗，其中在轨 8 颗，后续卫星 17 颗。这些卫星具有种类多、数量多、技术指标先进、卫星成系列化发展的特点。除了 NASA 和 NOAA 等相关机构自主研制开发外，大多采用与 EUMETSAT、ESA、CNES、英国、日本等国家联合的方式共同研发。

（1）卫星系列有 Jason 系列（Jason-2，Jason-3）、联合极轨卫星系统（JPSS-1~4）、地球静止轨道环境业务卫星（GOES-R，GOES-S，GOES-U）、重力卫星系列（GRACE-Follow-on，GRACE-Ⅱ）、激光测高卫星（ICESat-2）。

（2）主要载荷有固态雷达高度计、新体制 Ka 波段高度计、可见光 / 红外成像辐射计、先进微波探测仪、盐度计、先进基线成像仪、重力探测仪、多波段 UV/VIS 光谱仪、中分辨光谱辐射计、GEO 轨道成像光谱仪、激光雷达等。

（3）新型卫星有 ICESat-2，配备先进地形激光测高系统（ATLAS）；SWOT 卫星，配备 Ka 波段干涉雷达高度计；3D winds 卫星，配备多普勒激光雷达；LIST 卫星，配备激光雷达。

（4）观测的海洋环境要素有海面高度、海面风速、有效波高、海面温度、海洋水色、海冰面积、边缘线和厚度、海面盐度、重力场、中尺度和亚中尺度流场、溢油、海面 3D 风场等。

（5）这些卫星大部分由 NASA 和 NOAA 研发，后续的部分极轨卫星和雷达测高卫星基本采用多国联合研制的方式。

### 6.1.2　欧洲

#### 6.1.2.1　欧空局（ESA）

在轨和后续卫星计划中具备海洋观测能力的卫星有 15 颗，其中在轨 5 颗，后续卫星 10 颗。这些卫星种类齐全，成系列化发展，基本都是 ESA 和 EUMETSAT 等欧洲范围内的研究机构研发。卫星成系列发展，主要有 Sentinel 系列、MetOp 系列、CryoSat 等。载荷主要包括：传统雷达高度计、合成孔径雷达高度计、L 波段合成孔径微波辐射计、C-SAR、多光谱成像仪、微波散射计、先进高分辨率辐射计、先进微波探测仪等。获取的主要海洋信息包括：海面盐度、海面高度、海流、冰盖高程、海冰信息、海洋水色、海面风场、有效波高、波浪谱和重力场等。

#### 6.1.2.2　欧洲气象卫星组织（EUMETSAT）

负责和参与研发的卫星有 14 颗，其中在轨 3 颗，后续 11 颗。欧洲气象卫星组织负责 MetOp 系列卫星的研发，其他的卫星主要参与研制。主要卫星载荷有：微波散射计、雷达高度计、辐射计和成像光谱仪等。获取的主要海洋信息是：海面风场、海洋水色、海面高度、海面温度、海平面变化等。

#### 6.1.2.3　法国

法国 CNES 没有单独研发海洋卫星的计划，而是采取合作的方式参与了 7 颗卫星的研制。技术优势主要为雷达高度计的研制和 DORIS 精密定轨方面，负责 Jason 系列、Sentinel 系列卫星和印度 SARAL 卫星中雷达高度计的研制，并提供高度计卫星的 DORIS 定轨技术。Jason 系列卫星中的固态雷达高度计和印度 SARAL 卫星中的 Ka 波段雷达高度计由 CNES 研制。中法海洋卫星中的海浪波谱仪由 CNES 研制，其他均由中方研制。

#### 6.1.2.4　意大利

意大利在轨卫星 4 颗，后续计划卫星 2 颗。全部卫星均为 SAR 卫星，均为 X 波段。另外，为阿根廷的 SAOCOM 系列卫星研制了 L 波段 SAR。这些卫星观测的海洋信息主要是海冰信息，包括面积、边缘线、类型、厚度。

#### 6.1.2.5　德国

德国研发的卫星多为系列发展的 X 频段 SAR 卫星。其中，一颗 TerraSAR 卫星的后续星取消。观测的海洋信息主要有海流和海冰面积、类型等。

#### 6.1.2.6　英国

2014 年 7 月，英国发射新技术验证星 TechDemoSat-1，可实现星上接收 GNSS 发射信号、反演海面风速和波高等信息。2018 年 9 月，主要用于海洋监测的 NovaSAR 卫星发射入轨，并成功投入使用，其主载荷为 S 波段 SAR。

### 6.1.3 俄罗斯

俄罗斯在轨和后续的卫星有 10 颗，其中在轨 4 颗，后续计划 6 颗。卫星成系列发展，原规划中有一颗海洋卫星，配备雷达高度计等，后因故取消。①卫星成系列发展，有 Meteor 系列（气象卫星，共 5 颗）、Elektro 系列（静止轨道）、Resurs 系列（共 5 颗）、Kondor 系列（SAR 卫星）、Arctic 极地卫星系列（共 3 颗）；②主要载荷有 SAR、微波扫描成像仪、多光谱扫描成像辐射、多通道中远红外辐射计、高光谱成像仪和微波散射计等；③计划发射极地系列卫星，采用高椭圆轨道，配备载荷是多光谱扫描成像辐射计。这是全球唯一的极地观测卫星系列；④卫星中 SAR 载荷所占比例大，基本为 S 波段和 X 波段；⑤卫星系列有多个，但无海洋卫星系列，其他领域卫星观测的海洋环境信息有限，观测的海洋信息主要有：海面风场、海面温度和海冰信息等。

### 6.1.4 印度

印度在轨和后续卫星 14 颗，是除我国之外唯一专门规划和实施海洋卫星技术的国家。海洋卫星系列主要用于海洋水色、海面风场和海面温度的观测。用于海洋观测的微波遥感载荷有 SAR、雷达高度计、微波散射计和微波辐射计，其中，Megha-Tropiques 星上的 MADRAS（微波辐射计）和 SARAL 星上的 AltiKa（Ka 波段雷达高度计）由法国研制。RISAT 系列卫星和 NISAR 卫星主载荷分别为 C 波段、X 和 L 波段 SAR。L 波段 SAR 卫星 RISAT-1 系列和 NISAR 卫星，用于海冰观测；RISAT-2 系列为 X 段 SAR 可用于溢油观测。

### 6.1.5 日本

日本具有海洋观测能力的卫星有 7 颗，目前 6 星在轨运行，1 颗 ALOS 后续卫星已经立项。后续诸多卫星计划取消，全球变化观测任务卫星系列中 GCOM-W、GCOM-W3、GCOM-C2 和 GCOM-C3 取消；全球降水测量 GPM 星座计划取消。卫星成系列发展，有 GCOM 系列、ALOS 系列、GPM 系列和葵花（Himawari）系列。卫星载荷主要有：微波辐射计、降雨雷达、第二代全球成像仪等。观测的主要海洋要素有海面温度、海洋水色和海冰信息。

### 6.1.6 阿根廷

阿根廷与美国联合研发的 SAC-D/Aquarius 卫星在 2011 年 6 月发射，用于全球海面盐度的观测，该星已到寿命。目前没有卫星在轨，后续规划了 7 颗卫星，均为系列卫星。其中，① SAC-E 系列，主载荷近红外 / 短波红外相机、热红外相机，用于观测海洋水色水温，在后续卫星中无延续 SAC-D/Aquarius 卫星海面盐度观测的计划；② SARE-2A 系列，主载荷高分辨率光学相机，用于海洋测深；③与意大利合作研发的 SAOCOM 系列，主载荷 L 波段 SAR，用于观测海面地形 / 海流、海面风速、冰盖高程、积雪厚度、面积等，以及海面面积，边缘线和厚度。

### 6.1.7 韩国

韩国具备海洋观测能力的卫星只有静止轨道卫星 COMS 和 GEO-KOMPSAT，其中

COMS 在轨运行，载荷为 GOCI（静止轨道海洋水色成像仪）和 MI（气象成像仪）；后续系列卫星 GEO-KOMPSAT-2A 和 GEO-KOMPSAT-2B，分别配置载荷 Advanced MI 和 Advanced GOCI，用于海洋水色水温观测。

### 6.1.8 加拿大

加拿大具有海洋观测能力的卫星是 RADARSAT 系列，后续实现 3 星组网观测。卫星主载荷是 SAR，后续卫星还搭载 AIS 系统。

## 6.2 我国海洋遥感平台与传感器发展现状

我国在海洋卫星方面经过多年的建设，取得了显著进展。随着 2016 年 10 月至 2018 年 11 月先后发射并在轨运行的 TG-2 空间实验室，GF-3、HY-1C、HY-2B 和 CFOSAT，已经初步建立起海洋水色、海洋动力环境和海洋监视监测卫星观测体系。其中，海洋水色和海洋动力环境卫星已经进入业务化运行阶段，具备了稳定连续的全球海洋环境观测能力[45]。

2016 年 8 月 10 日，我国首颗分辨率达到 1m 的 C 频段多极化合成孔径雷达成像卫星 GF-3 成功发射。显著提升了我国对地遥感观测能力，这是高分专项工程实现时空协调、全天候、全天时对地观测目标的重要基础。2017 年 1 月 23 日，GF-3 交付用户单位，正式投入使用。至此，我国民用天基高分辨率 SAR 数据全部依赖进口的现状极大改善。GF-3 号卫星已在多个行业开展了广泛应用，可实现对海上船舶、海岛和海岸带的高精度监测，海上溢油、绿潮、海冰等海洋灾害的全天候观测。

我国载人航天工程举世瞩目，TG-2 空间实验室在轨运行是国人引以为豪的重大事件。TG-2 空间实验室 2016 年 9 月发射，目前已经完成载荷的在轨测试总结，其应用研究为我国的国民经济发展、科技水平提高以及国防力量增强起到了重要的促进作用。TG-2 上搭载了多角度宽波段成像仪和三维成像雷达高度计，这些新型遥感器为海洋、陆地和大气环境监测提供了先进的技术手段，有望实现后续海洋卫星载荷的更新换代。

2018 年，我国海洋卫星迎来了里程碑式的发展。HY-1C、HY-2B 和 CFOSAT 卫星的相继成功发射，标志着我国海洋卫星由科研观测卫星迈入了业务化观测卫星新时代。目前 3 颗卫星在轨测试工作全部完成并于 2019 年正式交付，正为自然资源部实施山水林田湖草自然资源调查监测提供强大保障。

2018 年 9 月 7 日，在太原卫星发射中心用长征二号丙运载火箭成功发射 HY-1C 卫星，星上装载了海洋水色水温扫描仪、海岸带成像仪、紫外成像仪、星上定标光谱仪和船舶自动识别系统等 5 个有效载荷。与 HY-1A 星和 HY-1B 卫星相比，该星观测精度、观测范围、使用寿命均有大幅提升，将与后续计划发射的 HY-1D 星组成我国首个海洋水色业务卫星星座，进行上、下午组网观测，大幅提高水色卫星全球覆盖能力[46]。

2018 年 10 月 25 日，在太原卫星发射中心用长征四号乙运载火箭成功发射海洋二号

B 星，星上装载了雷达高度计、微波散射计、扫描微波辐射计、校正微波辐射计、数据收集系统和船舶自动识别系统 6 个有效载荷。与海洋二号 A 星相比，该星在观测精度、数据产品种类和应用效能方面均有大幅提升。该星将与后续发射的海洋二号 C 星和 D 星组成我国首个海洋动力环境卫星星座，大幅提高海洋动力环境要素全球观测覆盖能力和时效性[47]。

2018 年 10 月 29 日，在酒泉卫星发射中心用长征二号丙运载火箭成功发射中法海洋卫星（CFOSAT），是两国合作研制的首颗卫星和在高科技领域合作的里程碑。CFOSAT 是增强中法双方和平开发和利用外太空领域合作的实际行动，也是双方在共同应对气候变化问题上继续加强合作的具体体现，对推动构建人类命运共同体具有重要意义。该星装载的海浪波谱仪、微波散射计将同时在距地 520km 的轨道上 24 小时不间断工作，实现对海洋表面风和浪的大面积、高精度同步观测，卫星还能观测陆地表面，获取土壤水分、粗糙度和极地冰盖相关数据。所获数据可被两国以及世界各国科学家、预报员共享使用，有利于更好地了解海风、海浪等海洋参数的动力变化过程，可为海上船只航行安全、全球海洋防灾减灾、全球海洋资源调查提供服务保障[48]。

## 6.3 我国海洋遥感平台与传感器发展趋势与对策

在加快建设海洋强国、维护海洋权益和加快发展海洋经济的进程中对海洋卫星和海洋遥感的发展也提出了更高的要求和更紧迫的需求。为此，紧紧围绕国家的海洋强国战略需求，加快建设海洋观测卫星系列，服务于我国的海洋资源开发、环境保护、防灾减灾、权益维护、海域使用管理、海岛海岸带调查和极地大洋考察等方面，同时兼顾陆地和大气观测领域的需求。在充分继承已有 HY-1A/1B/1C、HY-2A/2B、GF-3 和 CFOSAT 卫星成功研制经验和应用成果的基础上，发展多种光学和微波遥感技术，建设新一代的海洋水色卫星和海洋动力环境卫星，具备卫星组网观测能力，加快新型遥感载荷的研制，提高多要素、高精度、全覆盖的全球海洋综合空间观测能力，丰富海洋卫星产品体系，提高数据定量化水平。随着后续海洋卫星的发展，完整的海洋遥感立体观测体系将逐步形成并进一步完善，认识海洋和经略海洋的能力将显著增强。海洋遥感必将在新时代建设海洋强国和构建海洋命运共同体的进程中发挥出重要作用。

# 参考文献

[1] 李德仁, 童庆禧, 李荣兴, 等. 高分辨率对地观测的若干前沿科学问题[J]. 中国科学, 2012（42）: 805-813.
[2] 高峰, 王介民, 马耀明, 等. 遥感技术在陆面过程研究中的应用进展[J]. 地球科学进展, 2001（3）: 359-366.
[3] 高峰, 冯筠, 侯春梅, 等. 世界主要国家对地观测技术发展策略[J]. 遥感技术与应用, 2006（6）: 565-

576.

[ 4 ] 刘锋，王雪. 浅析高分辨率遥感卫星的现状及发展［J］. 数字技术与应用，2014（9）：209.

[ 5 ] 葛榜军，靳颖. 高分辨率对地观测系统及应用［J］. 卫星应用，2012（5）：24-28.

[ 6 ] 胡芬，高小明. 面向测绘应用的遥感小卫星发展趋势分析［J］. 测绘科学，2019，44（1）：132-138.

[ 7 ] 叶培建，黄江川，孙泽洲，等. 中国月球探测器发展历程和经验初探［J］. 中国科学：技术科学，2014（6）：543-558.

[ 8 ] 郭华东，王力哲，陈方，等. 科学大数据与数字地球［J］. 科学通报，2014（12）：1047-1054.

[ 9 ] 甘招萍. 遥感技术造就数字地球——访中国科学院院士童庆禧［J］. 科技创新与品牌，2013（8）：10-13.

[ 10 ] 杜培军，夏俊士，薛朝辉，等. 高光谱遥感影像分类研究进展［J］. 遥感学报，2016（2）：236-256.

[ 11 ] 王跃明，郎均慰，王建宇. 航天高光谱成像技术研究现状及展望［J］. 激光与光电子学进展，2013（1）：75-82.

[ 12 ] 孙允珠，蒋光伟，李云端，等. 高光谱观测卫星及应用前景［J］. 上海航天，2017（3）：1-13.

[ 13 ] 张达，郑玉权. 高光谱遥感的发展与应用［J］. 光学与光电技术，2013（3）：67-73.

[ 14 ] Lee C M, Cable M L, Hook S J, et al. An Introduction to the Nasa Hyperspectral Infrared Imager（Hyspiri）Mission and Preparatory Activities［J］. Remote Sensing of Environment, 2015（167）：6-19.

[ 15 ] Goetz A F H. Three decades of hyperspectral remote sensing of the Earth：a personal view［J］. Remote Sensing of Environment, 2009, 113（S1）：S5-S16.

[ 16 ] Delaney J K, Thoury M, Zeibel J G, et al. Visible and infrared imaging spectroscopy of paintings and improved reflectography［J］. Heritage Science, 2016（4）：6.

[ 17 ] 童庆禧，王晋年，张兵，等. 立足国内开拓创新走向世界——中国科学院遥感应用研究所高光谱遥感发展30年回顾［J］. 遥感学报，13（S1）：21-33.

[ 18 ] 张良培. 高光谱目标探测的进展与前沿问题［J］. 武汉大学学报（信息科学版），2014，39（12）：1387-1394.

[ 19 ] 张淳民，穆廷魁，颜廷昱，等. 高光谱遥感技术发展与展望［J］. 航天返回与遥感，2018，39（3）：104-114.

[ 20 ] 童庆禧，张兵，张立福. 中国高光谱遥感的前沿进展［J］. 遥感学报，2016，20（5）：689-707.

[ 21 ] 魏钟铨. 合成孔径雷达卫星［M］. 北京：科学出版社，2001.

[ 22 ] 郭华东，邵芸. 雷达对地观测理论与应用［M］. 北京：科学出版社，2000.

[ 23 ] 楼奇哲. 美国航空航天局下一代 L 波段数字波束形成 SAR 发展［J］. 电子工程信息，2016（4）：22.

[ 24 ] 作者不详. 国外典型星载 SAR 发展年表［J］. 电子工程信息，2016（5）：F0003.

[ 25 ] 曲长文，何友，龚沈光. 机载 SAR 发展概况［J］. 现代雷达，2002（1）：1.

[ 26 ] 葛之江，张润宁，朱丽. 国外星载 SAR 系统的最新进展［J］. 航天器工程，2008，17（6）：107-112.

[ 27 ] 张直中. 合成孔径雷达（SAR）发展简况［C］. 2005 年中国合成孔径雷达会议论文集，2005：7-13.

[ 28 ] Guo Huadong（ed.）, Shao Yun, et al. Radar Remote Sensing Applications in China［M］. London: Taylor & Francis Books Ltd, 2001.

[ 29 ] 张风丽，邵芸，王国军. 城市雷达遥感机理与方法［M］. 北京：科学出版社，2017.

[ 30 ] 耿旭朴，薛思涵. 合成孔径雷达星座发展综述［J］. 地理信息世界，2017，24（4）：58-63.

[ 31 ] 程玉鑫，袁凌峰. 机载 SAR 发展现状［J］. 电子测试，2016（8）：19.

[ 32 ] 杨兴雨，苏金善，王元庆，等. 国内外激光成像雷达系统发展的研究［J］. 激光杂志，2016，37（1）：1-4.

[ 33 ] 郭商勇，胡雄，闫召爱，等. 国外星载激光雷达研究进展［J］. 激光技术，2016，40（5）：772-779.

[ 34 ] 刘庭杰，陈玉茹，李建东. 机载激光雷达发展与应用简介［J］. 硅谷，2014（14）：200.

[ 35 ] 余莹洁. 车载激光雷达的主要技术分支及发展趋势［J］. 科研信息化技术与应用，2018，9（6）：16-24.

[ 36 ] 吕亚昆，吴彦鸿. 合成孔径激光雷达成像发展及关键技术［J］. 激光与光电子学进展，2017，54（10）：

43-59.

［37］ 石嘉晖. 激光雷达的应用及发展趋向探索［J］. 中国战略新兴产业，2018（18）：60.

［38］ 张芳沛，王常策，邢宇华，等. 新体制激光雷达发展思路探讨［J］. 光电子，2016，6（2）：59-65.

［39］ 王帅，孙华燕，郭惠超，等. 天基激光雷达三维成像的发展与现状［J］. 激光与红外，2018，48（9）：
1073-1081.

［40］ 王伟. 高分辨率立体测绘卫星影像质量提升和典型要素提取［D］. 武汉：武汉大学，2017.

［41］ 唐新明，胡芬. 卫星测绘发展现状与趋势［J］. 航天返回与遥感，2018，39（4）：26-35.

［42］ 刘小波. 我国卫星测绘发展现状及对策初探［J］. 中国测绘，2011（5）：22-25.

［43］ 朱红，刘维佳，张爱兵. 光学遥感立体测绘技术综述及发展趋势［J］. 现代雷达，2014，36（6）：6-12.

［44］ 李茂. 测绘卫星技术总体发展和现状［J］. 科技创新导报，2013（20）：22，24.

［45］ 自然资源部国家海洋卫星应用中心. 2018年中国海洋卫星应用报告［R］. 2018.

［46］ 自然资源部国家卫星海洋应用中心. HY-1C卫星在轨测试报告［R］. 2019.

［47］ 自然资源部国家卫星海洋应用中心. HY-2B卫星在轨测试报告［R］. 2019.

［48］ 自然资源部国家卫星海洋应用中心. CFOSAT卫星在轨测试报告［R］. 2019.

撰稿人：田庆久　芦祎霖　张有广　陈卫荣　林明森

姚　毅　秦进春　徐　鹏　徐念旭

# 遥感的技术理论研究

## 1 高空间分辨率遥感技术

### 1.1 高空间分辨率遥感数据特点[1]

#### 1.1.1 一星多传感器

既提供高空间分辨率的全色波段，又提供多光谱数据。随着成像光谱波段的变窄，单色波段的光谱分辨率增加，使得利用光谱和空间特征来区分和判定地物类别的精度提高。

#### 1.1.2 满足大比例尺专题图制作需求

以专题制图图上 0.2mm 作为适宜专题制图遥感像元空间分辨率的限定，0.61~2.5m 的高空间分辨率数据已可用于制作和更新 1：10000 至 1：3000 甚至更大比例尺的地形图。这些数据都有立体像对产品，可同时获得 DEM，其正射影像也将是相应比例尺的国家数字影像库中最经济、最快速、最实用的数据源。

#### 1.1.3 时效性强

同地区成像时间周期显著缩短，平均覆盖周期为 1~3d，使得数据更新的速度很快。对于高空间分辨率数据，其解决方案也与以前的中、低分辨率数据的解决方案不同，数据处理的周期大大缩短。所以，高空间分辨率数据完全可以满足有关部门对"动态监测"的时效性要求。

#### 1.1.4 数据应用从宏观到微观、从定性到定量

过去中、低分辨率数据主要应用于宏观领域，进行定性分析，形成物理模型。现在的高空间分辨率数据完全可应用于微观领域，进行定量化分析，最后形成地理模型。中、低分辨率数据更多的是进行研究型应用，高空间分辨率数据已可基本实现工程化应用。

## 1.2　高空间分辨率遥感数据处理技术国外研究现状

高空间分辨率遥感数据信息包含几何信息和辐射信息，其处理可分为几何处理和辐射处理两部分。几何处理主要涉及姿态测量与处理、几何定标、平台震颤处理、几何建模、传感器校正处理，辐射处理则主要包括相对辐射校正和影像高精度复原。

### 1.2.1　姿态测量与处理

姿态作为航天摄影测量外方位角元素，其测量精度对几何定位和处理精度影响巨大。1″的姿态测量误差可以引起 600km 轨道高度卫星约 3m 的定位误差。目前，国内外高分辨率光学遥感卫星多采用星敏感器和陀螺组合进行卫星姿态确定。星敏感器获取卫星在惯性坐标系下的绝对姿态，陀螺获取卫星惯性姿态角速度（相对姿态），二者通过组合滤波得到高精度的绝对姿态。随着分辨率的提高，平台稳定度对几何处理精度影响愈加明显，因此除了对姿态测量精度的要求外，还需要有更高频率的姿态对卫星的状态进行更加精细地描述。

美国的 IKONOS 卫星搭载高精度的三轴姿态稳定系统，在仅利用星上设备观测信息的条件下，无地面控制定位精度便能达到平面 12m、高程 10m，有地面控制点参与时能够达到平面 2m、高程 3m 的水平，能够满足 1∶2.5 万甚至更大比例尺的地图测图任务；WorldView 系列卫星作为全球第一批采用控制力矩陀螺技术的商业卫星，使得该系列卫星具备较高的地理定位精度，在无地面控制条件下，WorldView-1 卫星的平面定位精度能够达到 7.6m，WorldView-2 卫星能够达到 6.5m；法国的 SPOT-5 卫星采用了 DORIS 定轨技术和姿态跟踪测算调整技术测定卫星的飞行轨道参数以及姿态，使得立体成像仪 HRS 的无地面控制定位精度达到 10~15m；高分辨率几何成像仪 HRG 无地面控制定位精度优于50m，SPOT 系列卫星家族的后续卫星 Pleiades-1 和 Pleiades-2 卫星，无地面控制定位精度更是达到优于 3m 的水平；日本的 ALOS 卫星定姿精度达到在轨处理 1.08″，地面后处理 0.5″ 的水平，在高精度姿轨测量的基础上，无地面控制时定位精度能够达到平面 15m、高程 6m，有地面控制时能够达到平面 5m、高程约为 4m[2]。

### 1.2.2　几何定标

相机参数作为内方位元素，构成共线方程的像方矢量，其精度直接影响定位精度。在卫星发射前，相机会进行实验室定标，测定相机的安装角、主点、主距、镜头畸变、CCD焦面安装位置等。但由于在发射和在轨过程中的环境变化，相机参数将发生变化，需要定期对其进行在轨标定。因此在轨几何定标是卫星在轨初期和运行过程必须进行的工作，也是发挥卫星应用潜力的关键。美国、法国均有多个几何定标场，具备丰富的卫星在轨几何定标与检验的经验。

利用法国 MANOSQUE 定标场 50cm 分辨率的高精度参考数据，Cnes 等[3] 分别对SPOT-5 HRG 相机和 HRS 相机进行了在轨几何定标，在沿轨和垂轨方向分别利用一个 5 次多项式定标补偿后，相机内部畸变误差可控制在 0.1 个像素内。利用丹佛定标场高精度控制数据，Grodecki[4] 对 IKONOS 卫星相机焦平面中每个像元的指向角以及相机与星敏感器之间的夹角均进行了在轨定标，利用定标后每个像元在相机坐标系下的指向角、相机与星敏感器之间的夹角以及星敏感器测定的姿态角可实现每个像元光线在空间中的精确定向，使单景影像直接定位的平面和高程精度分别达到了 4.4m 和 2.7m。Mulawa[5] 利用位于美国得克萨斯州覆盖范围约 50km × 50km 的 Lubbock 地面定标场参考数据与 OrbView3 影像通过影像匹配自动获得 3800 余个高精度控制点，对星上相机内方位元素进行了标定，使影像内部畸变从初始 30 个像素提高到标定后优于 0.4 个像素。在 Pleiades 卫星发射初期未获取定标场影像数据的情况下，Delussy[6] 利用一定数量的高精度地面控制点，对 Pleiades卫星进行了初步的几何定标试验，结果表明，随着控制点数量的不断增多，影像内部畸变不断改善，但受限于控制点数量仅采用简化定标模型，定标精度有限。Pelliccioni[7] 也利用地面定标场参考数据对 GeoEye-1 卫星传感器进行了在轨几何定标，定标后影像内部几何畸变得到显著改善。

### 1.2.3 平台震颤处理

随着分辨率的提高，平台震颤对高分辨率影像的几何精度产生了不容忽视的影响，不仅影响单景影像内部几何精度，还影响多光谱影像波段配准精度、立体影像的交会精度等。因此必须对平台震颤引起的几何变形特性进行分析，并准确地观测平台震颤，才能有效地补偿平台震颤引起的质量下降问题。对于高分辨率光学遥感卫星来说，平台震颤主要体现为平台姿态的抖动。高精度的震颤测量是消除平台震颤引起的变形、配准等问题的关键。在震颤准确获取的情况下，如何有效地校正平台震颤引起的几何质量下降问题是平台震颤处理另一个需要解决的问题。

国外高分辨率光学卫星如 IKONOS 卫星、QuickBird 卫星、WorldView 系列卫星、Pleiades 卫星、ALOS 卫星等均采用这种方式实现高精度、高频率的姿态测量。法国 Pleiades 卫星采用星敏陀螺组合定姿的方式实现高精度的姿态观测，高精度星敏的观测频率为 8Hz，姿态观测精度优于 2″，保证无控定位精度优于 10m。欧洲航天局 Janschek 等利用专用成像设备，提出基于联合变换相关器的测量方法，通过辅助高速面阵 CCD 采集的序列图像，进行图像相关运算，获取高精度的像移，并进行补偿。

### 1.2.4 几何建模

卫星影像成像几何模型包括严密几何成像模型和经验模型。早期，在无精密定轨、定姿、时间测量的条件下，光学卫星遥感影像处理模型采用经验模型，如仿射变换模型、多项式模型、直接线性变换模型等进行几何校正处理；随着分辨率的逐步提高，这种经验模型已经不再使用。在高精度定轨、定姿、时间测量以及高精度在轨几何定标的基础上，根据共线原理，高分辨率光学遥感卫星可以建立每一扫描行的高精度严密成像几何模型。20世纪末，美国国防部为了防止卫星关键参数的泄露，提出了有理多项式模型（RFM）。在无平台震颤情况下，RFM 可以几乎等效替代严密成像几何模型进行几何处理，具有计算效率高且有卫星和传感器等几何参数保密的优点，得到了广泛的应用。目前国内外高分卫星对外发布的传感器校正产品均带有 RPC，可以直接在 ENVI、ERDAS IMAGINE 等遥感商业软件中使用。

Toutin[8] 将整个卫星影像获取过程中的误差源分为两类，即观测误差（如平台、传感器和测量设备等）和被观测误差（如地球、大气和地图投影等），对通用成像模型和严格成像模型进行了详细总结，介绍了几何处理中涉及的算法、方法和流程，由于物理模型真实反映了成像几何关系并集成影像信息的各种畸变误差，因此严格成像模型历来是用于科学研究的重要选择，在允许的情况下应当优先考虑。Kratk[9] 将摄影测量中的共线条件方程与传感器外方位元素模型相结合建立影像的几何关系模型，该模型通过将地理经度和地球自转改正相结合来描述地球自转运动对卫星摄影的影响，同时通过轨道线性改正的方法来描述地球重力场摄动的影响。这一模型被成功用于商业软件 SPOTCHECK+ 和 MOMS 影像的处理，取得了比较好的结果。Radhadevi[10] 建立了一种能够精确地将像方空间转换到物方空间的数学模型，在此模型中，仅利用单个地面控制点便能够确定影像的外方位元素。该模型采用高阶多项式描述随扫描时间变化的卫星姿态角特征，基于共线条件方程和已知的地球椭球数据，通过最小二乘的方法恢复卫星摄影时刻的位置信息。Weser[11] 利用三次样条函数对星历姿态数据进行插值，建立了一种具有普适性的推扫式传感器成像模型，并利用 QuickBird、SPOT-5、ALOS PRISM 进行实验验证，证明对位置和姿态数据进行补偿后，定位精度能达到 1 个像元甚至更高。Kim[12] 介绍了两种物理传感器模型，即经典的"线–角"模型（18 个定向参数）和严格的"轨道–姿态"模型（27 个定向参数），并利用 Kompsat-1 影像数据从光束法平差和定向精度两方面进行实验验证，结果表明两种模型在平差精度上表现相当，均可用于测图，而"轨道–姿态"模型在定向精度上表现更佳。

### 1.2.5 传感器校正处理

目前，针对该问题，时间延迟积分（Time Delay and Integration，TDI）成像方式已被高分辨率对地观测系统所普遍采用，而使用新型的延时积分电荷耦合元件（TDI-CCD）作为成像传感器则是主要的技术途径。从成像原理上讲，TDI-CCD 是一种面阵结构、线阵输出的新型 CCD，能以 TDI 成像方式对地物多次曝光，增加积分时间，成倍地提升系统光谱能量的采集能力，获得较高的成像灵敏度和信噪比。

对于 IKONOS、QuickBird 等高分辨率商业卫星的光学相机，一方面，由于采用多片交错形焦平面摆放设计，相邻 TDI-CCD 对同一地物的成像时间延迟很短，使得地形起伏和行积分时间变化等因素对非共线 TDI-CCD 成像的影响可以忽略不计；另一方面，相机的实验室标定相对严格，并且高精度的轨道姿态测量参数使得影像无地面控制的几何定位精度达到了较高的水平，这些都使得只需要简单的片间平移即可满足拼接要求[13]。采用三片非共线设计的 TDI-CCD 相机，成像受地形起伏、行积分时间变化等因素的影响较为明显，使得拼接处理的情况要相对复杂。印度 IRS-1 C 卫星上的全色相机没有采用 TDI-CCD 器件，但是其三片 CCD 线阵在焦平面上也是按照三片非共线排列，基于大量片间连接点对相邻影像建立像方变换模型，发现经整体平移之后拼接中误差介于 ±0.2~±0.5 个像素之间[14]，采用其他像方改正模型，拼接精度并没有进一步提高。

### 1.2.6 相对辐射校正

光学遥感影像在数据获取过程中，从太阳辐亮度到地物再到遥感器入瞳处，然后成像输出，每个成像链路中的环节都存在着各种因素使得获取的光学遥感影像的辐射质量下降，影响后续的影像判读、解译和运用。因此，如何对降质的影像进行精细地、有效地校正和补偿，是目前高分辨率光学遥感卫星亟待解决的关键问题之一[15, 16]。

对于正常推扫模式下的定标法主要有以下几种：

（1）实验室相对辐射定标。实验室定标区别于其他定标算法，其他定标算法都是卫星在轨后进行测量的，而实验室定标的测量过程为卫星未发射时，通过在实验室条件下采用"标准灯 – 漫反射标准板 – 待测相机"或"积分球 – 待测相机"方案进行积分球定标数据采集和相对辐射定标系数的计算[17, 18]，此方法最早可以追溯到 Ornstein 等提出的基于标准灯的定标方法。由于积分球能够控制输入辐亮度，相对于在轨定标，实验室的定标条件更为优越，因此其定标精度也是最高的，也是光学遥感卫星发射前的必要环节。然而，卫星在轨后，由于其运行环境变化，器件老化等内外因素的影响，探元的响应特性会发生变化，因此实验室定标系数不适用于在轨运行卫星获取的影像[19]。

（2）室外相对辐射定标。此方法利用太阳光能量作为辐射源，通过在地面铺设漫射板的方式进行定标[20, 21]，其基本原理是通过观测地面铺设的具有相同反射率的均匀靶标数据来建立 TDI-CCD 探元响应和地面反射辐亮度的关系，从而获得精确的相对辐射定标系数。然而，随着光学卫星的分辨率越来越高，其成像的视场也越来越大，很难建立充满全视场的均匀靶标场，并且其需要铺设不同反射率的均匀靶标，才能进行精确的相对辐射定标。

（3）星上内定标。光学遥感器的内定标主要可以分为内置定标和向阳定标两种方法[22, 23]。两种方法不同之处在于入瞳处的能量的来源不同，内置定标采用标准灯、控温黑体，而向阳定标以太阳、月亮作为标准光源。星上内定标能够提供稳定和精度较高的相对辐射定标系数，然而其系统结构复杂、成本高、体积大，对于目前遥感轻量化卫星并不适用，并且随着其老化，将会给相对辐射定标系数引入定标误差，使得系数的不确定性越来越大。

（4）场地相对辐射定标。该方法是传统定标算法中最常用的算法，当卫星在轨运行时，通过拍摄覆盖全视场的海洋、沙漠和冰盖等均匀场景的地物来构建探元之间的相对关系[24-26]。由于其需要拍摄均匀场景，因此该方法又被称为"均匀场景统计法"，该方法对于定标设备没有要求，但是其对地物的均匀性有非常苛刻的要求，很难在地面找到充满全视场的均匀地物，因此该方法的运用越来越受到限制。

传统的相对辐射定标方法具有器件复杂、对地物要求严格、定标时间长、相对辐射定标精度低等特点，不能满足目前高分辨率大视场光学卫星高频次、精细化的相对辐射定标需求。而随着卫星敏捷能力的发展，偏航90°成像模式拍摄的数据能够为高精度相对辐射定标系数的获取提供保障，目前使用的方法主要有：基于线性模型的均匀场景定标法、基于分段线性的定标法以及基于直方图匹配的定标法。

Henderson 等[27]利用 QuickBird 偏航90°成像模式拍摄均匀场景的地物（如沙漠，冰盖等），通过建立线性的相对辐射定标模型，计算偏航90°数据每一列的均值和方差来获取每个探元的定标系数。然而当卫星在轨运行时，探元响应并不一定呈现线性模式，当探元响应为非线性时，该方法的校正效果并不好。

Kubik 等[28]以分段线性函数作为相对辐射校正模型，利用 Pleiades-HR 偏航90°成像模式拍摄数据，通过直方图调整的方法来获取相对辐射定标系数。该方法对于偏航90°成像拍摄的地物具有一定的要求，其需要拍摄地物的灰度范围足够宽，以包含有用的辐射信息，并且拍摄的时间必须足够长。然而其分段线性模型的参数需要预先进行估计，若该探元为线性响应，则其求解方程为奇异方程，不可求解。

### 1.2.7 影像高精度复原

光学遥感卫星运行的轨道上由于环境的特殊性，其获取的遥感光学影像不可避免地会受到大气、地物和自身传感器等的影响，使得地面接收到的卫星遥感影像的清晰度降低，因此需要从退化影像中进行复原，获取更清晰的遥感光学影像。遥感光学影像的退化过程可以描述为退化影像和退化函数的卷积，而空间域上的卷积相当于频率域上的乘积，所以复原方法在空间域上可以使用反卷积来实现，在频率域上可以使用乘积进行实现。但是由于噪声的存在，即使进行了影像复原也没有办法完全消除退化因素的影响，只能通过数学优化方法来获取对未降质影像的最优估计影像。因此，遥感光学影像复原必须在提高影像清晰度和抑制影像噪声之间进行平衡，获取最符合使用需求的复原影像。

遥感影像调制传递函数补偿（Modulation Transfer Function Compenation，MTFC）是通过估计退化函数，在频率域上对已降质的影像进行补偿的一种光学遥感影像复原方法。MTFC 复原技术最早被运用在遥感影像复原上可以追溯到 20 世纪 80 年代中期，Wood 等人对于 MTFC 的研究和运用[29]。针对 MTFC 算法，国内外学者都对其进行了深入的研究，主要是在 MTF 的精度上进行突破，Saunier 等[30]通过分析噪声对边缘刃边的影响，提出 ESF 的拟合精度将会影响 MTF 的精度。

### 1.2.8 深度学习技术

地物信息的提取与制图是遥感领域所研究的重点问题，怎样利用影像自动地完成地物分类和认知是该领域经久不息的话题。中低分辨率影像缺少地物的细节信息，基于像素的地物分类方法利用像素的低层光谱特征对每一个像素进行分类，基本能够满足对影像分类的需求。后来基于对象的分类方法把同质的像素组成一个对象，并赋予这个对象特定的类别，使得地物的分类更进步了一个层次。

当遥感影像的空间分辨率再一步的提升，逐步发展至米级、亚米级以内时，面向对象的分类方法也遇到了新的挑战。高空间分辨率的影像可以清楚地表现对象的内部细节，使一个地物对象的内部变得不再均质，影像中原有的对象分割算法就不再适用。经过这些年的发展，遥感的分类研究逐渐从面向像元的分类过渡到面向对象的分类，又再朝着语义的方向继续发展。遥感影像的场景分类是影像场景理解的核心问题，是指将一张影像划分到指定的语义类别中。其目的是把一幅影像视为一个整体，然后确定其所具有的语义类别。与传统的利用遥感影像进行土地利用分类任务不同，土地利用分类任务是为了找到影像中每一个像素或者每一个对象所对应的地物类型。而遥感的场景分类任务中并不关心每一个影像中具体都含有那些地物，只关注影像整体所表现出的语义特征，可以理解成是比土地利用分类更高一层次的影像语义理解。例如两个均由建筑物、道路和树木要素构成的场景，土地利用分类只关注哪些像素对应着这三种地物类型，但是影像的场景分类关注由于三种地物的空间分布不同，分别构成了居民区和商业区不同的场景。近年来，在遥感大数据和数据挖掘技术的推动下，高分辨率影像的信息挖掘也朝着更高层次的语义信息迈进。图像的语义场景反映了人们对遥感影像的整体认知，不仅包含影像中的地物信息，还包含了地物目标的上下文信息，可以帮助人们跨越影像的低层物理特征（颜色、纹理等特征）和高层语义之间的鸿沟。

在过去的十年中，深度学习成为最成功的机器学习技术，并取得了令人印象深刻的成就，尤其是在计算机视觉和图像处理领域，深度学习以其优异的语义信息提取、表达能力，成功地在图像分类、目标检测、超分辨率恢复等应用中取得优异的效果。而深度学习在最近的遥感图像分类中的应用也正在兴起，并且越来越多的研究者投入遥感领域的深度学习研究。深度学习为遥感图像分析提供了新的解决方案。深度学习是一种"end to end"的模式，通过多阶段的全局特征学习框架，从数据中自适应的学习图像特征，相对于图像的低层和中层特征，深度学习方法可以学习更抽象和有区别性的语义特征，并且实现更好的分类性能。其中卷积神经网络模型是图像处理领域中最常用的模型，Lecun 早在 1998年提出的深度学习模型，将其命名为"LeNet-5"模型，将其用于手写数字的识别，该模型还应用在邮政、银行等相关领域的手写字符识别任务中，是首个深度学习模型应用成功的案例，也吸引了很多人的关注。但是由于计算能力和数据量上的积累还难以满足大规模深度学习模型训练的要求，深度学习这一段时间内发展比较缓慢。直至 2012 年，在著名的 ImageNet 图像分类比赛中，加拿大多伦多大学 Hinton 教授团队所提出的名为"AlexNet"模型以巨大优势斩获桂冠，卷积神经网络模型再一次走入了学术界和工业界的视野，并逐渐成为图像分析领域的首选方法。此后，越来越多的公司和科研机构展开了卷积神经网路模型的研究，并且提出了很多优秀的模型，例如牛津大学几何视觉实验的 Simonyan 提出了 VGGNet 模型，Google 公司提出的 GoogLeNet 模型，微软（Microsoft）研究院提出的 ResNet 模型，这些模型在 ImageNet 比赛中都取得了非常好的成绩，也受到了业界的广泛认可，也被应用在不同应用领域的图像处理中，如遥感影像分析、医学影像分析等。

## 1.3 我国高空间分辨率遥感数据处理技术发展概况

### 1.3.1 姿态测量与处理

目前，基于多星敏感器信息融合实现高精度姿态参数解算是星上和地面处理系统实现高精度姿态量测与处理的主要方法和技术途径。针对星敏感器在轨标定，北京控制工程研究所研究了利用惯性敏感器进行标定时的原则。除此之外，哈尔滨工业大学部分研究人员针对标定问题发表了一系列文章，如利用高精度陀螺标定星敏感器等，但这些方法严重依赖于陀螺精度，实用性不强。北京航空航天大学魏新国利用基于径向定位约束（Radial Alignment Constraint，也称为 RAC 约束）的方法对敏感器进行校正，该方法也为自主方法，利用两步法单星图解算星相机参数，并利用多星图解算结果进行平均，削弱随机误差影响。Juan Shen 在此基础之上设计了卡尔曼滤波器，使得其性能有所提升。哈尔滨工业大学的学者针对星敏感器光学误差和星敏 / 陀螺安装误差、基准问题等进行了较为全面的阐述。

卫星系统的运动和测量是一个时变、空变系统，中国资源卫星应用中心针对光学卫星在轨运行期间影像几何定位误差中存在明显的时间系统规律，研究基于几何检校实现几何精度时间加密的技术方法，从而消除或减弱由于星敏感器低频误差、星上热变形等因素导致的光学卫星影像几何定位时空低频误差，即在轨运行期间原始影像产品几何定位误差中的系统性误差部分，并对资源三号卫星进行了系统的分析和处理。基于卫星事后固存回放的原始星敏、陀螺观测数据，高精度定姿处理后，国产 ZY-3 测绘卫星星敏姿态测量廓线由星上直传的 5~6″（15~20m）控制在 3~4″（8~10m），解决条带系统性误差和姿态测量的相对误差问题，提高卫星单景影像的内部精度、立体像对的相对精度和绝对定位精度。

随着国内星相机观测精度的进步，国内北京控制工程研究所已研制出 1″ 的星敏感器，并用于 2019 年年底发射的 GF-7 和 2020 年初发射的高分多模卫星。

### 1.3.2 几何定标

对于中国首颗民用三线阵立体测绘卫星——资源三号卫星，文献［11，18］分别利用定标场参考数据对其进行了在轨几何定标，定标结果表明资源三号卫星三线阵相机仅存在主距变化、CCD 排列旋转等引起的线性误差，为其无畸变相机设计提供有力证据，定标后生成的影像传感器校正产品，其内部畸变均控制在子像素内，多光谱影像各谱段间几何配准精度也优于 0.25 个像素[34, 35]。针对相机偏视场设计、误差参数高度相关的问题，文献［20］提出了一种基于探元指向角模型的内外分步定标方法，并利用嵩山几何定标场的高精度参考数据对资源一号 02C 和资源三号卫星分别进行了严格的在轨几何定标实验，取得了良好的效果。

中国资源卫星应用中心基于几何定标场 DEM/DOM 参考数据进行密集几何检校，就实现时空低频误差模型构建与模型参数最优估计分析就行了研究，基于全国密集分布几何定标场及国外多个检校场对光学卫星进行高频次时序化标定，基于时序化定标与外推建立卫星影像时间几何推估模型，消除卫星星敏观测的长周期内低频漂移误差（解决生命周期内的系统误差问题），提高卫星影像在轨无控几何定位精度，确保影像几何误差分布满足全球观测下无偏正态分布。

王建荣[31]和李晶[32]等利用面积为 600km×100km 的东北数字地面定标场，采用等效框幅相片光束法空中三角测量方法，对天绘一号卫星前视、正视和后视相机的主距、主点位置、相机交会角和星地相机夹角等参数进行整体定标，定标后其影像无地面控制平面和高程定位精度分别达到了 10.3m 和 5.7m。孟伟灿[33]结合天绘一号卫星相机设计特点合理简化相机畸变模型，利用嵩山定标场参考数据，基于探元指向角多项式模型对天绘一号卫星相机进行了在轨几何定标，定标精度优于 0.2 个像素，相机内部 8 片 CCD 之间的相对几何精度得到显著提升。

随着光学卫星影像几何分辨率以及定标处理时效性需求的不断提高，现有基于地面定标场的几何定标方法会凸显精度不足、成本过高以及时效性较差的弊端，已无法满足当前光学卫星影像高精度处理与实时应用的需求。因此，如何在无需定标场的条件下，高精度、低成本、快速获取光学卫星影像内定标参数成为当前面临的一个重要研究问题。

近年来，无需定标场的自主几何定标方法研究已逐渐受到国内外学者的重视。针对多光谱相机，王密等[36]提出了一种基于物方定位一致性的卫星多光谱影像相对定标及自动配准方法，该方法在无需定标场条件下，仅利用各谱段影像之间的同名像点信息，基于同名光线空间相交几何约束关系，对各谱段成像器件之间的相对几何畸变进行了标定与补偿。利用该方法可在光学卫星在轨运行初期尚未获取定标场影像数据的情况下，实现多光谱影像高精度几何配准，以满足应急任务需求，然而该方法仅能对各谱段成像器件之间的相对几何畸变进行标定，无法对绝对几何畸变进行精确标定。

对于光学卫星影像可采用自检校区域网平差方法，将影像内畸变标定模型参数作为附加参数引入到区域网平差中，求解平差参数的同时实现附加定标参数的求解。贾博[37]、刘建辉[38]采用定向片模型分别对 SPOT-5 及天绘一号卫星影像进行了自检校区域网平差，王涛等[39]对资源三号三线阵影像进行了自检校平差，Di[40]对嫦娥 2 号月球立体影像进行了自检校平差，Zheng[41]引入不同畸变模型对中巴资源 02B 卫星的长条带影像进行了自检校区域网平差对比实验，均有效提升了平差精度及影像的几何精度。

### 1.3.3 平台震颤处理

2011 年，中国高分观测专项办公室、中国科学院技术科学部和中国宇航学会在长沙以高分辨率遥感卫星结构振动及控制技术为主题举办了研讨会。初期，国内学者对卫星平台震颤研究主要集中在平台震颤对图像辐射质量影响的理论分析以及震颤模拟仿真与半物理仿真方面；由于每颗卫星的重量、结构、大小、组成各不相同，平台震颤的具体频率和振幅也存在较大差异。对于遥感卫星，主要关心对成像有影响的平台震颤。因此，除了卫星平台外，还要考虑成像载荷光学系统结构对平台震颤的敏感性。一般来说，对成像质量影响强烈的震颤主要集中在 100Hz 以下幅值较大的震颤[42]。

近几年，中国资源应用中心与武汉大学联合针对资源三号等立体测绘卫星多视成像几何特性展开了平台震颤检测与补偿处理研究。基于视差成像影像检测多视成像的一致性，分析立体像对由于平台震颤（相对误差）引起几何畸变，通过多视立体像对的一致性处理补充解决在传统的传感器几何处理中仅考虑相机引起的畸变（通过在轨几何定标确定）的缺陷，解决在震颤条件下严格模型无法直接等效转化 RFM 的问题，在校正相机内部畸变的同时，改正平台震颤引起的变形，在像方解决卫星姿态测量相对变化引起的单景影像内部的非线性畸变误差和高程变化，得到无畸变影像和高精度 RPC。

### 1.3.4　几何建模

几何建模方面，物理模型真实反映了成像几何关系并集成影像信息的各种畸变误差，严格确定了从卫星成像过程从相机成像像元位置到地面几何位置的几何转换过程，有理多项式模型（RFM），通过 90 个仿射参数对严格成像模型进行了高精度的拟合。

针对卫星成像模型，邵巨良[43]针对线阵列卫星传感器，总结了几种常用的外方位元素模型，主要有适用于 SPOT-5 卫星的 Kratky 方法、Bingo 方法和适用于 MOMS-02 卫星的二次函数法和拉格朗日多项式法，并利用 MOMS 真实影像数据进行了实验验证，取得了平面约为 10m，高程优于 10m 的定位精度。姜挺[44]等以德国 MOMS-02 数据为基础，通过影像外部定向和数字影像匹配的方法，研究了新的解算模型，实现了影像 DEM 的自动生成，高程精度达到 5.27m，对应 0.4 个像元。许妙忠[45]讨论了日本 ALOS 卫星的成像特点，构建了成像几何模型，在此基础上，利用嵩山定标场数据，通过光束法区域网平差的方法对卫星影像的几何精度进行了相关实验，并检测了不同地形条件下生成的 DEM 精度，取得了较好的实验效果。唐新明[46, 47]构建了资源三号卫星的成像几何模型，详细介绍了虚拟线阵 CCD 这一成像技术，在建立有理函数模型的条件下，通过平差实验证实在仅有四角点参与的控制方案下，有理函数模型便能够取得平面方向 3m，高程方向 2m 的定位精度，与国外同等分辨率情况下商业卫星的几何定位精度相当。余俊鹏[48]针对传统三线阵相机摄影测量应用中未顾及三线阵相机固有的内部关联这一问题，提出了一种新的相机定向模型，即以下视相机为基准相机，将前后视相机相对于下视相机的偏移大小以及相对旋转角描述等共 18 个定向参数一并纳入整个定向体系中，求得的定向参数不仅能够描述相机间的安装关系，还能表示各相机的外方位元素，这一方法为三线阵影像的几何处理提供了新的思路。

### 1.3.5　传感器校正处理

传感器校正处理主要通过分析成像物理过程的辐射与几何模型，将高分辨率卫星处理过程均前移到传感器焦平面上，实现平台上各 CCD 间与各相机间几何基准的统一，从物理成像过程和源头上解决非成像的几何归一化问题。首先需要各 CCD 的精确真实位置独立构建精密严格几何模型；然后在统一卫星平台和焦平面上构建基于统一平台的多 CCD 多相机传感器校正模型。

武汉大学王密、金淑英在传感器校正处理上进行了深入研究，对超大幅宽、大角度不同时相成像的传感器统一模型构建了一套成熟的技术体系。

中国资源卫星应用中心对国产 ZY-3 测绘卫星数据，进行了事后高精度定姿定轨、几何建模、震颤分析、高频次时序化定标检校、高精度传感器校正等星地一体化高精度处理后，实现了全流程多层次的几何定位的各类系统误差处理，从源头提高影像产品的内部精度和初始定位精度，并确保误差分布成正态分布，为处理应用及大规模区域网平差等确定输入基准。

### 1.3.6　相对辐射校正

中国资源卫星应用中心创建了分辐亮度等级的在轨动态时间窗口统计技术、一种结合实验室定标和均匀景统计的相对辐射定标方法、分时分视场相对辐射处理技术、90°偏航相对辐射校正模型构建等光学遥感卫星相对辐射校正模型构建和处理技术，构建一套涵盖实验室定标模型、90°偏航定标模型和在轨直方图概率密度统计法相结合在轨动态调整的相对辐射校正技术体系，有效解决了国产光学遥感卫星全生命周期内辐射不稳定、低端响应非线性、宽视场相机由大气不同视场成像引起的辐射不一致和不同相机的辐射响应不一致等难题，实现了图像 CCD 响应的一致性校正和相对辐射响应基准的统一，使国产高分陆地卫星的相机内相对辐射模型精度由原来的 3% 提高到优于 1.5%。

同时，Man 等[51] 利用高分一号偏航 90° 成像模式的数据，采用郭建宁[52] 提出的直方图匹配的方法来获取非线性的查找表系数。由于偏航 90° 成像获取的数据能满足直方图匹配的基本假设，即每个探元获取的灰度值分布概率是相同的，因此其能获得较好的效果，然而和通过建立模型相比，直方图匹配的缺陷在于，当某个灰度级在影像中出现较少，其灰度级会被合并，尤其是在低亮度区域，当灰度级合并较为严重时，低亮度区域将会呈现块状效应。

### 1.3.7　影像高精度复原

中国资源卫星应用中心提出了基于亚像元特征的点扩散函数模型计算在轨精确检测方法和复原处理方法，解决了在轨影像的精确 MTF 测量难题，显著提高了图像清晰度。利用刃边的亚像元特征，克服传统方法测量结果波动范围大、结果不准确带来的不足，能够在视场边缘区域准确地描述点扩散函数的不均匀性，实现了卫星载荷在轨动态 MTF 值的高精度测量。同时，影像数据处理过程中充分补偿在轨成像大气影响相机自身传函引起的信号扩散后，在不增加图像噪声的同时，图像清晰度和纹理细节得到显著提高。

由于直线刃边对边缘直线要求较高，因此针对中低分辨率遥感影像朱近等[53]提出了基于弯曲刃边的 MTF 计算方法。徐航等[54]针对噪声的特点，在边缘刃边提取的过程中引入滤波算法来获取更高精度的 MTF。李小英等[55]通过构建考虑不同方位的 MTF 来构建较为平滑的 MTF 复原矩阵。同时，国内外普遍对高分辨率光学遥感探测器采用优化设计理念，陈世平[56, 57]提出了 MTF 优化设计的主要原则：系统奈奎斯特频率处的 MTF 尽量高；欠采样产生的混叠尽量低；由 MTFC 引入的噪声尽量小。

### 1.3.8  深度学习技术

自 2015 年开始，遥感图像分析领域的学者也逐渐开始使用深度学习技术来进行场景分类的研究。在 2015 年的计算机视觉顶级会议 CVPR 的研讨会上，有学者初次利用卷积神经网络模型来处理遥感场景分类任务，通过迁移学习将在自然场景图像中训练的卷积神经网络模型用于遥感影像的场景分类，取得了令人满意的效果，并且证实了卷积神经网络模型在不同的类型数据集上具有很好的泛化性能，凭借其强大的迁移能力能够在其他领域进行应用。Hu fan 等人通过迁移学习将预先在 ImageNet 中训练过的 AlexNet、CaffeNet、VGGNet 用来解决遥感场景分类领域中缺乏足够标注数据的困难，并且对卷积神经网络模型的卷积层和全链接层所提取的特征进行了评估。Marco Castelluccio 等人在遥感影像的数据集中对 CaffeNet 模型和 GoogLeNet 模型进行参数微调的训练，再用于影像的场景理解，分类结果表明深度学习模型在遥感场景分类领域取得了前所未有的精度。从此以后，在遥感场景分类领域，有很多专家学者开始使用卷积神经网络模型，总结遥感数字影像数据集缺乏足够标记的特点，设计出了很多不错的深度学习模型。Yanfei Zhong 等人提出了 LPCNN 模型，结合了大块影像的采样方法，通过设定的影像采样方法来扩充训练数据，在小规模的遥感影像数据集中取得了很好的效果。Zhang Fan 等人在显著性检验的基础上，使用卷积神经网络模型对显著性区域进行特征提取，能够更好地提取出影像的特征，然后将这些特征通过线性 SVM 分类方法进行分类，取得了很高的分类精度。Qian Weng 等人提出的基于卷积神经网络模型和极限学习机（Extreme Learning Machine，ELM）的模型，在 UC-Merced 数据集上对该模型进行测试，取得了不错的效果。自此以后，卷积神经网络模型就成了在遥感场景分类领域中进行影像特征提取的主流方法，从普通自然场景影像训练过的大规模卷积神经网络模型的迁移学习和微调也成为首选的应用方法。

## 1.4  我国高空间分辨率遥感数据处理技术发展趋势与对策

"十二五"以来高分辨率光学遥感卫星技术发展迅猛，分辨率越来越高，成像模式也越来越多样。纵观光学遥感卫星的发展现状，可以预见未来高分辨率光学遥感卫星的发展趋势主要体现在以下 3 个层面。

### 1.4.1 单星性能不断提升

伴随着人们对于遥感影像越来越精细化、实时化的应用需求，高分辨率光学遥感卫星的性能将越来越高，其发展趋势可以用"更高、更准、更稳、更短、更小、更多"来描述：

（1）更高：卫星获取影像的空间分辨率将更高。最近发射的高分辨率卫星系统的成像分辨率都在 0.5m 内，其中 WorldView-3 更是达到了 0.31m，相信未来的高分辨率卫星的分辨率将会越来越高。如此高的空间分辨率堪比航空影像，将极大地促进遥感市场的发展。

（2）更准：即高分辨率卫星获取目标的位置将更准。卫星系统获取目标位置的准确性得益于卫星的高指向精度和高定位精度。GeoEye-1 卫星的指向角精度达到了 75″，其姿态的稳定度 0.007″/s，同时卫星上的星历姿态测量精度的进一步提高使卫星的定位精度达到 2m。当前高分辨率光学遥感卫星的无控精度已从 10m 发展到 2~3m，有控精度优于 15cm，未来的高分辨率卫星将使卫星可以更准确地获取目标的位置。

（3）更稳：卫星整星的刚度结构增强，采用整形一体化和结构化、刚性化设计以及顶装太阳翼结构，使平台的几何性能更稳定，为高精度几何定位奠定了基础。同时，通过优化结构设计，使卫星在高机动能力的情况下可以获取更高的稳定度。

（4）更短：高分辨率卫星的重访周期将更短。重访周期的缩短得益于卫星的敏捷性和机动速度的提高。WorldView-2 卫星由于采用了瞬时回转控制技术，在 1.0m GSD（Ground Sample Distance，地面采样间距）时的重访周期仅为 1.1d。可以预见，随着卫星姿态机动能力的提高，高分辨率卫星的敏捷性也将越高，可以实现多角度、双向扫描获取数据，获取影像的效率也越来越高，一次过境可以同时获取区域多条带和同轨道立体数据；同时通过多星联合观测，实现一天之内多次重访。

（5）更小：即高分辨率卫星的质量更轻、体积更小。随着卫星成像系统设计的不断创新、制造工艺的不断进步和提高，高分辨率卫星已愈加小型化。Pleiades 卫星的重量仅为 1000kg，而近年来的微小卫星系统单星重量均优于 100kg，未来的高分辨率卫星将朝轻小型化发展，便于卫星快速部署及组网。

（6）更多：高分辨率卫星相机的探测波段越来越多。WorldView-3 卫星已包括 8 个多光谱波段、8 个短波红外谱段和 12 个 CAVIS 波段，未来的高分辨率卫星系统可探测的波段将从多光谱向高光谱发展，获取的影像的光谱信息将更丰富。

### 1.4.2 从单星观测到多星组网

目前国际上对地观测逐渐从单星发展到多星构建遥感卫星星座，将日益完善全天候、全方位的对地观测传感网，采用卫星星座满足更短重访周期、更大观测覆盖范围以及基于特定任务目标需求的快速响应、持续动态监测等数据获取需求。

德国 RapidEye 星座由 5 颗卫星组成，均匀分布在 620km 太阳同步轨道内，每颗卫星携带 6 台分辨率 6.5m 的光学传感器，重访间隔小于 1d，5d 内可覆盖北美和欧洲的整个农业区，每天可下行超过 400 万 km² 的 5m 分辨率多光谱图像；法国空中客车防务与空间公司已成功采用 SPOT-6&7 与 Pleiades-1A&1B 组成星座，4 颗卫星同处一个轨道平面，彼此之间相隔 90°，实现每日两次的重访周期，SPOT-6&7 可以提供大幅宽的 1.5m 分辨率影像产品，Pleiades-1A&1B 则可以针对特定目标区域提供 0.5m 分辨率的影像产品；美国 DigitalGlobe 公司发射的 WorldView-3 与 WorldView-4 组成双星星座，可提供分辨率优于 0.3m 的光学影像，同样实现一天内多次重访；我国二十一世纪空间技术应用股份有限公司与英国萨里卫星技术有限公司合作，于 2015 年 7 月发射北京二号（TripleSat）遥感卫星星座，包括 3 颗亚米级全色、优于 4m 多光谱分辨率的光学遥感卫星，实现全球任意地点 1~2d 的重访周期。

传统高分辨率观测多采用大型卫星，研制成本高、周期长，不满足大规模卫星星座研发与快速部署的需求。随着高分辨率卫星轻小型化的发展，采用微小卫星（重量小于 1t）构成大规模观测星座协同观测，研制成本低、周期短，可进行一箭多星快速部署，已成为当前对地观测星座发展的主流趋势。微小卫星根据质量大小进一步可以分为小卫星、微卫星、纳卫星、皮卫星和飞卫星。

卫星图像服务公司 Skybox Imaging 从 2012 年起启动 Earth Observation 2.0 项目，计划在太空发射 24 个小型冰箱大小的卫星，对地球构成全方位观测网，提供实时卫星影像视频。该公司 2014 年 8 月被谷歌公司收购，并宣布将为非营利性组织和项目研究组免费提供实时卫星图像视频的访问权限（最高分辨率可达 1m）。美国卫星成像初创公司 Planet Labs 自 2013 年成功验证 Dove 实验卫星，已先后发射上百颗 Dove 卫星组建 Flock 系列星座，组建全球最大规模的地球影像卫星星座群。2015 年 Planet Labs 收购地理空间公司 BlackBridge，同时拥有 Flock 大规模星座及 RapidEye 星座。此外，美国陆军太空导弹防御司令部 / 美国安德鲁斯空间公司等机构也对军用微小卫星星座系统进行了一系列研究。

近年来，英国萨里航天中心及美国 NASA 对手机卫星（智能手机与微小卫星的结合）及芯片卫星（单个集成电路包含全部航天器功能）也进行了研究论证，并初步研制原型机开展了在轨实验。对于当前技术水平，这类皮卫星乃至飞卫星范畴的微小卫星系统运行难度较大，但由于其价格低、重量轻，可数百颗同时快速部署，具有广阔的应用前景，可应用至大范围同步环境观测、深空探测、在轨巡视、监视大卫星状况等场景。

### 1.4.3  对地观测卫星智能化

人工智能作为 21 世纪三大尖端技术之一，是对人的意识、思维的信息过程的模拟。人工智能涉及脑科学、认知科学、心理学、统计学和计算机科学等领域的理论知识。特别是作为人工智能起源的脑科学与认知科学领域的进步，对人工智能的发展具有重大的促进作用。"智能"（Intelligence）作为脑科学与认知科学领域的核心概念，自 1979 年认知科学学会（Cognitive Science Society）在美国成立以来，众多享有盛誉的学术机构组建了各自的脑科学与认知科学研究队伍，极大地促进了脑科学与认知科学的发展。为了占领人工智能的制高点，世界各国相继开展了不同的关于脑科学与认知科学的研究计划。

1990 年美国率先提出"脑的十年"（Decade of the Brain）计划；欧洲紧随其后在 1991 年推出"欧洲脑的十年"（The European Decade of Brain）计划；日本也在 1996 年计划投入 20 亿巨资以"认识脑""保护脑""创造脑"为目标推出了"脑科学时代"计划。2013 年美国启动脑科学研究计划（BRAINInitiative），随后欧盟也启动了人脑计划（The Human Brain Project）。

我国近年来也非常重视脑科学与认知科学的发展建设，在《国家中长期科学和技术发展规划纲要（2006—2020 年）》中，将"脑科学与认知科学"列为我国科技长期发展规划的八大前沿科学领域之一。2012 年中国科学院启动了战略性先导科技专项（B 类）"脑功能联结图谱"项目，在此基础上，中国提出"脑科学计划"，相信未来中国脑科学计划的实施，必将在推动我国脑科学的发展、脑疾病的防治、人工智能的开拓等方面取得重大研究成果，进入国际前沿，同时壮大我国脑与认知科学研究队伍。

近 20 年来，随着脑科学与认知科学领域的科学家们彼此合作与交流，通过多学科理论及实验的协作与整合，极大地促进了人类对心智本质的理解，取得了很多具有理论和应用价值的研究成果，对地球空间信息学领域的智能化发展提供了重要的指导思想与理论基础。将脑科学与认知科学中的脑感知认知功能集成于天基信息网络系统中，增强系统的感知、认知能力，提升天基信息网络系统智能化水平，实现系统对所获取数据快速处理、提取有用的信息和驱动相应应用，实现脑认知中的感知、认知和行动这 3 个过程，进而形成对地观测脑（Earth Observation Brain，EOB）。

对地观测脑是一种模拟脑感知、认知过程的智能化对地观测系统，通过结合地球空间信息科学、计算机科学、数据科学及脑科学与认知科学等领域知识，在天基空间信息网络环境下集测量、定标、目标感知与认知、服务用户于一体的一种智能对地观测系统。对地观测脑实质上是通过天上卫星观测星座与通信导航星群、空中飞艇与飞机等获取地球表面空间数据信息，利用在轨影像处理技术、星上数据计算分析技术等对获取的数据信息进行处理分析，获取其中有用的知识信息服务于用户决策，从而实现天空地一体化协同的实时智能对地观测。

对地观测脑与人脑类比，人脑有视觉、听觉等功能，通过视觉、听觉等功能获得人类所处环境的周围信息，利用神经元将周围环境信息传送到左右半脑，左右半脑通过推理分析周围环境信息，从而指导人的行为活动。同样，对地观测脑也有视觉、听觉、脑分析等相应功能。

在对地观测脑中，天上遥感卫星观测星座、导航卫星星座与空中浮空器等作为对地观测脑的视觉功能，通过视觉功能实时获得目标区域的影像、地理空间坐标等一系列观测数据。通信卫星星座作为对地观测脑的听觉功能，通过听觉功能实现视觉功能中遥感卫星观测星座、导航卫星星座、浮空器之间的通信及信息传递，此外也实现天上对地观测脑与地面控制中心、个体用户及用户单位之间的通信与信息传递。在对地观测脑中，遥感卫星、导航卫星、通信卫星、浮空器等设备除了作为视觉、听觉功能外，还充当对地观测脑中大脑的分析节点，类似于人脑中脑细胞，根据用户需求每个脑分析节点分布协同工作，对获取的观测数据处理分析获取用户需求的数据信息。

对地观测脑实现了端到端的一体化面向用户服务，地面客户端个人用户、用户单位等向地面控制中心发出需求信号，地面控制中心根据需求信号进行任务编码，进而向天上服务端对地观测脑发出任务指令，对地观测脑根据任务指令统筹调度视觉功能中各遥感卫星、导航卫星、浮空器等观测设备，对目标区域进行成像、定位等操作，对地观测脑中各脑分析节点分布协同对在轨观测数据进行目标检测、信息提取等操作，获取用户需求的数据信息。对获取的用户需求信息通过听觉功能实时下传给用户，实现天空地一体化协同实时对地观测。

天基空间信息网络为不同领域用户提供定位（Positioning）、导航（Navigation）、授时（Timing）、遥感（Remote sensing）、通信（Communication），即 PNTRC 服务。PNTRC 服务具体表现为：

（1）实时增强导航服务（Positioning & Navigation）。为各种类型用户（包括地面手机用户）提供优于米级的高精度实时导航定位信息。

（2）精密授时服务（Timing）。提供高精度时间信息和时间同步信息。

（3）快速遥感（视频）增值服务（Remote Sensing）。全天时、全天候、实时地获取、处理遥感和视频数据，并将感兴趣的信息及时推送给用户的手机和各类智能移动终端。

（4）天地一体移动宽带通信服务（Communication）。克服地面通信网络覆盖范围不足的局限，可为全球用户提供安全、可靠、高速的天地一体化通信和数据传输服务。

对地观测脑作为天基空间信息网络的进一步智能化升级，极大地提升了对地观测系统的感知、认知、指导用户行动的能力。在基本的 PNTRC 服务的基础上，通过对地观测脑，还可以享受系统的感知（Perception）、认知（Cognition）服务，即用户向对观测脑提出应用需求，对地观测脑根据用户需求对目标区域进行感知、认知获得其中隐含的信息，及时反馈给用户，帮助用户全面了解目标区域进而做出决策，从而指导用户行动。

## 2 高光谱遥感技术

### 2.1 高光谱遥感数据特点

高光谱遥感技术起源于 20 世纪 80 年代初期，因其既能成像又能测光谱，在概念和技术上有重大创新，被认为是与成像雷达技术并列，是最重大的两项遥感技术突破[69]。经过 30 多年的飞速发展，高光谱遥感已形成了一个颇具特色的前沿领域，并孕育形成了一门成像光谱学的新兴学科门类；使人们通过遥感技术观测和认识事物的能力不断飞跃，也续写和完善了光学遥感影像从黑白全色影像经由多光谱到高光谱的全部影像信息链。

高光谱遥感是高光谱分辨率遥感的简称，一般将光谱分辨率在 $10^{-2} \lambda$ 数据量级范围内的遥感称为高光谱遥感（Hyper-spectral Remote Sensing），1985 年 Goetz[70] 首次将高光谱遥感定义为 "the simultaneous acquisition of images in many narrow, contiguous spectral bands"，由此可见，高光谱遥感数据最显著的特性就是 "图谱合一"[69]。与传统多光谱遥感相比，高光谱遥感能够得到上百波段的连续图像，且每个图像像元都可以提取一条光谱曲线，把传统的二维成像遥感技术和光谱技术有机地结合在一起，解决了传统科学领域 "成像无光谱" 和 "光谱不成像" 的历史问题。高光谱遥感数据不仅具有 "图谱合一" 的独特优势，还具备如下两个突出特点：

（1）光谱波段多。可以为每个像元提供几十、数百甚至上千个波段，而且在一定光谱范围内连续成像，如美国 EO-1 Hyperion 高光谱卫星（220 个有效波段）以及我国 GF-5 高光谱载荷（330 个有效波段）在 400~2500nm 光谱范围连续成像。

（2）光谱分辨率高。可以达到纳米级甚至亚纳米级，如我国 GF-5 高光谱载荷光谱分辨率为 5~10nm，而欧空局（ESA）计划于 2022 年前后发射的叶绿素荧光遥感探测卫星 FLEX 的光谱分辨率为 0.3nm，我国预计 2020 年前后发射的首颗陆地生态系统碳监测卫星超光谱载荷光谱分辨率也设计为 0.3nm。

高光谱遥感数据的上述特点使得在多光谱遥感中无法感知的具有诊断性光谱特征的物质得以探测，极大提高了遥感观测能力。但高光谱遥感数据的特殊性也给数据处理与信息提取带来了诸多挑战，如下总结归纳了导致高光谱遥感信息处理难的主要原因：

（1）高光谱遥感数据是超高维数据（Very High-dimensional Data），且数据量大，随着波段数的增加，数据量成指数增加，这给数据的处理、分析与理解带来挑战。

（2）高光谱数据信噪比低。高光谱图像光谱分辨率高，波段带宽窄，地物的能量被细分到各个窄波段，导致单个波段的信噪比低，影响高光谱图像质量。

（3）高光谱数据混合像元问题严重。由于受到传感器硬件的限制，在一定信噪比下，空间分辨率与光谱分辨率往往是互斥的。因此，相对于全色 / 多光谱遥感数据，高光谱数据的空间分辨率较低且普遍存在混合像元，这是限制高光谱图像信息提取精度及其进一步应用的重要原因。

（4）高光谱数据的 "同物异谱" 与 "异物同谱" 问题，即相同的地物可能具有完全不一样的光谱曲线，而不同的地物可能光谱曲线一样或类似，这极大影响了信息提取的精度。

（5）Hughes 现象明显。Hughes 现象是指当训练样本数目有限时，分类精度随着图像波段数目的增加先增加，在到达一定极值后，分类精度随着波段数目的增加而下降的现象。

（6）高光谱数据的 Smile 效应是指面阵探测器空间维像元的波长发生光谱弯曲的现象，由于弯曲之后形似一个笑脸，因此被称为"Smile"效应。推扫式面阵成像光谱仪容易出现 Smile 效应，如美国的 EO-1 Hyperion。

（7）高光谱的光谱漂移问题是指成像光谱仪光谱维像元的中心波长发生移动的现象，由于高光谱遥感的波段多、光谱分辨率高，即便很小的光谱偏移，也将导致很大的反射率反演误差，研究表明，光谱定标精度达到光谱分辨率的 1% 时，才能避免明显的光谱误差。

（8）高光谱数据的幅宽窄。受限于目前传感器硬件技术，与多光谱遥感数据相比，高光谱遥感数据的幅宽一般比较窄，如 EO-1 Hyperion 的幅宽仅有 7.5km，而多光谱卫星 Landsat 的幅宽达到了 185km，窄幅宽问题严重制约了高光谱遥感的广泛应用。

（9）信息冗余增加。由于相邻波段高度相关，冗余信息也相对增加，一般在一定光谱范围内，波段越多，光谱分辨率越高，信息冗余也越大。

因此，一些针对传统遥感数据的图像处理算法和技术，如特征选择与提取、图像分类等技术不能简单地直接应用于高光谱数据。高光谱数据对于传统的图像分析处理方法提出了新的要求，同时日益更新的图像分析处理方法也推动着高光谱遥感图像分析技术的发展。

## 2.2 高光谱遥感数据处理技术国内外研究现状

高光谱遥感技术发展的动力来自数据获取方式的创新，从 20 世纪 80 年代初美国率先成功研制世界上第一台航空成像光谱仪 AIS-1（Airborne Imaging Spectrometer），到 21 世纪各国高光谱卫星陆续发射升空，在短短 30 几年高光谱遥感技术取得了飞速发展。

### 2.2.1 高光谱图像混合像元分解

由于成像光谱仪空间分辨率的限制和自然地物复杂多样的影响，混合像元普遍存在于高光谱遥感影像，成为制约高光谱遥感影像高精度解译的瓶颈问题。混合像元分解技术是解译混合像元的重要手段，目前，国内外混合像元分解的主要方法可以分为 4 类：凸几何分析方法、统计分析方法、稀疏回归分析方法以及光谱 - 空间联合分析方法。

凸几何分析方法基于线性混合模型，认为包围数据集的单形体的顶点即为端元。经典的凸几何分析方法有 N-FINDR[71]、VCA[72]（Vertex Component Analysis）等，通过寻找数据集内部的最大单形体获取端元光谱。该类方法基于"纯像元存在于影像"的假设，因而，当影像中不存在纯净像元时，难以精确获取影像端元。针对这一问题，国内外学者提出了基于凸几何的端元生成算法，通过最小化端元矩阵构成单形体的目标函数提取影像中的端元，经典的方法如 SISAL[73]、MVES[74]（Minimum Volume Enclosing Simplex）、SVMAX[75]（Successive Volume Maximization）等。该类方法具有较高的端元提取精度，但需要较大的计算量。针对此有学者提出了快速分析方法——MVSA[76]（Minimum Volume

Simplex Analysis），该方法具有较高的端元提取精度和高效的运行速度。

统计分析方法对于高度混合的影像具有较高的分解精度，是近年来国内外研究的热点之一。该类方法主要以独立成分分析（ICA）、贝叶斯方法和非负矩阵分解（NMF）为主。ICA 假设各地物之间的组分相互独立，然而，该假设并不符合地物组分分布特征，国内外学者通过对组分施加"非负"约束、"和为1"约束，能够得到较好的分解精度，如 Wei 等提出的 Constraint ICA（CICA）[77] 和 Wang 等提出的 Abundance characteristic ICA（ACICA）[78]。贝叶斯分析方法假定端元和组分符合某种分布，并将这种假设作为先验知识输入最大后验概率模型中，获得端元和组分。NMF 主要在 NMF 模型中加入对端元、丰度或数据结构的约束条件函数，估计端元和组分信息；NMF 方法能够与各类解混方法进行结合，同时具有较为可靠的分解结果，是当前最热点的混合像元分解方法。

稀疏回归分析假定影像所含的端元存在于一个巨大的光谱库中，则影像的每个像元都可以被光谱中的若干光谱线性组合表达。由于相对于光谱库，影像中包含的端元非常稀少，故影像可被该光谱库稀疏表达，代表方法为 Sparse Unmixing[79]。稀疏分解的主要问题为分解结果并不共享同一组端元集，使得结果中可能包含不存在于影像中的地物种类。为了解决这一问题，Iodache 等人提出了联合稀疏方法，通过加入混合范数，使稀疏分解过程共享光谱库中的同一组端元集[80]；国内外学者在此基础上进行了改进，如局部联合稀疏分解[81]、基于区域的联合稀疏分解[82] 等，此外，近年来稀疏分解还与 NMF 模型结合，形成了稀疏 NMF 解混模型，如流形约束的稀疏 NMF[83]、超图约束的稀疏 NMF[84] 等。

光谱 – 空间联合分析认为像元之间并不是单独孤立的，而是在一个 3D 自然场景中，结合周围像元的光谱 – 空间信息，对高光谱影像进行端元提取。代表方法有 AMEE[85]（Automatic Morphological Endmember Extraction）、SCED（Spatially-smooth piece-wise Convex Endmember Detection）[86] 等。近年来，空间信息常被作为约束项与上述统计类方法和稀疏方法相结合，如光谱 – 空间约束的稀疏分解[87]、空间约束 NMF[88] 等。

近年来，有学者提出了半监督混合像元分解思路，将已知的部分端元作为先验信息与未知信息一同进行运算，能够提高结果精度。此外，非线性解混和高性能计算逐渐成为混合像元分解领域的研究热点。

### 2.2.2 高光谱图像融合

受传感器成像能力的制约，高光谱遥感数据普遍存在空间分辨率低、重访周期长和覆盖范围小的问题。利用高光谱图像融合技术，结合高空间分辨率数据的空间信息，能够有效提升高光谱数据的空间分辨能力。与传统的多光谱图像融合不同，针对高光谱数据的融合技术，不但要求在空间分辨率上有显著提高，而且还应尽可能保持原始数据的高光谱特征，满足光谱解译的应用需求。

基于不同理论与方法的高光谱图像融合算法众多，本报告从融合数据各维度（时、空、谱）指标提升的角度，将数据融合算法分为面向空间维提升的融合算法、面向光谱维提升的融合算法、面向时间维提升的融合算法，并根据原理将其细分进行阐述。

### 2.2.2.1 面向空间维提升的融合算法

空间维提升主要是通过多源数据融合获得比原始数据空间分辨率更高的过程。空间维提升主要的应用场景为高光谱 – 全色融合，即利用全色数据的空间维信息提升高光谱数据的空间分辨率。它侧重于影像空间分辨率的提升，而在光谱维上有一定失真。具有代表性的方法有成分替换法与多分辨率分析法。

成分替换法（Component Constitution）是指将遥感影像投影至一个新的变换空间，将含有空间信息的成分替换为高空间分辨率影像并逆变换得到空间维提升后的遥感数据的过程。成分替换法能有效提高空间分辨率，但对于光谱维上信息保持能力欠佳。为了解决这个问题，学者发展了许多算法，如将波段响应函数考虑在内的 GS adaptive（GSA）、GIHS adaptive（GIHSA）等以及波段分组的策略，在一定程度上解决了高光谱融合过程中的光谱失真问题。

多分辨率分析法（Multiresolution Analysis Method）是将每个原始数据都分解为不同分辨率的一系列影像，在不同的分辨率上进行融合，最后进行逆变换获得融合后的影像。常用的融合策略有替换方法和加法方法。常用的多分辨率分析方法有高通滤波（high-pass filtering）[89]、小波方法[90]、curvelet 变换[91]、基于平滑滤波的强度调制（smoothing filter-based intensity modulation）[92]、contourlet 变换[93]、Laplacian pyramid[94] 等。多分辨率分析方法相对于成分替换方法能够较好的保持光谱信息，但要求数据进行严格配准，否则会出现空间失真现象[95]。

### 2.2.2.2 面向光谱维提升的融合算法

光谱维提升主要是通过融合获得比原始数据更高光谱分辨率数据的过程。光谱维提升主要的应用场景为高光谱 – 多光谱融合，即利用高光谱数据提升多光谱数据的光谱分辨率。相对于基于空间维提升的融合算法，它在空间维提升的同时，更加注重光谱维信息的保真性。常用的方法可分为线性优化分解法及人工智能法。

线性优化分解法按照原理不同，可分为光谱解混、贝叶斯概率法以及稀疏解混法。

光谱解混是近年来针对高光谱影像分析的有力手段，它将一个有限的区域内的反射率当作是不同材料光谱的混合，即高、多光谱中每个像元中端元（Endmember）光谱及成分丰度（Fraction、Abundances）的线性加和[96]。基于光谱解混方法的融合，学者提出了诸多种方法，如解混后亚像元定位获得融合数据[97]，以及光谱分辨率提升算法 SREM[98] 等。近年来基于光谱解混算法发展而来的非负矩阵分解（NMF）方法的融合方法也发展迅速，如 Zhi Huang 比较了 NMF 以及 NMF 发展出的几种方法[99]。Naoto Yokoya 利用结合光谱响应和点扩散函数建立了传感器观测模型，并利用成对的非负矩阵迭代分解获得了重建后的高光谱数据[100]。

概率统计法是通过概率统计的方法进行融合，主要是基于贝叶斯模型假设。它将待融合的数据视为观测值，融合后的数据视为未被观测到的真实值，通过计算出现观测值的前提条件下真实值出现的概率，并将概率最大化从而求解得融合过程中的参数值，从而得到融合后的数据。其中具有代表性的算法为最大后验概率（Maximum a Posteriori，MAP）。此外，代表性的概率统计模型还有随机混合模型（Stochastic Mixing Model，SMM）、线性贝叶斯模型、与小波结合、分层贝叶斯模型等。

稀疏表达法的融合是将观测数据分解为字典矩阵和稀疏系数矩阵，并加入稀疏约束条件求解稀疏系数并最终获得融合重建后的数据。由于该问题是一个 NP 难问题，通常在求解时放松其约束，求其 1- 范数，代入传感器线性模型，利用稀疏解混的方法获取字典和稀疏矩阵，最后进行融合数据重建，常用方法有压缩感知、稀疏表达、解析稀疏模型等。

线性优化分解法能够有效地提升多光谱数据的光谱维分辨率，并且对空间维具有较好的保真效果。然而分解优化法都是基于线性观测模型假设，同时优化类方法的参数较为依赖先验知识。

人工智能法是基于人工神经网络、卷积神经网络等，能够较好地学习系统输入输出的非线性关系。对传统的人工神经网络而言，每一个神经元都要接受来自上一层所有神经元的输出，导致神经元的权重数量极为庞大，所需要的训练数据集也相应地需要增大，计算数量极为庞大。而卷积神经网络（Convolutional Neural Networks，CNN）通过放弃全局连接性解决了这个问题。CNN 的每一个神经都有一个感知域，只处理来自一定邻域神经元的特征值，对于空间特征较为局部化的图像而言更为适用。

近年来，随着深度学习研究的爆发式发展，也有部分学者研究利用深度学习方法进行遥感图像融合。该方法大多基于假设高、低空间分辨率的全色影像之间的关系与高、低空间分辨率多光谱影像之间的关系相同且非线性。Wei Huang 等人首次利用深度神经网络（DNN）对多光谱和全色影像进行了融合，在 DNN 框架内加入了预训练和微调学习阶段，增加了融合的准确性[101]。在此基础上，学者发展出了众多算法如 PNN[102]、MRA 框架下的 DNN[103]、DRPNN[104]、MSDCNN[105]。对于高光谱和多光谱融合的研究较少，Frosti Palsson 利用了 3D CNN 模型对高光谱和多光谱进行了融合，为了克服高光谱数据量大造成的计算复杂性，对高光谱数据进行了降维处理，相对于 MAP 算法具有更高的精度[105]。

基于深度学习的融合方法的精度相对于投影变换、分解优化法而言，能够更好地刻画不同分辨率影像之间的非线性关系，可迁移性强。然而基于 CNN 的问题在于，前提假设并未得到严格的证实，同时 CNN 的计算复杂性较大，比较耗时，且对样本数量要求较大，在训练样本数量较少的情况下往往难以获得很好的融合结果。

### 2.2.2.3 面向时间维提升的融合算法

时间维提升主要是通过数据融合模拟出缺失时相的遥感数据，以达到时间维提升的目的。时间维提升主要的应用场景为多光谱 - 多光谱时空融合，较为常见于利用 MODIS 数据和 Landsat 数据融合获得缺失时相的具有 Landsat 空间分辨率的数据。典型的方法有权重函数法，线性优化分解法及人工智能法。

权重函数法假设高空间低时间分辨率影像与低空间高时间分辨率影像之间有一定的线性关系，在此基础上建立两者之间的联系，利用滑动窗口内的像元确定像元中心的值，加上权重系数来预测重建缺失时间影像，获得高空间高时间分辨率影像，该方法起源于由 Gao 于 2006 年提出的时空自适应融合方法（a spatial and temporal adaptive reflectance fusion model，STARFM）[106]，是时空融合中应用最广泛的算法之一。其前提假设地物在成像时间到预测时间之内地物不发生变化。STARFM 算法虽然模型易于理解、应用广泛，但仍具有如下问题：①STARFM 算法虽然在预测渐变信息上具有较好的效果，但它不能预测短期内瞬时的扰动事件；②STARFM 没有考虑反射率方向性问题；③STARFM 依赖于 MODIS 低分辨率像元的纯净、同质像元假设。针对这些问题，学者们进行了改进，如 STAARCH 模型、Enhanced STARFM 算法（ESTARFM）、mESTARFM、RWSTFM。除了常见的可见 - 近红外卫星数据融合以外，时空滤波法还广泛应用于地表温度数据的融合如双边滤波法、SADFAT、STITFM 等以及 NDVI 数据融合如 STVIFM 等。权重函数法优点在于模型直观、应用广泛，但它的问题在于：①对形状变化的物体、短期瞬时变化不能很好地进行预测；②传感器之间的相关关系未得到严格证明；③滑动窗口大小等参数需要人工制定，不能做到自动化。

线性优化分解法同样基于线性假设，通过加入约束条件获得最优解求解获得融合后的重建影像，基于原理可分为光谱解混法、概率统计法以及稀疏表达法。

光谱解混法基于光谱线性解混模型。常用算法有 MMT 光谱解混算法、STDFM 算法、ESTDFM、MSTDFA、软聚类方法（soft clustering）、OB–STVIUM 算法等。基于光谱解混的时空融合方法的优点在于考虑了低分辨率影像混合像元的问题，提高了融合的精度。但该方法大多建立于光谱线性解混方法，其前提假设未经过严格验证；端元成分和确定过程中，地物覆盖类型图与待预测时相之间的时间差距离太大，其精度无法保证；同时端元成分确定是基于预测时间内地物类型不发生变化的基础上建立的，然而这种情况有时不能被满足。

概率统计法是利用贝叶斯统计概率作为融合框架，对缺失时相的高空间分辨率数据进行预测的融合算法。一般首先建立缺失影像与已知影像之间的关系，然后通过最大化在已知影像的条件下缺失影像的条件概率来进行缺失影像重建，即最大后验概率模型（Maximum a Posteriori，MAP）。根据 Xiaolin Zhu 的分类方法，在缺失影像与已知影像的关系上，可分为时相关系模型及尺度关系模型[107]。时相关系模型是指建立不同时相影像之间的关系，刻画地物缓慢和瞬时变化，如 NDVI–BSFM[108]。尺度关系模型指的是通过对在同一时相上缺失影像与已知影像的关系进行建模，通过点扩散函数来建立已知影像像元与未知影像像元的关系，如利用低分辨率影像的联合协方差作为时相关系模型，低分辨率影像的双边滤波以及高分辨率影像的高通滤波来建立尺度关系模型的基于贝叶斯统计算法的融合方法[109]。基于概率统计方法的优点在于不要求波段响应严格匹配。

基于稀疏表达的融合算法，最有代表性的算法为基于稀疏表达的时空融合算法（SParse-representation-based SpatioTemporal reflectance Fusion Model，SPSTFM）[110]，主要是通过缺失影像前后的时相影像的差异影像对进行联合字典训练，并用学习获得的字典重建缺失影像前、后时相与缺失影像的两个差值影像，再加权获得最终融合重建结果。在差异影像思想的基础上，学者也发展出了许多基于稀疏表达的融合方法，如EBSCDL[111]、基于ELM的融合方法（ELM-based method）[112]、bSBL-SCDL/msSBL-SCDL[113]、CSSF[114]等。基于线性优化分解法的时间维提升融合算法虽然能够实现较好的时间维重建效果，但由于其假设模型为人为设定的近似线性关系，在实际成像关系中难以满足。

权重函数法、线性优化分解法是基于对传感器观测模型或者已知、缺失时相影像之间的线性关系，然而这种线性关系未被严格证明。深度学习方法能够很好地刻画非线性关系，因此也有学者探索利用深度学习方法进行时空融合的方法。Vahid Moosavi结合小波算法及人工神经网络（Artificial Neural Network，ANN）、自适应神经模糊推理系统（Adaptive Neuro-Fuzzy Inference System，ANFIS）以及支持向量机（Supported Vector Machine，SVM），提出预测缺失时相的Landsat热红外数据的WAIFA算法[115]。近年来，卷积神经网络的兴起，利用CNN进行时空融合的算法如STFDCNN、DCSTFN等也逐渐被提出。

人工智能法能够学习并较为准确的刻画已知、缺失时相影像之间的非线性关系，相对于线性优化分解方法更具有迁移性和准确性。但其刻画能力与网络架构设计、参数设置有关，较差的网络结构往往不能得到良好的效果，且需要大量训练样本及训练时间。

### 2.2.3　高光谱图像目标探测

高光谱遥感目标探测是高光谱遥感技术研究中的一个重要领域，主要是依据感兴趣目标的反射光谱与其他地物的差异，对目标进行特定的区分和提取。相对于多光谱，高光谱遥感本身所具有的丰富的光谱信息，成为光谱维目标探测的重要信息支持，使得出现在图像中更精细、更微小的目标能够被探测，这也是高光谱目标探测近些年发展迅速的原因所在。

高光谱目标探测算法可简单分为两类：异常探测和光谱匹配。异常探测，顾名思义，就是无须任何先验知识，仅仅找出图像中与大多数像元光谱分布规律不一致的"离群点"的探测问题，并不具有针对性。例如，假设背景像元可以用其空间临近像元线性表示而异常像元则不能，通过包含一个代表临近像元对该背景像元的贡献权重并规定权重和为1的矩阵，来求出当权重向量的均方根最小时图像的异常像元。从广义上来讲，光谱匹配是指利用了目标或者背景的先验光谱知识，在图像中寻找高层次的"匹配"关系的像元的方法。这些先验知识可以是来自于实验室测得，也可以是从图像中提取的。这类算法具有一定的针对性，能够提取特定目标而排除一些信号较强的虚警目标。例如，采用非线性压制算法对不同层次的约束能量最小化探测器的每一个输出光谱进行转换，并把转换结果看作下一轮探测时该光谱的系数，进而精准探测出已知光谱信息的目标而排除其他干扰信息。

目标的空间信息也是一种先验信息。近年来，随着高光谱影像空间分辨率的提升，越来越多的空间信息被用于结合光谱信息开展高光谱目标探测。由于基于概率统计的高光谱目标探测在估计背景信息时都直接或间接地采用了图像的二阶统计量，并且这类算法的推导往往是要基于某个特定分布假设。于是有学者在这个方面将图像从空间上分割，利用图像的空间信息对图像背景像元进行提取之后，让背景更好地满足算法所基于的分布假设，提高目标探测的精度。MESSINGER 等[116]和刘凯等[117]都采用了这个思路。而 Weimin 等[118]提出了一个基于嵌套空间窗口的目标探测方法（Nested Spatial Window-based Target Detection，NSWTD），该方法的思想是用一系列嵌套的窗口来提取在光谱信息和空间信息上都不相同的"目标"，由于不需要任何先验知识，这里的"目标"仅仅是图像中的异常。Li X 等[119]提出了一种基于空间不连通支持的稀疏表示探测方法（Sparse Representation Within Disconnected Spatial Support），该方法在常规的稀疏表示方法上基于"具有相同或相近光谱向量的像元往往分布在图像上空间不连通的区域"的假设支持，改进了常规的稀疏表示方法用于探测，利用了整幅图像的空间相关性和光谱相似性信息，并基于贪婪追踪算法（Greedy Pursuit Algorithm）给出了在寻求理想稀疏表示问题上衍生出的优化问题的解决方案。高孝杰等将形态学算子引入高光谱异常探测算法中，避免了原有全局统计中无法去除目标像元影响的问题，并能预先排除一部分非感兴趣目标，提供了目标探测精度。

随着高光谱数据量的增大，以及对目标探测的时效性需求，例如火灾的实时监测、移动目标探测、战场上军事目标探测等，实时处理成为高光谱目标探测方法所面临的主要问题。传统高光谱目标探测是对已获取的所有数据在室内进行处理，识别目标。而与传统目标探测方法不同，高光谱实时目标探测要求在数据获取的同时，对当前所获取数据进行快速在线处理，实时或准实时的判别出目标的位置以及响应强度，以利于瞬时性的决策分析[120]。以推扫式成像光谱仪为例，在逐行获取高光谱数据的同时，实时处理当前行数据，并在可接受的时间内得到探测结果。

针对摆扫式点扫描成像光谱仪，借鉴卡尔曼滤波思想，以 Woodbury 矩阵引理作为基础，提出了一种新型高光谱实时异常目标探测方法[121~123]。弥补了摆扫型成像光谱仪用于实时目标探测效率低的不足。利用当前点数据和之前已知的背景信息，来更新当前背景统计信息，避免了使用所有数据进行全局性重复计算，有效降低了实时处理过程中的时间复杂度。

考虑到高光谱数据光谱信息与空间信息冗余较大，采用空间采样以及波段选择的方法，可有效降低高光谱数据量，结合目标探测算法的高度并行性，以多 DSP 为载体，实现高光谱目标探测的实时快速处理[124]。结合并行可编程电子器件 FPGA 与基于 Woodbury

矩阵引理的实时处理结构，对每一次所获取的高光谱数据，采用卡尔曼滤波思想，对背景压制信息进行递归更新，更新过程采用 FPGA 进行并行化处理，将高光谱目标探测算法 CEM 与异常探测算法 RXD 同时集成到同一块 FPGA 电路板，在保证探测精度不变的情况下，进一步提高实时探测效率，实现了多模态并行实时高光谱目标或异常探测方法[125]。FPGA 具有重量小、能耗低、数据处理速度高、可编程、多模块等特点，适用于地面、机载、星载等在线实时处理。

针对推扫式成像光谱仪，在当前所获取的行数据中进行多次随机采样应用于背景估计，由于样本数量较小，背景信息估计耗时低，同时通过 QR 分解对背景矩阵进行快速压制，实现逐行实时异常目标探测。

### 2.2.4 高光谱图像精细分类

分类是高光谱遥感影像处理与应用的重要内容，是有效区分不同地物类型的关键技术之一。与常规遥感影像分类的原理相同，高光谱遥感影像分类是通过对地物的空间信息和光谱信息进行分析，选取可分性大的特征，然后采用适当的分类体系，对不同地物进行类别的划分和属性的判定，从而为每个像元赋予唯一的类别标识。在理想条件下，同种地物应具有相似的光谱特征和空间特征，不同地物的光谱特征和空间特征应具有较大差异。与多光谱遥感影像相比，高光谱遥感影像中不同地物类型具有更加丰富的光谱信息，这是高光谱遥感影像分类的重要依据。

然而，高光谱遥感数据在带来大量有效信息的同时，也存在诸多问题。例如，高光谱遥感影像的高维特性、波段间高度相关性、光谱混合以及时间、空间和光谱分辨率三者相互制约等使得高光谱遥感影像分类面临巨大挑战。相对于一般遥感影像分类，高光谱遥感影像分类的特点在于：①特征空间维数高，数据相关性强，冗余度高，运算时间长；②要求的训练样本多；③可用于分类的特征多，既包括影像中单个像素的原始光谱向量，还包括计算的植被指数、光谱吸收指数、导数光谱、纹理特征、形状指数等派生特征；④影像的二阶统计特征在识别中的重要性增加。

目前，高光谱遥感影像分类常用的方法是以是否有已知类别的训练样本参与分类为依据进行划分的监督分类与非监督分类。非监督分类和监督分类方法在遥感影像土地覆盖分类和地物信息提取等方面得到广泛应用，但非监督分类方法精度相对较低，监督分类方法则受制于其对分类样本需求较大的约束。由于半监督分类只利用少量已标记样本和大量未标记样本的分布信息就能够得到比较好的分类结果，一定程度上降低影像分类过程中对训练样本数目的需求，因此，半监督分类算法也逐渐被应用到高光谱遥感影像的分类中。此外，考虑到在高光谱遥感图像分类中，由丰度均衡的多种组分或相差不大的两种组分构成的混合像元最难区分。因此，有必要将混合像元分解技术融入高光谱影像的分类中，充分利用混合像元分解技术给出每个像元的各组分含量信息，以期改善图像分类效果，提高遥感影像的分类精度。下面分别介绍近五年在高光谱图像分类方法方面取得的新进展。

在结合丰度信息分类方法方面，国内外学者取得的主要进展包括：应用高光谱图像的形态学特征和丰度信息的稀疏多元逻辑回归监督分类方法；利用丰度信息提取最难区分的两种类型混合像元，再利用 SVM 分划函数对其进行筛选的结合混合像元分解进行主动学习的支持向量机半监督分类算法（SUAL-SVM）；从类别隶属度和混合像元的角度选取信息量最丰富的未标记样本，通过权重将后验概率与丰度信息结合的稀疏多元逻辑回归半监督分类算法（$BT_{SSA}$-SMLR）。

高光谱非线性学习理论与方法，解决了高光谱数据处理中面临的高数据维、特征异构、光谱漂移等非线性科学问题，并已成功用于高光谱图像分类。

针对影像中的多流形结构，充分利用少量标记和大量未标记样本，构建空–谱联合多流形学习模型，提取空–谱联合鉴别特征，为高光谱影像维数约简和分类提供新思路[126]；发展了基于局部流形学习构图的半监督分类算法，为基于图的半监督分类引入了一类新的图构造方法；发展了基于类心和协方差对齐的迁移学习算法，能够针对各个类别进行知识迁移，获得对目标域图像的全自动分类[127]。

此外，深度学习算法已成为当前遥感大数据智能化分类的研究热点，与传统特征提取方法相比，深度学习凭借其强大的特征提取能力，可以从复杂的高光谱数据中自动提取图像浅层特征和高层次抽象特征，智能化地完成图像"端到端"的分类。根据深度学习算法提取特征类型的不同，基于深度学习的高光谱遥感影像分类主要分为三大类：基于光谱特征分类、基于空间特征分类以及融合空间和光谱特征分类。

（1）基于光谱特征分类的方法，假设每一个像素是一种地物类型，将原始影像的像元光谱直接作为一维神经网络的输入，原理简单，容易实现。经典的一维神经网络模型有堆叠自编码器（SAE）、受限玻尔兹曼机（RBM）和深度置信网络（DBN）等。此外，一维卷积网络（1-D CNN）、循环神经网络（RNN）及其变体（LSTM/GRU）等也被用于高光谱影像光谱信息的提取与分类。如 Tong 等[128]利用受限玻尔兹曼机（RBM）和深度置信网络（DBN）对高光谱影像进行特征提取和分类，并获得比 SVM 更优的分类效果。但是仅利用高光谱图像的光谱信息进行分类，忽略了影像的空间信息，分类精度有待提升。

（2）基于空间信息的分类，充分考虑高光谱遥感影像中心像素空间邻近像元的影响，提取中心像素周围 M×N 大小的图像块，将 RGB 三波段影像或降维（如 PCA 等）后的高光谱影像作为 2-D CNN 的输入。如 Yang 等[129]将二维卷积神经网络应用到高光谱遥感影像的分类中，分别提取多尺度遥感图像的卷积特征进行分类。结果表明，多尺度二维卷积网络的分类结果优于传统的机器学习算法如支持向量机的分类精度。

（3）融合空间和光谱特征的高光谱遥感影像分类，深度学习方法主要包括以下 3 种：①通过传统机器学习算法提取图像浅层的空间特征和光谱特征，进行融合后输入深度神经网络进行分类；②利用三维卷积神经网络（3D CNN）、全卷神经网络（FCN）等提取直接提取高光谱影像的空间特征和光谱特征进行分类；③分别利用二维卷积神经网络和一维卷积神经网络提取图像深层的二维空间特征和一维光谱特征，再经特征融合后输入传统分类器进行高光谱影像分类。如基于 3D CNN，输入 $P \times P \times B$ 图像块，利用 3D 卷积核同时学习高光谱图像的光谱维和空间维特征，充分挖掘三维数据的结构特征进行分类，而不需要依赖影像预处理或后处理技术。

### 2.2.5 高光谱图像处理软件系统

为降低高光谱遥感技术应用的门槛，需要将高光谱图像处理与信息提取的算法模型固化，形成成熟的软件系统，例如广为大家熟知的 ENVI 遥感软件系统。我国在 "863" 计划支持下，也开发了国内第一套具有完全自主知识版权、主要面向高光谱遥感图像数据的专业图像处理与应用软件系统 HIPAS，它基于业界主流集成开发工具 C++ 和 Windows 系列平台，具有强大的海量高光谱数据处理分析能力、直接面向用户的专业应用模块、一体化的数据处理流程和良好的可交互性，并为用户的二次开发提供了接口，是遥感工作者进行高光谱图像处理分析的有力工具，HIPAS 系统集成了自主创建的系列模型算法，包括光谱图像工具箱 19 个、光谱特征分析算法 15 种、像元解混算法 9 种、高光谱图像分类算法 15 种、高光谱图像目标探测算法 8 种，具有面向多种应用领域的专业模块，曾被欧盟行业调研报告列为国际 6 大顶尖高光谱图像处理软件之一。

近几年，采用 QT 开发框架对 HIPAS 进行了升级，升级后软件系统具有跨平台运行的优势。基于 HIPAS 系统，后续又研发了 WATERS、HyperEYE 等一系列应用软件，为高光谱遥感数据处理、信息提取和应用提供了工具和平台，大大推进了高光谱遥感的应用和发展。

### 2.2.6 高光谱图像结合深度学习技术

高光谱传感器捕获数百个连续的窄光谱带中的数字图像，产生同时包含光谱和空间信息的三维（3D）高光谱图像（HSI），并且可获得高质量的高光谱卫星数据。目前越来越多的携带高光谱传感器卫星正在陆续发射上天（例如计划于 2020 年发射的 EnMAP 和 DESIS）。丰富的光谱信息有助于揭示图像中包含的任何人们感兴趣的未知内容。高光谱数据可以广泛用于一系列实际问题中，例如土地覆盖，变化检测和物体识别。实际上，高光谱图像数据的应用一直是最活跃的研究方向之一，在高光谱图像中对单个像素进行分类在此类应用中起着至关重要的作用。

深度学习是机器学习领域一个迅速发展的研究热点，这类方法对于多维度、大数据具有良好的适应性，相关研究成果在高光谱数据处理方面得到应用和拓展。国内外学者利用深度学习的模型在高光谱数据分类、降噪、端元提取和超分辨率等方面均有众多成果发表，特别是在基于深度学习的高光谱影像分类方面，多种方法模型都达到了较高的分类精度。用于高光谱影像分类的典型深度学习方法包括卷积神经网络和生成对抗性网络。

卷积神经网络能够充分利用图像的二维空间特性，建立网络输出与上一输入层局部邻域像素的连接，实现了全连接神经网络优化，大幅降低了神经网络参数规模，提高学习过程的运算效率。将其扩展到高光谱数据分类,同时提取空间和光谱信息建立三维卷积神经网络,实现高光谱数据的快速降维,建立多层神经网络进行监督学习。作为近几年出现的高光谱数据分类新方法,国内外学者对其开展了多方面研究,卷积神经网络的卷积核形式、网络结构和深度变化多样,网络模型的适应性强[130]。根据高光谱数据中场景的复杂度和目标种类多少,选用适当规模的神经网络,能够实现较高的分类精度[131~133]。

生成对抗性网络是一种生成式深度学习模型,适用于小样本训练的分类场景,能够很好地克服高光谱样本数据不充足导致的过拟合问题。生成对抗性网络模型包括两部分:生成器和鉴别器,生成器根据高光谱真实样本生成新的模拟数据,鉴别器用于区分真实样本和生成器创造的模拟结果。生成器的优化目标是生成的模拟数据能够尽可能逼近真实样本,鉴别器的优化目标是最准确地判断出真实样本和模拟数据。通过生成网络和判别网络的互相对抗迭代达到全局最优,实现高光谱数据的分类[134, 135]。生成对抗网络的组成灵活多变,可在光谱维构建一维模型,也可以在空间–光谱维建立三维联合模型,还可以组合光谱维和空间维建立混合模型,利用生成网络对于小样本数据的优势,实现高光谱数据精确分类[136]。

## 2.3 我国高光谱遥感数据处理技术发展趋势与对策

随着美国著名的 EO-1 Hyperion 高光谱遥感卫星于 2015 年 10 月宣布关闭[137],目前在轨运行的高光谱遥感卫星寥若晨星,为解决"无米之炊"的尴尬与困境,未来 5 年全球计划发射系列性能优异的高光谱遥感卫星,这些卫星将给全球高光谱遥感技术及应用的快速发展带来新的机遇。正如 Butler 所言:对地观测将迎来下一个新的时代[138]。然而,挑战也将伴之而来,比如,至今国际上还没有一种各国都普遍遵守的高光谱遥感产品分级分类标准和规范,没有各国公认的高光谱遥感产品算法模型,造成各国生产的遥感产品标准不同,产品精度无法定量评价。为促进高光谱卫星遥感技术的业务化推广应用,中国科学院遥感与数字地球研究所高光谱遥感团队于 2015 年联合美国 USGS、德国 DLR、澳大利亚 CSIRO、日本 HISUI 卫星等国际高光谱遥感著名科学家及研究团队,发起组建了高光谱遥感国际团队。国际团队面向未来高光谱卫星遥感产品多层次应用需求,联合开展高光谱卫星产品标准化设计、典型应用产品算法研发、产品精度评价等国际联合研究,最终形成高光谱卫星产品国际标准和系列产品算法模型集。团队通过优势互补、成果共享、标准统一等模式,加快高光谱遥感由研究走向应用的步伐,进而通过应用模式创新,借助互联网+技术平台,让普通民众能够享受到遥感技术给人们生产和生活带来的便利,提高高光谱遥感的应用水平。

近年来全球新科技革命,特别是空间科学、电子科学、计算机科学的快速发展,为解决高光谱遥感数据高效获取与快速处理提供机遇。借助这些相关技术最新发展成果,研发新型光谱成像设备和星上实时处理系统,构建智能型高光谱对地观测系统,实现面向观测对象的星上空间－光谱－辐射资源的自适应调节和数据快速处理，改变传统固定成像模式所带来的数据针对性差、处理效率低等问题，从数据源头出发，面向观测对象和用户建立精准、快速的数据获取和专题产品生产直接通道，将会降低高光谱遥感技术的应用门槛。伴随着各项技术的革新以及应用需求的不断提高，高光谱遥感已由传统的纳米级光谱分辨率向亚纳米级的超光谱发展：例如，欧空局（ESA）为精准测量全球陆地植被所存储的碳量，将于 2022 年前后发射一颗面向太阳诱导叶绿素荧光遥感探测的卫星 FLEX。该卫星的光谱范围为 500~780nm，空间分辨率 300m，光谱分辨率 0.3nm。我国规划中的首颗陆地生态系统碳卫星也将搭载一个指标类似的超光谱成像仪，用于探测森林叶绿素荧光，该卫星预计 2020 年前后发射。这些新型高光谱成像仪的出现提高了高光谱遥感应用的广度和深度，但同时也将会给高光谱遥感信息处理带来新的挑战，需要不断探索新颖的数据处理与信息提取技术。

随着高光谱载荷的光谱分辨率等技术指标不断提升，各个领域高精度量化应用要求实现更高精度的相对辐射校正、绝对辐射定标和光谱定标。为了实现这一目标，高光谱载荷增加了多种星上在轨定标装置，包括漫反射板、发光二极管、大气辐射计等。欧空局 2018 年 4 月发射的哨兵-5 先导卫星搭载的 TROPOMI 载荷具有优于 0.5nm 的光谱分辨率，计划实现优于 2% 的绝对辐射定标精度，为此载荷设计了包括两个漫反射板、线性光源、发光二极管等多个星上定标装置。高光谱载荷增加的新型定标装置拓展了辐射、光谱定标的技术手段，降低了定标试验对于定标场的依赖程度，使高光谱载荷定标频次和精度能够更好地满足各领域的应用要求。高光谱载荷在轨定标能力的提升，对于处理和分析在轨定标装置数据提出了新的技术要求，同时如何综合利用场地地标和星上定标装置实现高精度定标也成为高光谱遥感数据处理需要重点研究的内容。

大数据、云计算等新兴技术的出现，特别是互联网快速发展所产生的服务模式变革，为高光谱遥感技术快速向各个行业拓展应用提供了发展机遇。借助互联网平台和云服务技术，构建高光谱遥感应用云服务平台，在专业人员和普通大众之间建立一条桥梁，把专业人员在高光谱数据处理和信息提取方面的技术与用户对具体生产和应用的需求通过网络平台结合起来，实现产学研的真正结合；同时，借助"互联网+"的服务模式和理念，面向行业形成包括数据获取与处理，信息提取和应用的整套解决方案，并建立基于互联网的应用拓展渠道，将有利于推动高光谱遥感便捷地服务于大众。

## 3  合成孔径雷达技术

### 3.1  合成孔径雷达数据特点

合成孔径雷达是一种高分辨率相干成像雷达，SAR 采用多普勒频移理论和雷达相干为基础的合成孔径技术提高方位向分辨率，利用脉冲压缩技术实现距离向高分辨率。SAR

观测数据是把雷达天线发射出的脉冲到达地表后的后向散射信号以时间序列记录下来的数据。在原始数据中，来自地表某一点的后向散射信号被拉长记录到仅相当于脉冲宽度的距离向上。此外随着平台的移动，在微波波束穿过该点期间的不同位置上都可以接收到它的后向散射信号，所以其反射信号在方位向上也被拉长记录下来。合成孔径雷达得到的原始数据还不能叫作图像，只是一组包含强度、位相、极化、时间延迟和频移等信息的大矩阵，叫作原始信号数据（Raw Signal Data）。从信号数据到图像产品，要经过复杂的步骤，主要包括：辐射定标、几何校正、滤波、多视等。上述流程可以生成单视图像和多视图像，其中单视复图像（Single Look Complex，SLC）不仅包含振幅信息，而且包含位相信息，可以用于干涉雷达（InSAR）研究。在单视复图像的基础上，还可进行多视处理、地距斜距转换、地学编码（按一定的地图投影进行图像重采样）等处理。依据用户的需求，可进行不同级别的处理，生产出相应的图像产品。

从 SAR 卫星影像数据最基本的影像斜距产品开始，高分辨率星载 SAR 的基本产品可分为：单视斜距复数产品（SLC）、多视地距产品（MGD）、系统几何纠正产品（GEC）、正射纠正产品（GTC）及精纠正产品（Enhanced GEC，eGEC）5 种类型。对这 5 种影像数据类型分别介绍如下：

（1）单视斜距复数产品（SLC、SSC 或 SCS）。雷达信号聚焦形成的基本单视产品，是最基本的影像，包含幅度和相位信息，保持了原始 SAR 数据的斜距成像的几何特征，不包含地理坐标信息。雷达的亮度信息未做加工，主要用于科学研究。

（2）多视地距产品（MGD、DGM 或 SGX/SGF/SGC）。对 SLC 数据进行多视处理，将斜距进行一维的多项式投影到平均地形高程或零高程面；在方位向上进行线性规划，按要求的值重采样成均匀的像素间隔，得到的 MGD 影像上的距离比率与实际地点间的距离比率一致。图像坐标沿飞行方向和距离方向定位。影像中没有地理坐标信息，没有插值和影像旋转校正，并且只有角点和中心点附带坐标说明，不能用于干涉计算。

（3）系统几何纠正产品（GEC 或 SSG）。地理编码的结果，在编码的过程中，采用零高程或影像范围内的平均高程替代真实高程，用 WGS–84 椭球体进行 UTM 或 UPS 地图投影。由于没有进行高程校正，在高山、丘陵地区有透视收缩现象，像元的误差明显。GEC可用于小区域范围的 SAR 影像的相对变化检测。

（4）正射纠正产品（GTC 或 EEC）。采取多视处理，利用高分辨率的 DEM（比如由激光雷达生成），地面控制点和影像纠正的技术对前几级数据进行正射纠正，有效地克服了透视缩进现象，像素定位准确。投影种类有 WGS–84、UTM 和 UPS。该产品基本产品中最高几何校正级别产品，能够用于快速解译并与其他信息融合。由于经过几何校正，GTC影像中的阴影与叠掩地区需要辅助数据以助于判读。

（5）精纠正产品（eGEC 或 SPG）。该产品与 GEC 产品相仿，不同之处在于采用精确的地面控制点对几何校正模型进行修正，改正了因传感器稳定性、地球曲率、大气折光等因素引起的系统误差，从而大大提高了产品的几何精度。

除不同级别的数据产品之外，SAR 的观测模式由单波段单极化 SAR（如 SEASAT、ERS-1/2、JERS-1、RADARSAT-1），已经向多波段多极化 SAR（ENVISAT/ASAR、SIR-C/X-SAR）发展。极化和干涉是目前最具代表性的 SAR 遥感观测模式，极化 SAR 的工作原理是通过发射、接收不同状态的电磁波（水平极化或者垂直极化），从而获得 HH/HV/VH/VV 4 种极化散射回波信号，相较单极化 SAR 拥有更多的地物极化散射信息，为不同散射机制地表参数定量反演提供可能。干涉 SAR 的工作原理是通过两条侧视天线同时对目标进行观测，来获得地面同一区域两次成像的复图像对（包括强度信息和相位信息）。可见 SAR 数据观测模式逐渐趋于多元，以我国高分三号 SAR 为例，高分三号卫星是中国首颗分辨率达到 1m 的 C 频段多极化合成孔径雷达成像卫星，其空间分辨率是从 1m 到 500m，幅宽是从 10km 到 650km，高分三号是世界上成像模式最多的合成孔径雷达卫星，具有 12 种成像模式。它不仅涵盖了传统的条带、扫描成像模式，而且可在聚束、条带、扫描、波浪、全球观测、高低入射角等多种成像模式。

## 3.2 合成孔径雷达数据处理技术国外研究现状

合成孔径雷达数据处理技术在国内外已发展的较为成熟，针对 SAR 数据处理，国内外学者展开了多方面的研究，其中 SAR 数据的几何处理、极化信息处理以及干涉测量数据处理是 SAR 数据处理技术研究发展的几个重要方向，这些研究方向在近几十年的发展中均取得了比较显著的成果。

### 3.2.1 几何处理技术

SAR 影像几何校正和其他遥感影像几何校正一样，最重要的问题是确定描述 SAR 影像像点坐标与对应的地面点坐标之间数学关系的定位模型。与光学遥感影像不同的是，SAR 传感器接收的是地面目标的后向散射回波信号，在经历包括脉冲压缩、徙动校正等复杂的成像处理之后，接收信号才能变为可视的图像，因此在 SAR 影像中没有光学遥感影像中那样明确的像点物点之间的对应关系。根据所采用的定位模型不同，目前的 SAR 影像几何校正方法大致可以分为两类：一类是雷达共线方程法，另一类是基于 SAR 成像机理的几何校正法。

雷达共线方程法是由光学影像数字摄影测量的共线方程转化而来的，通常是基于简化的雷达成像几何关系建立 SAR 共线方程。虽然有的模型也利用了 SAR 的构像特点（距离方程和多普勒方程），但模型参数的设置及解法仍然是数字摄影测量学的方法。这类方法中，最早的是 20 世纪 70 年代初期的美国陆军工程兵测绘研究所法。Leberl[139] 从雷达传感器成像几何特点出发，基于距离条件和零多普勒条件提出了 Leberl 雷达共线方程法。Konecny[140] 将传统的光学摄影测量方法引入到 SAR 领域中，提出了一种基于共线方程的 SAR 几何校正方法。Toutin[141] 基于传统的摄影测量学提出了有理函数（RPC）模型，该模型不考虑传感器构像几何的物理特性，而是以两个多项式的比值来进行物像空间的转换，所发展的模型可以统一处理光学遥感影像和雷达影像。之后，Toutin 将传统的数字摄影测量方法经过适当改造发展了可以对机载、星载的光学和雷达遥感影像进行统一正射校正及立体摄影测量的模型。该方法的应用在加拿大是非常成功的，而且已发展到实用化的可操作软件的实现和多种增值产品的加工。

基于 SAR 成像机理的几何校正方法是根据 SAR 的实际构像几何关系来建立定位模型的，能正确地校正高差引起的几何畸变，算法的理论基础更加严谨，算法的设计也比较完备。SAR 属于主动成像，可以提供非常精确的 SAR 传感器到地面目标的距离信息和返回雷达信号的多普勒信息，距离多普勒（Range-Doppler，RD）定位模型通过采用严密的距离方程和多普勒方程，可以很精确地将 SAR 传感器位置和地面坐标联系起来，并且是建立在地球椭球模型之上的，因此在 SAR 影像处理领域得到广泛应用。RD 定位模型已经成为所有成功发射 SAR 卫星的标准定位模型。各种 SAR 卫星产品都为采用 RD 定位模型提供基本一致的卫星轨道状态矢量数据、距离向方程参数和多普勒方程参数。RD 定位模型最早是由 Brown[142] 首先提出的。Curlander[143] 在 Brown 工作的基础上发展了其 RD 定位理论，并给出了 3 个作为分析问题出发点的距离 – 多普勒基本方程，即斜距方程、多普勒方程和地球椭球体方程，但并没有给出具体的解算方法。德国遥感数据中心（German Remote Sensing Data Center，DFD）采用了这种正射校正方法，并发展出一套能够全自动生成地理编码 SAR 影像以及其他增值产品的系统。许多新的研究成果仍然在采用这种方法对 SAR 影像进行正射校正。

### 3.2.2　极化处理技术

针对极化信息处理的研究在 SAR 数据处理领域起步较早，20 世纪 40 年代，Sinclair 最早从事雷达极化研究工作，并引入极化散射（Sinclair）矩阵的概念，认为目标对入射电磁波起着"极化转换器"的作用[144]。Kennaugh[145] 在其论文中提出"最优极化"，指出任何确定目标都存在接收天线最大或最小功率对应的极化状态。之后，Graves[146] 在 Kennaugh 的工作基础上，提出了 Graves 功率矩阵。在求最优极化时，经常要用到该矩阵。这段时期是雷达极化理论创立的初期，为今后雷达极化研究的发展打下了坚实的基础。之后的十多年时间，受雷达系统的技术水平的限制，雷达极化研究进入低潮。一直到 20 世纪 70 年代，雷达极化学的另一位开创者 Huynen[147] 发表了他的博士论文《雷达目标唯像学理论》，掀起了该领域的研究热潮。Huynen 在论文中首次提出雷达极化目标分解理论，将目标的 Muller 矩阵分解成两部分之和，其中一部分对应于纯目标，另一部分对应于被称为"N-target"的目标。该分解对后续的极化分解理论产生了重大影响；论文还对目标的散射矩阵按照一定规则操作，得到目标幅度、方位角、跳跃角、螺旋角和特征角 5 个参数，这些参数与目标的物理特征密切相关；同时 Huynen 在 Kennaugh 的工作基础之上，提出了 Huynen 极化叉的概念。Boerner[148] 意识到 Kennaugh 和 Huynen 在雷达极化领域做出的研究的重要性，将他们的工作从静态、单站推广到非静态、多站情形。此后，越来越多的学者加入极化 SAR 的研究队伍，极化 SAR 的研究领域也越来越宽。与极化 SAR 数据处理相关的领域可大致概括为以下几个方面：

### 3.2.2.1 极化 SAR 数据预处理技术

极化 SAR 图像的统计模型是后续步骤的基础。在分辨率比较低的情形下，常常假设散射矢量服从复高斯分布，相干矩阵服从复 Wishart 分布。对于高分辨率 SAR 图像或者纹理性较强的情形，可以用 K 分布或更复杂的分布来建模。由于合成孔径雷达是一种相干成像系统，单个分辨单元内聚集的大量随机散射中心的回波相干叠加，在图像中常常表现为相干斑噪声。相干斑的存在，会对后续的图像解译造成严重的影响。对于单极化 SAR 图像，相干斑噪声符合乘性噪声模型。对于全极化 SAR 图像，一般认为相干矩阵主对角线上元素符合乘性模型，非对角线元素符合乘性与加性复合模型。基于最小均方误差准则，Lee[149] 提出了经典的 Lee 滤波算法。在此基础上结合目标的边缘信息，又发展出精细 Lee 滤波。为了在滤波过程中保持像素的极化特性，选择极化性质类似的像素参与滤波，根据这一思想 Lee 和 Lopez[150] 提出了基于模型的滤波方法。对于非匀质区域，Buades[151] 将非邻域的滤波方法引入极化 SAR 图像斑点滤波中，取得了很好的滤波效果。

### 3.2.2.2 极化 SAR 图像分类技术

根据有无先验知识，极化 SAR 图像分类算法可以分为有监督的分类算法和非监督的分类算法。麻省理工学院（MIT）的 Kong 教授[152] 是第一个从事极化 SAR 图像分类的学者。对于单视极化 SAR 图像，在最大后验概率准则下，Kong 定义了像素到每个类中心的距离，像素被分配到最近距离的那一类。Lee[153] 将该算法推广到多视极化 SAR 数据，成为经典的 Wishart 分类器。对于分布比较复杂，散射机制不明确的情形，Pottier 等[154] 认为可以通过给定训练样本的"学习"，借助人工神经网络方法进行分类。非监督分类无须人工参与，可以自动进行分类，一直是人们追求的目标。Van[155] 根据入射波和散射波的相位关系和自旋状态，将目标分为 4 类：奇次散射目标、偶次散射目标、混合目标和不可分目标。Cloude[156] 对相干矩阵进行特征值分解，定义了散射熵（H）和散射角（α），将 H-α 平面分成 8 个区域，不同区域对应于不同的散射机制。H-α 分类的结果也可以作为 Wishart 分类器的初始值，设定一定的终止条件，经过若干次迭代输出分类结果，Lee[157] 提出了一种极化特性保持的分类方法，在该方法中，先对每个像素目标进行 Freeman 分解，确定奇次散射、偶次散射和体散射目标，然后对这三类目标分别进行 Wishart 分类。

### 3.2.2.3 极化 SAR 目标检测技术

极化 SAR 检测范围很广，根据不同应用背景，可以分为舰船检测、海面溢油检测、机场和飞机检测、油罐检测、道路检测、边缘检测、图像的变化检测等。以舰船检测和海面溢油检测相关研究为例，一般认为，舰船目标像素极化总功率比较大，在图像中表现为"亮点"；背景杂波多呈现表面散射特征，在图像中多呈现为"暗区域"。在舰船检测算法中，功率检测器是最基本也是最重要的一类检测器。Novak[158]提出利用极化白化滤波器（PWF）来抑制相干斑并讨论了 PWF 检测器的性能。Touzi[159]利用机载 CV580 验证了在低入射角下，极化熵和极化反熵是舰船检测的重要参数。Liu[160]提出了最大似然检测器，该检测器适用于单、双、全极化单视 SAR 图像。在高分辨率条件下，图像中的舰船目标往往表现为多个像素组成的目标区域，Sciotti[161]提出了 G–GLRT 和 PG–GLRT 算法。此外，还有基于极化散射矩阵相干分解的方法[162]。SAR 在溢油检测应用中大有作为，是源于 Marangoni 效应。概括地说，就是油膜覆盖在海面上，改变了海面的表面张力，衰减了布拉格共振，从而改变了海面的粗糙度，在海面上多表现为一片比较灰暗的区域[163]。Marangoni 效应与波长有关，波长越短，这种阻尼越强，因此，X 波段或 C 波段的海面与油膜对比度比 L 波段更明显[164]。基于这种衰减差异，结合模糊聚类、形态学以及水平集等算法，Huang[165]提出了单极化 SAR 图像的溢油检测算法。实际上，海面上不单是溢油现象会造成灰暗区域，其他海洋现象（包括低风速区、海上生物群形成的自然油膜、浅海地区、海洋气流等）也会在图像上呈现灰暗特征，在油膜检测中这些统称为油膜类似物[166]。因此，如果仅仅考量后向散射系数这一指标来进行溢油检测，必然会导致很高的虚警率。如何借助极化这一工具，区分油膜和油膜类似物已经成为极化 SAR 溢油检测的一个热点。在这方面，Migliaccio 做了很多工作，分别提出了用特征值分解[167]、共极化通道相位差（CPD）[168]、Muller 矩阵滤波[169]等方法。Fiscella[170]等通过定义 Mahalanobis距离，结合最大似然的办法，区分油膜。之后，这一思路被 Nirchio[171]通过多元自回归的方法得到进一步改进。

### 3.2.2.4　极化 SAR 目标散射机理分析技术

无论是极化 SAR 分类还是检测，都是对目标散射特性进行准确描述，提取相应的参数（如：极化总功率、散射熵等），结合适当的算法，达到实际应用的目的。因此，对目标散射特性分析是极化 SAR 应用的关键。极化分解是散射特性分析最重要的手段。所谓极化分解就是将一个复杂目标分解成多个简单目标之和的形式，有助于人们对目标的散射特性的理解。

极化分解可以分成两大类：基于单视图像的相干分解和基于多视图像的非相干分解。前者是对极化散射矩阵的分解，后者是对相干矩阵（或相关矩阵、Kennaugh 矩阵、Muller矩阵）的分解。相干分解主要包括 Huynen 相干分解、Pauli 分解[172]、Krogager 的 SDH分解[173]、Cameron 分解、Touzi 的 SSCM 分解[174]。非相干分解包括前文提到的 Huynen非相干分解、Cloude 的 H–α 分解[175]、Freeman 的三成分分解[176]和两成分分解[177]、Yamaguchi 的四成分分解[178]等。

Huynen 相干分解是在解 Kennaugh 共轭特征方程的基础上，通过散射矩阵酉相合变换，完成散射矩阵对角化。当入射波的 Jones 矢量等于最大共轭特征值对应的共轭特征向量时，接收功率达到最大。通过 Huynen 分解得到的 5 个特征参数与目标的材质、结构、姿态有直接关系。Pauli 分解是将目标分解成球、二面角和 45°二面角三种散射成分之和的形式。这种分解方法简单，物理意义明确，是应用最广泛、最重要的一种分解。SDH 分解是将相干目标分解成球体、二面角和螺旋体 3 种成分之和的形式。值得注意的是，球体和二面角以及螺旋体成分是正交的，但二面角和螺旋体成分并不正交。SDH 分解的一个重要特点就是 3 种成分的大小是旋转不变的，因而这 3 个值也常常用 Huynen 参数来表示，从而 SDH 分解很容易推广到多视情形。Cameron 分解基于极化 SAR 常用的两大假设：互易性假设和对称性假设。前者在单站条件下成立，后者适用于分析自然目标。根据互易分量与散射矢量的夹角，以及最大对称分量与互易分量的夹角，确定目标为 8 种散射类型之一：非互易、非对称、三面角、二面角、偶极子、圆柱体、窄二面角、1/4 波子。Huynen 非相干分解是建立在以下两点的基础之上的：一是部分极化电磁波可以分解成完全极化和完全非极化电磁波之和的形式；二是如果以完全极化电磁波对目标照射，单目标将会散射完全极化电磁波，N-target 目标将会散射完全非极化电磁波。基于以上两点考虑，Huynen 将非相干目标的 Muller 矩阵分解成单目标和 N-target 目标的 Muller 矩阵之和的。Cloude 的 H-α分解是一种基于特征值的分解，将复杂目标的散射机制表示为 3 种正交的散射机制之和的形式。该分解导出的散射熵、散射角和极化反熵在极化 SAR 图像处理中得到广泛应用。Freeman 三成分分解是一种基于模型的分解，将目标相干矩阵分解成体散射、奇次散射、偶次散射 3 种成分之和。在满足反射对称性条件如森林植被地区，该分解应用非常成功。针对该分解有两种改进算法，分别是 Freeman 的两成分分解和 Yamaguchi 在此基础上增加了螺旋体成分的四成分分解，直接从散射矩阵中提取参数，是刻画目标散射特性的另一种常见的手段。

总之，极化 SAR 目标散射特性描述是个非常复杂的难题。目前，该方向面临的主要问题有以下两方面：第一，由于 SAR 成像系统非常复杂，只要有一个参数改变，目标的散射特性就可能发生很大变化，因此很难从成像的角度分析目标散射特性；第二，随着极化 SAR 的分辨率越来越高，目标和背景杂波已经不能用高斯分布来建模，需要寻求更精确、复杂的模型。

### 3.2.3 干涉处理技术

合成孔径雷达干涉测量技术发展于 20 世纪 60 年代末。它利用两幅合成孔径雷达图像中的相位信息获取大范围、高精度的地表三维信息和变化信息。其中获取地表形变的技术被称为 InSAR 技术，又被称为 DInSAR。经过几十年的发展，InSAR 拥有了多波段（X/C/L）、多极化（HH/HV/VH/VV）、多分辨率（30m/3m/1m）的丰富数据源，并在 DEM 获取、地图测绘、地球动力学和海洋环境监测中得到了广泛应用。但是在长时间序列的缓慢地表形变监测方面，传统的 InSAR 技术存在 3 个难以克服的局限：由于不同地物随时间变化产生的时间去相干，由于卫星多次观测的几何变化尤其是空间基线的变化产生的空间去相干以及由于大气本身的非均质性和随时间剧烈的变化性导致的大气延迟相位的影响。除此之外，InSAR 处理还受系统热噪声等因素的影响，因此 InSAR 自身的局限性也大大阻碍了其大规模的应用。为克服传统 InSAR 技术存在的局限性，永久散射体技术（Persistent Scatterer Interferometry，PSI）、时间序列 SAR 干涉技术（Multi-Temporal InSAR，MTInSAR）、分布式目标（Distributed Scatterers，DS）等得以发展。

由 Ferretti[179] 等人提出的永久散射体技术，以单一影像作为主影像，生成序列差分干涉图，根据振幅离散指数从一组时间序列 SAR 图像中选取在观测时间内相位保持稳定的点作为永久散射体（Permanent Scatterers，PS），即 PS 点，并从 PS 点中获取可靠的相位信息，利用形变模型反演地表的线性速率、形变时间序列和高程残余误差等信息。这些 PS 点受空间、时间去相干和大气延迟的影响小，往往小于分辨单位，主要对应于二面角散射体和单次强散射体，如人工建筑、裸露岩石等[180]。为保证振幅离散指数的可靠性，该方法需要较多的 SAR，一般不少于 30 幅。德国宇航局（DLR）的 Kampes[181] 等人提取的 STUN 算法是在永久散射体技术的基础上发展起来的另一个改进算法。

自意大利米兰理工大学的 Ferretti 提出永久散射体技术以来，时间序列 InSAR 技术得到了快速发展。之后又提出了许多代表性的方法，其中最具代表性的方法主要有小基线集（Small Baselines Subset Algorithm，SBAS）方法、SqueeSAR、QPS 等。时间序列 InSAR 与传统 InSAR 的显著不同是它利用在长时间范围内相位和幅度变化稳定的点的相位特征，实现大气效应的消除，获得高精度的地表形变信息，从而实现长时间尺度上的地表形变分析。

分布式目标（Distributed Scatterers，DS）主要对应于中等相干的地面物体，由均匀分布在分辨单元内的散射体构成，广泛分布于非城市地区，并满足复数条件下的圆高斯分布。SBAS 和 SqueeSAR 方法的提出，被用于处理分布式目标。SBAS 方法由 Berardino 等人[182] 提出，用于研究低分辨率、大尺度上的地表形变。该方法和 PSI 方法最大的区别就是采用了多主影像的干涉组合策略，根据干涉图的空间基线和时间基线的最小化原则选择干涉像对的组合，并根据相干系数图，选择高相干点，对所有干涉条纹图进行相位的解缠和定标，最后利用矩阵奇异值分解（SVD）方法求解形变参数和高程误差在最小范数意义上的最小二乘解。SBAS 打破了圆高斯分布的信号平稳性前提条件，使得干涉相位和相干图的估计产生偏差，并最终影响形变的反演结果。部分学者针对这一问题进行了相关研究，主要分为两类：一类根据 SAR 信号的强度特征，采用区域生长法或者邻域统计法，对局部的非平稳信号进行补偿；另一种方法采用外部数据或相位模型去除因地形引起的估计窗口内的相位变化，以邻域统计方法选取分布式目标，利用相位模型进行地形相位补偿，该方法能够有效地去除窗口估计中信号不平稳并补偿窗口内的地形相位影响。

相比之下，Ferretti 提出的 SqueeSAR 技术仍然采用单一主影像进行干涉图组合。它通过自适应的空间滤波选取 SAR 强度相似的点作为 DS。并利用相位三角测量的时间滤波方法对 DS 的干涉相位进行优化估计；然后将 DS 加入传统的 PSI 处理流程中。将 PS 和 DS 点进行公共处理。但是 SqueeSAR 仍有一些限制：首先，其用于 DS 点识别的 Kolmogorov–Smirnov 检验过于简单，并不适用于具有长尾分布特点的雷达信号的统计检验；其次，SqueeSAR 仍然没有考虑那些仅在部分干涉图中保持相干的地物目标，包括点目标和分布式目标，限制了其应用范围。

为进一步推广 InSAR 技术在非城市地区的应用，解决永久散射体目标点密度稀疏的缺陷。Wang 等[183]发展了 QPS 方法，采用类似于小基线集的多主影像干涉组合方法，在形变场和高程误差反演阶段，只有部分可靠的相干图参与了位置参数的估计，并对干涉图进行滤波，使得该方法能够提取到部分相干目标点，在牺牲了一定精度的反演结果的前提下，具备了处理分布式目标的能力。

### 3.3 我国合成孔径雷达数据处理技术发展现状

#### 3.3.1 几何处理技术

SAR 数据几何处理、极化信息处理和干涉测量数据处理技术相对基本成熟[184, 185]，国内摄影测量及遥感学界较早引入了基于 SAR 严密几何模型（距离 – 多普勒模型）的几何校正方法，肖国超基于 Konecny 模型阐述了 SAR 图像几何处理的数学模型，着重对斜距投影公式进行了研究，并利用斜距投影公式进行单片空中三角测量解算。最后，用 SIR–A 获得的 SAR 影像制作了 1 : 10 万比例尺的正射影像图。

张过等[186]在 Toutin 工作的基础上，通过将推扫式光学卫星遥感影像与雷达影像的成像特点进行比照和分析，从理论上阐述了用 RPC 模型替代 SAR 严密几何成像（RD 定位模型）的可行性，并采用了不同分辨率的 SAR 数据进行实验，通过实验证明了无论对高分辨 SAR 影像还是中低分辨率的 SAR 影像，RPC 模型可以取代 RD 定位模型进行 SAR 影像几何校正。但是该方法仍然属于数字摄影测量的方法。这是雷达有理多项式法用于 SAR 影像几何校正在国际上最新的研究成果。

袁孝康[187]首次给出了一种基于 RD 模型的相对位置解析算法，该方法属于直接定位方法中的一种。周金萍等在此基础上发展了一种改进的相对位置解析算法，并将该方法和 ASF 数据处理中心所采用的基于多普勒频率的迭代算法进行了定位精度比较评价，认为所发展的改进的相对位置解析算法可以获得较高的定位精度。张永红[188]在国内较早地开展了对 SAR 影像几何校正原理和方法的研究，在其博士论文中系统阐述了 SAR 影像几何校正的原理和方法，并实现了基于精确轨道参数的 SAR 数据几何校正和基于 SAR 影像模拟的正射校正方法，在国内该领域起到了先驱的作用。陈尔学[189]在其博士论文中，以 ERS-2 SAR 影像作为主要实验数据，实现了利用控制点对定位模型进行优化然后进行正射校正的方法以及基于 SAR 影像模拟的正射校正方法，对已有的基于 RD 定位模型的 SAR 影像几何校正方法进行了比较好的总结。完成的各种算法最终在雷达遥感信息处理应用软件 SARINFORS 中编码实现，可以支持现有的主要 SAR 数据产品类型。

### 3.3.2 极化处理技术

我国在极化 SAR 领域的研究起步晚。但是，最近 30 年我国在极化 SAR 理论研究方面发展迅速。清华大学的杨健教授在解决目标最优极化对比增强领域做了突出贡献，获得 Boerner、Mott 等资深专家的肯定。他的贡献还有，对 Huynen 分解进行了改进，提出了 Yang 分解定理[190]；提出了广义最优极化对比增强理论，并用于舰船检测[191]。安文韬对三成分分解进行了改进，解决了分解过程中出现的负功率问题[192]；陈炯首次将非邻域的滤波方法应用于极化 SAR 去斑，取得了很好的滤波效果[193]。复旦大学的徐丰提出了一种去定向的新方法，利用该方法提取出了 3 个新参数结合散射熵用于地物分类[194]。成都电子科大的刘国庆将 PWF 推广到多视极化 SAR 数据[195]，PWF 滤波后只输出一个通道，针对这种情况，国防科大的吴永辉将 PWF 改进成多通道的 PWF[196]。哈尔滨工业大学的张腊梅提出了多成分散射模型，该模型适合于在高分辨率条件下对人工目标描述[197]。国防科大的庄钊文、王雪松科研团队在雷达的瞬态极化做了很多扎实广泛的研究应用工作[198]，周晓光在极化 SAR 的统计模型与分类算法的研究非常细致[199]。中科院电子所的种劲松研究员长期致力于舰船检测算法研究与实现[200]。中科院遥感与数字地球研究所邵芸研究员利用极化 SAR 围绕水稻监测等开展了大量的技术方法与应用研究[201~204]。

我国是工业比较齐全的科技大国，已经有自己的极化 SAR 系统。多家单位具备研制机载或星载极化 SAR 的能力，中科院电子所及中电 14 所、38 所等单位在这方面都有很丰富的经验。相信在不久的将来，我国将会出现多款功能齐全、性能优越的机载和星载极化 SAR 系统，在国际舞台上占有一席之地[205]。

### 3.3.3 干涉处理技术

PS-InSAR 技术不是针对 SAR 影像中的所有像元进行数据处理，而是选取在时间上散射特性相对稳定、回波信号较强的 PS 点作为观测对象。这些 PS 点通常包括人工建筑物、灯塔、裸露的岩石以及人工布设的角反射器等。PS 点的准确选取可以确保即便在干涉对的时间或空间基线很长的条件下（甚至达到临界基线），PS 点依然呈现出较好的相干性和稳定性。常用 PS 点选取方法包括振幅离差阈值法、相干系数法、相位分析法，以及这些方法的组合等。而形变和地形残差解算通常采用解空间搜索法、LAMBDA 方法和 StamPS 中的三维解缠法等。

针对 SBAS-InSAR 技术各国学者展开了许多研究。在高相干点选取方面主要有相位稳定性选点法、振幅离差指数选点法、空间相干性等方法；在形变观测的数学模型选取方面，主要有线性模型、二阶多项式形变模型、周期性形变项等；在参数估算方面主要有最小二乘法、SVD 法、基于 L1 范数的解算方法等。

自发布第二代永久散射体技术 SqueeSAR 以来，时序 InSAR 领域的研究热点逐渐转向对分布式目标（distributed scatterer，DS）的探索。SqueeSAR 的技术要点包括：①通过同质点选取算法增强时序 InSAR 协方差矩阵的估计精度，并同时辅助 PS 与 DS 目标的分离；②通过相位优化算法从协方差矩阵中恢复时序 SAR 影像的相位。在第一个步骤中，其前提条件是相同 SAR 影像质地的像素具有相同相位中心，因此在时序统计推断的框架下，选取具有相同 SAR 统计分布的像素参与平均不仅可以提升相位信噪比，还能保留图像的空间分辨率。相比之下，SBAS 多采用常规多视处理或空间（自适应）滤波，是一种以牺牲空间分辨率为代价换取相位质量提升的方法。在优化 DS 之后，与 PS 目标一起融入传统 PS-InSAR 数据处理框架就可以获得精度更高、空间分辨率增强的时序形变产品。

国内也有许多学者先后利用 MT-InSAR 技术对城市区域性沉降和基础设施形变进行了研究。如对 PS-InSAR 技术方法和应用前景的总结和展望为国内 InSAR 研究提供了参考；PS-InSAR 技术应用在苏州地区沉降监测。其监测结果经与水准数据对比达到高度一致；网络化思想引入 MT-InSAR 研究中提高了解算的连通性；大范围的区域性 InSAR 沉降监测结果为全国地面沉降调查提供了重要的参考资料；多项式模型替代线性模型被引入 PS-InSAR 中，并对太原地区沉降进行了监测；MT-InSAR 技术用于监测青藏高原冻土沉降和青藏铁路的路基稳定性，并分析两者的相互影响关系；小基线法分析了地下煤火引起的地面不稳定性问题，同时也应用于湿地水位监测，学者提出了基于分布式散射的干涉测量湿地水位反演技术，获取了芦苇湿地高分辨率的水位数据；结合实测的多期水深数据，进一步实现了从水位到水深的转化，满足了生态学家评价湿地生态健康状况对高分辨率时间序列水深图的需求。目前 MT-InSAR 技术已经开始在各种基础设施监测中使用，包括铁路、公路、大坝、桥梁、房屋、机场、地下水开采区、人工边坡等。同时在不同类型的基础设施监测中又面临各种问题。

### 3.3.4 GF-3 数据处理技术

高分三号卫星是中国首颗分辨率达到 1m 的 C 频段多极化合成孔径雷达成像卫星。针对 GF-3SAR 数据处理的研究主要涉及 GF-3 卫星高分辨率成像处理技术和 DEM 生成技术等。

高分辨率成像处理是基于雷达信号处理的方法，将雷达回波信号数据处理成为 SAR 影像产品，一直以来是星载 SAR 地面处理的难点和热点之一。GF-3 卫星具备高分辨率滑动聚束工作模式，传统成像处理算法均无法适用于该模式。北京航空航天大学结合斜视距离等效模型和方位子孔径技术，研究了高分辨率星载聚束式 SAR 改进 ECS 成像算法，通过仿真数据验证了算法的有效性；中科院电子所研究了基于方位频率去斜的滑动聚束 SAR 成像算法，该方法将频率去斜原理应用于滑动聚束成像，以克服方位频谱混叠的问题，通过点阵目标的仿真结果验证了算法的有效性；星载 SAR 滑动聚束回波数据一方面在方位向上是被欠采样接收，另一方面成像时间和合成孔径时间都更长。针对这两方面特点，中国资源卫星应用中心研制建设的 GF-3 卫星地面处理系统采用了结合空变校正等效距离模型和方位向频率去斜的 DCS 成像处理技术，不仅消除了被照射目标成像模型的方位时变性，使成像模型在方位向上实现一致化，而且通过与采样频率高于多普勒总带宽的参考信号进行卷积，解决了方位欠采样而导致的频谱混叠问题的同时，获得了米级的高分辨率SAR影像。

DEM 生成是 SAR 应用的重要领域之一。在基线长度确定的情况下，若不考虑其他误差及形变的影响，SAR 雷达影像干涉相位与观测区域高程线性相关。因此，只要选取合适基线长度的 GF-3 影像进行干涉，去除误差相位就能获取目标区域的地形信息。国土遥感卫星应用中心李涛等对多视系数和提取 DEM 精度之间的关系进行分析，选取较低的多视系数能够有效提高反演 DEM 分辨率和精度，但多视系数过低会导致干涉图相干性下降，甚至无法获取可靠结果。如何平衡多视系数与影像相位梯度之间的关系是该技术的难点之一。干涉影像基线长度的选择是 DEM 反演的另一个难点，雷达影像基线越长，干涉相位对高程变化越敏感，与此同时干涉影像的相干性越差。因此为了满足差分干涉技术相干性的需求并获取高精度的 DEM 结果，需要合理选择基线长度。为了解决上述问题，资源卫星应用中心基于 GF-3 卫星数据开展研究，选取不同基线长度、多视系数反演赤峰地区DEM，并用 SRTM 数据进行验证，取得较好结果。

## 3.4 我国合成孔径雷达数据处理技术发展趋势与对策

随着卫星载荷平台 SAR 观测技术理论和方法的提高，人们对 SAR 数据处理技术提出了更高的要求。目前的 SAR 数据处理技术已取得巨大进步，人们也越来越重视其潜在的应用前景。但是，雷达侧视成像性质和地形起伏的影响导致 SAR 图像的几何畸变非常复杂，大大影响了 SAR 图像的应用。几何精校正是 SAR 图像广泛应用的前提，但是校正过程中需要大量地面控制点（GCPs），以往的人工选点方法费时费力。因此，构建高精度地面控制点数据库是 SAR 几何校正的关键技术。

双站合成孔径雷达（BISAR）指的是收发分置的合成孔径雷达系统，与传统的单站SAR 相比，双站 SAR 具有很好的技术优势：比如作用距离更远、获取信息更丰富、机动性和隐蔽性更高，抗干扰和抗截获性能更好，因而生存能力强。这些优势使得双站 SAR在军事应用、资源调查、地壳变形监测等方面有着广阔的应用前景。因此，需要根据双站SAR 成像过程中发射机和接收机的几何关系以及等效相位中心原理，建立几何失真校正的数学模型。

大前斜合成孔径雷达具有提前探测目标的能力，与正侧视 SAR 相结合，可以大大增加 SAR 的灵活性和可探测的角度范围，并且能够获得目标多角度的散射特性，增加雷达对目标的识别能力，在多个领域尤其是军事侦察方面有着重要应用。大前斜 SAR 的主要特点是距离徙动大，导致距离向和方位向的二维耦合严重，并且大前斜 SAR 所搭载的平台往往具有运动复杂、惯导精度低等特点，传统的 SAR 成像技术已不能满足其需求。因此，针对大前斜 SAR 成像的特点，值得进行进一步深入的研究。

对于 SAR 极化数据处理技术研究，极化 SAR 目标散射特性描述仍然是一个复杂的难题。目前，该方向面临两方面的问题：第一，由于 SAR 成像系统非常复杂，只要有一个参数改变，目标的散射特性就可能发生很大变化，因此很难从成像的角度分析目标散射特性；第二，随着极化 SAR 的分辨率越来越高，目标和背景杂波已经不能用高斯分布来建模，需要寻求更精确、复杂的模型。

另外，目前极化 SAR 有一个新的研究动向是：将极化 SAR 目标分解模型引入极化干涉 SAR 以及三维和四维 SAR 当中以提高信息获取的精度。如，Ballester-Berman 和 Lopez-Sanchez 将 Freeman-Durden 极化分解概念应用于极化干涉 SAR 中，从而可以将干涉相干表示为直接散射、二面角散射和随机体散射三种散射过程的和。

对于极化信息与干涉信息相结合，目前已经利用极化干涉机理在 L、P 波段上，用于植被参数反演，但目前反演模型和方法存在一定的局限性。其一，模型没有很好地解决时间去相干问题，对于重复轨道时间去相干影响严重；其二，RVOG、OVOG 模型对多层林层的结构形态描述不够合理，影响了植被参数反演精度；其三，现有方法多针对森林参数反演，对 C、X 波段用于低矮植被参数反演研究不足。因此，针对上述 3 个极化干涉技术的局限性，极化干涉研究趋势是构建适合不同植被，以反演不同植被参数为目的的相干散射模型，其次是发展针对低矮植被更加稳健的反演方法，以及发展适合不同植被的时间去相干算法，以便实现植被参数的高精度反演。

对于极化信息与三维和四维 SAR 相结合，可以获得目标精细结构、物理成分和空间分布信息，区分不同高度多个散射体，监视散射体的空间位置变化情况等，是未来 SAR 发展的一个重要方向。该技术已成功应用于城市三维重建、城市地表沉降和森林参数估计等领域，在地质学、冰川学及地下埋藏物体的探测方面都有着巨大的应用潜力。

另外，作为传统极化 SAR 信息的一个子集，紧缩极化 SAR 具有幅宽大、设计和实施简单、可用于对月及行星探测、可以提高距离模糊度、有利于消除由于电离层效应引起的法拉第旋转的影响等优点。但目前存在的问题有：不能完全重建极化信息、重建算法有待进一步改进、需要发展更为强劲的紧缩极化 SAR 定标方法、不同模式的紧缩极化 SAR 应用分析需进一步加强、针对具体应用的不同紧缩极化模式与极化模式的比较和分析也需进一步研究、地形对紧缩极化 SAR 测量的影响还需进一步评价。总之，紧缩极化 SAR 是目前新一代 SAR 的一种模式，结合特定的应用需求，还需进一步的深入研究。

星载 SAR 大数据处理系统随着国外 SAR 卫星数据的开放，国产高分三号卫星的成功发射及多颗国产 SAR 卫星的立项，尤其是欧空局 Sentinel-1 数据的免费开放，现在 SAR 数据以每天 TB 量级接收，未来会达到每天 PB 的量级。SAR 卫星的成像质量和时空分辨率等越来越高。如何进一步挖掘 SAR 数据的时空几何物理特性在 InSAR 误差改正和多源融合等方面的潜力，实现高精度三维时序变形监测和精度评定，如何将海量 SAR 数据进行快速分布式处理，是我国合成孔径雷达数据处理技术发展趋势。通过优化使用干涉处理中图像配准、噪声滤波和相位解缠等若干关键算法，标准化定制数字高程模型、大气预报数据和数值化位移图分布图收集处理流程，通过标准化处理、并行计算提高干涉测量数据处理效率是我国合成孔径雷达数据处理技术发展趋势。目前国内已有科研机构开展了相关的研发工作，形成了一系列的自动化干涉测量系统（例如 AISAR）。

借助 SAR 形变数据进行灾害信息的深度挖掘及早期预警是 SAR 数据干涉技术发展的重要趋势，MT-InSAR 能够及时提取基础设施、地质灾害体等已经发生的变形信息，但是如何利用这些信息进行灾害预警还需要结合当地的水文、工程、气象等专家知识进行进一步同化与信息挖掘。随着人工智能，尤其是深度学习的快速发展，利用 MT-InSAR 监测的形变信息进行基础设施、地质灾害体等危险的早期预警已经成为未来重要的研究方向。

## 4　激光雷达技术

### 4.1　激光雷达数据特点

激光雷达是一种通过主动发射激光到达物体表面，并反射回激光源的测量方法。利用激光测距原理，非接触式扫描得到被测物体表面大量的密集的点的三维坐标和反射率等信息。可以高密度、高精度、实时的获取物体表面的点云（3D 坐标和灰度值等），不受光照条件影响，实现了"所见即所测"，弥补了传统测绘技术采样点少和信息采集不足，为遥感科学提供了一种有力的理论技术方法。

激光雷达系统包含数据采集的硬件部分和数据处理的软件部分。按照载体的不同，激光雷达系统又可分为机载激光雷达（airborne laser scanning，ALS）、车载激光扫描（mobile laser scanning，MLS）、地面三维激光扫描（terrestrial laser scanning，TLS）和手持型激光扫描仪几类。简单来讲，其精度受硬件设备自身精度、被扫描物体特性、大气相关特征和空间布局四部分影响。激光点云精度和使用范围受 FOV、激光发射频率、扫描速度、扫描间距、点密度、激光斑大小、激光发散角和回波信号等决定。

机载激光雷达由主要由 GNSS、惯性测量装置（Inertial Measurement Unit，IMU）和激光扫描组成。其扫描所得的数据由地球表面三维信息和灰度值的离散点组成。扫描方式包括线扫描、圆锥扫描和光纤扫描方式。比如，加拿大 Optech、瑞士 Leica 使用的是线扫描方式，奥地利 Riegl 使用的是圆锥扫描方式、德国 toposys 使用的是光纤扫描方式[206]。其精度一方面受 GPS、IMU、激光自身和时间同步的限制，另一方面，受地形起伏、大气条件、航线设计等外部条件限制。垂直精度 15~50cm 之间（1000m 高度为例）。在电力线巡检、海岛及带状地物测绘等大面积工程，机载激光雷达具有显而易见的优势[206]。其缺点在于设备昂贵，飞行航线受限较多，点密度有限。ALS 经过重复航线，所获取数据可用于制作 1∶500 及以下比例尺地图。应用方面，较多集中于林业等大面积工程应用中。同时，机载式从高空俯视采集数据点云稀疏，缺少细节信息，因此，也常与其他来源数据结合，用于电力线提取、新增面积统计、受灾评估等。

车载激光扫描技术（国内也叫移动测量系统，MMS）由 GNSS、IMU、车轮编码器、影像采集系统和激光扫描仪组成，基于时间同步原则，自动、连续、实时的获取移动平台的定位信息和周边地物表面的三维空间信息的一套数据采集系统[207]。多源数据整合后，点云精度可达到 5cm。目前，较多应用于狭长设施的测量，比如公路巡检、隧道检修等工程。一般来讲，这类工程对于点密度要求比 ALS 高，精度需求比 TLS 低，MLS 是最为适合的技术手段之一。但是，数据繁多和提取自动化程度较低导致其应用中存在许多困难。MLS 数据在处理时，有以下特点：①受搭载平台角度和高度所限，所采集数据受遮挡较严重，比如道路两侧被植被遮挡；②常需结合其他同步采集数据，比如 GPS 和街景，进行数据预处理，获取路面及路边设施点云；③数据质量（密度、精度）受搭载平台行车速度影响较大；④数据量大，冗余信息多。这些特点是 MLS 数据处理时所需关注的，并需结合这些特点，构建合适的数学模型。

地面三维激光扫描仪可获取相对高密度和高精度的点云，结构紧凑，体积也相对较小，适合小范围的三维数据采集，测量距离从几米到千米不等。扫描速度快，大大提高了外业效率。目前 Riegl、Faro、Leica 等仪器生产厂商提供了型号众多的产品供选择。因不同产品性能参数由较大差异，根据扫描精度和距离等，选择合适的产品往往事半功倍。TLS 因其特点，在数据处理时有其鲜明侧重点：①因单个测站扫描范围有限，往往需要多测站拼接；②点云精度和密度比 MLS、ALS 高出不少，因此常用于变形监测和滑坡等需要较高数据精度的工程应用中。

点云数据处理商用软件方面，软件主要 TerraSolid、Trimble 公司的 RealWorks、Leica 公司的 Cyclone、Bentley 公司的 Pointools、OrbintGT 公司的 Orbit Mobile Mapping、Microstation、Geomagic studio、Autodesk Recap、QuickTerrainModel、Cloud Compare 等，以及国内科研院所和公司开发的一些工具软件。商用软件更多侧重于数据前期处理方面，针对性不足；原始点云虽然可以获取物体表面 3D 信息，但海量点云存在冗余和噪点，离散点之间没有拓扑关系；不同时期离散点云没有直接的一一对应关系，无法直接比较和计算。这些因素和特点决定了激光雷达数据所获取点云需要科学的数据处理模型和方法，并很大程度上影响了其应用和扩展，因此 LiDAR 技术数据在农业、自动驾驶、地质灾害评估、军事、采矿、机器人、测量、道路现状评估、岩石力学、文物古迹保护、室内设计、建筑监测、交通事故处理、法律证据收集、船舶设计、等领域应用有广泛的探索和应用。

## 4.2　激光雷达数据处理技术国外研究现状

Abellan 等[208]在 Web of Science 中统计了近几十年 LiDAR 技术的发展变化，指出 20 世纪 90 年代之后 LiDAR 技术有了爆炸式增长。为了统计点云技术相比其他技术的增幅，研究人员将跟点云相关文章与地球科学领域总的发表文章进行相除，作为评价点云研究热度的指标，结果显示：点云技术增幅明显高于其他地球科学技术；并且，最近几年数据显示，所有地球科学领域研究成果中，跟 LiDAR 技术相关成果已达到 2%。

仪器生产厂家和科研人员对地面三维激光扫描点云的误差来源（比如入射角误差）分别从定性和定量角度做了很多研究。比如，Roca-Pardina 等[209] 通过 Monte Carlo simulation 构建了距离和入射角影响下的地面三维激光扫描测量误差模型。基于扫描全站仪，Miriam 等量化评估了入射角变化下的系统距离偏差。实际工程中，一般采集多个测站数据，通过多测站点云的叠加，某种程度上降低了入射角等误差的影响。

结合 MLS 技术的道路特征提取方面，研究人员通过分割和回归等算法，计算道路坡度、超高等参数[210, 211]，可服务于生成精细的道路现状图和道路改扩建。Rodríguez Cuenca 等[212] 基于几何指标提取路面数据，进而提取柱状道路设施。在分离出柱状物体基础上，Ordonez 等使用线性判别分析和支持向量机来区分不同种类柱状道路设施。

LiDAR 技术在林业中也有很多有意义的研究和应用。为了评估地面以上的树木生物量，Wilkes 等[213] 使用 Riegl 扫描仪在 5 年时间内在 27 个场地进行了数据采集，在考虑多测站布局和基准转换等大面积场景下，致力得到树木几何模型度量。类似的，TLS 技术可应用于树干面积和倒地树等估计。ALS 在预测生物量方面，也有不少探索和尝试。Ene 等[214] 基于国家森林统计数据，使用 ALS 采集不同年份数据来辅助统计，极大提高了数据统计的有效性。ALS 数据因其覆盖范围大，且同时可获取高程信息，在森林覆盖度高的国家和地区得到了较多关注，类似研究可参见相关文献[215-217]。

Wunderlich 等[218] 梳理了目前点云变形监测中存在的问题，尤其是严格意义上的变形监测和置信度测试，并提出了改进方法。为了对比不同时刻同一目标物的变形，研究人员点云处理方法分为点 – 点、点 – 面、面 – 面三类。地面三维激光扫描仪在隧道等应用，由于不受光照等限制，有很大应用潜力。但是存在着一些瓶颈问题，比如，受扫描视角影响，有些断面信息获取不全；地下空间潮气和灰尘等影响，会使得仪器扫描距离下降。更重要的是，隧道变形值往往较小，在毫米级，而多站拼接和构建模型后的点云精度能否明显高于变形值，很大程度限制了该技术在隧道变形监测中的应用。

数字地面模型是各种地学过程研究的基础，利用 LiDAR 技术观测地表形态及其变化，已被广泛用于各类地学应用。Cian 等[219] 基于 LiDAR 和 SAR 图像两种技术，估计洪水深度，用于评估洪灾破坏下的人财物损失，为管理部门提供技术支持。冰川变化影响生态平衡，通过 LiDAR 技术计算冰川变化（Radić 等[220]），滑坡灾害区域时空变化监测（Jebur 等[221]），海岸线提取和海岸侵蚀监测[222, 223]，电力线及其附属设备的几何形态参数[224] 等。

城市形态分析对城市规划设计与管理具有重要意义，传统手段难以监测城市形态的垂直结构及其演化，激光雷达可以快速获取城市三维形态，为更精细的城市形态分析提供基础，满足基于城市形态的各种应用需求[225]，如基础设施管理、太阳能潜力估计等[226]。

近年来，深度学习进入飞速发展时期。该方法起源于处理二维图像，但在 3D 点云应用中缺乏结构化网格来帮助 CNN 滤波器。而且，点云本质上是一长串点，在几何上，点的顺序不影响它在底层矩阵结构中的表示方式。这两点导致了应用深度学习的直接方法是将数据转换为体积表示，例如体素网格。这样可以用没有神经网络问题的 3D 滤波器来训练一个 CNN（网格提供了结构，网格的转换解决了排列问题，体素的数量也是不变的）。但是，体积数据可能变得非常大，非常快。这是很大的数据量（尽管 GPU 一直在发展），也意味着非常缓慢的处理时间。因此，通常需要妥协并采取较低的分辨率，但是它带来了量化误差的代价[227]。2017 年起基于点的方法有了大幅度的增长。

Qi 等[229]提出 PointNet 方法直接从离散点云中提取特征信息，实现室内多目标物体的自动分类。作者分别在每个点上训练了一个 MLP（在点之间分享权重）。每个点被"投影"到一个 1024 维空间。然后，用点对称函数（max-pool）解决了点云顺序问题。这为每个点云提供了一个 $1 \times 1024$ 的全局特征，这些特征点被送入非线性分类器。利用 T-net 解决了旋转问题。它学习了点（$3 \times 3$）和中级特征（$64 \times 64$）上的变换矩阵。另外，由于参数数量的大量增加，引入了一个损失项来约束 $64 \times 64$ 矩阵接近正交。也使用类似的网络进行零件分割。也做了场景语义分割。实验显示，对 ModelNet40 数据集的准确率高达89.2%。

在 PointNet 之后不久，Qi 等[230]引入了 PointNet ++。它本质上是 PointNet 的分层版本。每个图层都有 3 个子阶段：采样、分组和 PointNeting。在第一阶段，选择质心，在第二阶段，以周围的邻近点（在给定的半径内）创建多个子点云。然后将它们给到一个 PointNet 网络，并获得这些子点云的更高维表示。然后，重复这个过程（样本质心，找到邻居和 PointNet 的更高阶的表示，以获得更高维表示）。还测试了不同层级的一些不同聚合方法，以克服采样密度的差异（对于大多数传感器来说这是一个大问题，当物体接近时密集样本，远处时稀疏）。作者在原型 PointNet 上进行了改进，在 ModelNet40 上的准确率达到了90.7%。

同样经典的还有 Kd-Network[231]，该文使用 Kd 树在点云中创建一定的顺序结构的点云。点云被结构化后，学习树中每个节点的权重（代表沿特定轴的细分）。每个坐标轴在单个树层级上共享权重，因为它们将数据沿 $X$ 维度细分。测试了随机和确定性的空间细分，并说明了随机版本效果最好，但同时也说出了一些缺点。对旋转（因为它改变树结构）和噪声（如果它改变树结构）敏感。对于每个输入点云数据，都需要上采样，下采样或训练一个新模型。做到了部分点云分割，形状检索，并可以在后期工作中尝试其他的树形结构。

## 4.3  我国激光雷达数据处理技术发展现状

为了评价近五年 LiDAR 技术在国家自然科学基金项目中的获批情况，分别搜索了基于 LiDAR、点云、三维激光扫描、激光雷达这几个关键词下的立项数和总金额（表1）。为了比较 LiDAR 技术在遥感科学与技术领域获批项目比重，表1后两列列出了在地球科学部获得的带有"激光雷达"关键词的项目总数和总金额，以及遥感机理与方法（D0106）子领域获批的项目总数和金额，激光雷达技术获批数量占到 12.12%；金额占比 18.72%（仅供参考，"激光雷达"未细分从不同地学口申报）。通过分析年度中标数和中标单位（图1和图2）可以看出，LiDAR 技术从 2014 年至今，有了比较稳定的研究群体，其数量稳中有升。

表 1　自然科学基金立项概况

| 关键词 | LiDAR | 点云 | 激光雷达<br>（地球科学部） | 遥感机理与<br>方法 |
|---|---|---|---|---|
| 项目数 / 个 | 48 | 103 | 83 | 685 |
| 总金额 / 万元 | 1952 | 4299 | 6432 | 34357 |

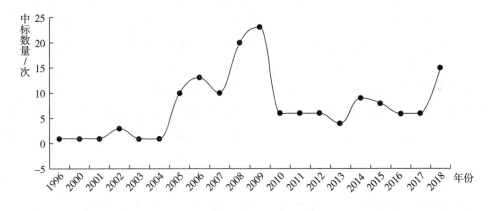

图 1　以 LiDAR 为关键词的历年自然科学基金项目中标量（科学网，1996—2018 年）

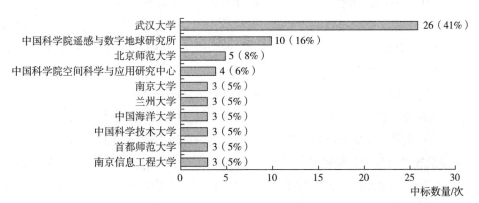

图 2　以 LiDAR 为关键词的历年自然科学基金项目单位中标数 TOP10
（科学网，2013—2018 年）

其次，关于主题中含有"激光雷达"的知网收录文章情况，从 2014 年至今文章数量逐年增加。这些文章大部分来自国家自然科学基金支持（1640 项），还有部分主要来源于国家高技术研究发展计划（"863"计划，422 项）和国家重点基础研究发展计划（"973"计划，306 项）支持。

多测站点云的转换和配准是 TLS 点云数据处理的重要环节。一般是根据硬件厂家自带软件进行不同扫描站数据的转换，利用扫描仪配套的靶标球/面构建同名点，转换精度通常可以达到毫米甚至更高。王江妹等[232]提出同名距离平差法来提高多测站标靶定位精度评定方法，实现了对标靶定位精度的整体评价。谢秋平等[233]提出改进的 ICP 算法来提高点云配准精度和处理速度。利用八叉树求得点云重叠区域，再使用 ICP 进行精确配准为了提高转换精度。Wang 先用人工靶标进行基准转换，然后分别用六参数和七参数坐标转换算法进行精细转换。

海量点云隧道内壁建模方面，一类主要采用构面的方法进行变形分析。比如，钱伯至等[235]将德洛内三角算法应用于隧道点云的孔洞修复，保留了隧道结构细节。林祥国等[236]提出了改进三角网法应用于机载 LiDAR 点云滤波，即使用多基元参与运算区分地物，并根据结果进行了精度评价。另一类可以通过提取断面点云并拟合来描述隧道变形。比如，徐光华[237]首先以圆形设计半径为参考，进行隧道盾构环片点云的粗滤噪，然后使用多项式拟合进行精滤噪。基于椭圆柱面拟合方法，李珵等[238]将提取后隧道横截面进行拟合及平差解算，然后对重点区域点云投影后，对断面轮廓线进行拟合。卢小平等[239]基于椭圆柱面迭代拟合，从而实现隧道内壁噪点的自动滤除。王海君等[240]根据中轴线与隧道点云的垂直关系提取中心线，依据锐角三角形原理提取横断面，经过优化进行隧道变形监测。

道路特征分类和提取方面，一类经典方法是直接处理点云数据，比如，Yang 等[241]采用二进制内核描述符和灰度值梯度，自动提取道路标线，取得了很好的效果。胡啸等[242]采用自适应滤波和聚类算法，剔除路面点，进而追踪道路边界，提取道路面，并获得了较高的准确率。基于车载激光扫描点云数据，吴学群等[243]采用高程阈值分类和渐进格网法进行路面提取。另一类经典方法是将点云等信息影射为图像，根据图像处理算法，提取道路标线和边缘线等特征[244, 245]。

针对 MLS 系统校验中大多依赖手工提取点时无法准确获得检校点、绝对精度较低、对实际数据的适用性差等问题，申兴旺等结合自主研发的车载激光雷达测量系统，提出一种利用带有反射片的特制球形标靶利用距离阈值插值算法快速、方便且准确地对车载激光雷达测量系统进行外参数检校的方法，弥补了常规方法的缺点，提高了检校算法的实用性。通过实验对绝对精度、相对精度的分析结果表明：与传统方法相比，该方法可以完全弥补常规方法中提取的检校点不准确、精度低等缺点，适用性及实用性更强；在绝对精度方面，整体水平精度达到 0.05m 以下，高程精度达到 0.06m 以下；在相对精度方面，拟合检校球直径精度达到 0.003m 以下，距离精度达到 0.002m 以下，证明此方法的精度、适用性完全满足当前车载激光雷达测量系统检校的精度需求。

在林业领域，我国学者也进行了一系列研究。针对已有的测量叶面积指数（LAI）的方法中，LAI 测量结果受其定义、采样方法、数据分析和仪器误差等影响产生极大差异，赵方博等[246] 使用 TLS 提取 LAI，对北京林业大学校园内具有代表性的单株树木进行了扫描，通过对数据预处理提取出树冠点云，将其模拟为半球图像后运用球极平面投影和 Lambert 方位角等面积投影两种投影方法，通过统计面积的方法分别计算不同投影方法和图像划分方法下的孔隙率，进而计算出真实叶面积指数，同时与利用叶面积指数仪 LAI-2000 所测得的数据进行对比。研究结果表明，地面激光雷达提取单木真实叶面积指数与实测值对比，两种投影下 18 个环的图像划分方法均更接近真实值，其中在 Lambert 方位角等面积投影下计算结果更准确。其他研究人员也从不同侧重点进行了卓有成效的研究，比如林怡等[247]、梁祖琴[248]、王轶夫等[249]、Nie 等[250] 和 Wang 等[251]。

在电力巡线中，张继贤等[252] 提出了两种基于直升机 LiDAR 点云的电力线三维重建模型，包括直线段与悬链线段相结合的模型（模型一）、直线段与抛物线段相结合的模型（模型二）。其中，直线段位于 XY 平面，悬链线段和抛物线段位于过直线段的铅垂面。模型的创新之处在于两者均使用了电力线 LiDAR 点水平坐标进一步投影到 XY 平面上相应的拟合直线产生的比例因子作为悬链线、抛物线方程的参数。使用 6 个有代表性的实验数据、4 个评价指标对 6 种重建模型（已有的 4 种和上述提出的两种）的性能进行评价和对比。实验结果表明，模型二具有最高的重建效率和最高的重建精度。另外，实验结果进一步说明铅垂面及铅垂面上投影模型的选择、误差因素的考虑等 3 个因素对重建模型性能有着显著影响。王平话等提出一种高效的电力线点云分类方法。首先基于局部范围点的高程统计直方图，实现电力线点的快速粗提取；然后运用随机抽样一致性算法剔除残留的电塔点，结合点云高程统计进一步剔除绝缘子点，实现电力线点的精提取；最后利用同一垂直面内电力线点的高程分布特性，实现单根电力线点的快速提取。基于实际输电线路机载 LiDAR 数据的实验结果表明，该方法可实现电力线点的快速、高精度提取粗分类后的电力线点中仅含约 10% 的非电力线点；精分类后约有 2% 的电力线点被误分为绝缘子点，最终各条电力线点的提取比例平均在 98% 以上。其他类似研究参见段敏燕[253]、贾魁等[254]、沈小军等[255]。

在利用点云生产地图方面，蒋桂美等[256] 着重分析了利用机载激光点云数据提取 DEM 的关键技术：预处理、点云滤波与分类、高精度 DEM 制作与质量评价技术；建立了基于机载激光点云的 DEM 生产技术流程，并将其应用于宁波市地理国情普查市情专项 - 高精度地表模型制作项目中；构建了宁波市建成区规则格网 1:2000 比例尺的高精度 DEM 模型，为宁波市地理国情普查提供了数据基础。Zhang 等[257] 基于字典学习等方法生成特征点簇，实现 ALS 点云的分类。Hu 等[258] 使用深度卷积网络，基于 ALS 点云提取 DTM。

三维激光扫描技术应用于考古发掘中，可以准确、直观地再现考古发掘现场遗迹、遗物的三维空间分布状态，为考古人员提供一个虚拟的现场环境，给考古研究提供强有力的支持。程小龙等[259]利用三维激光扫描技术，对山西陶寺遗址进行了数据采集、数据处理，实现了对陶寺遗址的三维重建，并利用手持三维激光扫描仪对部分出土文物进行了三维重建。其他考古研究可见姜丹等[260]、王道波等[261]。

在滑坡和变形监测方面，张国丽等[262]以喀斯特地貌某水库坝址附近一小区域滑坡体TH11为例，研究探讨利用三维激光扫描技术进行小区域滑坡变形监测的可行性，为其他水库建设过程中影响蓄水区域的滑坡变形监测提供另一种直观和高效的方法。Wang等[263]基于TLS和GPS数据，通过构建监测框架、点云分割、小区域近似拟合和噪点处理等算法，量化描述了Slumgullion地区滑坡现象。其他研究见周才文[264]等。

多源数据交叉研究方面，高精度遥感影像和点云结合，可用于点云颜色矫正[265]。不同比例尺LiDAR数据结合方面，Yang等[266]构建建筑物配对，构建拉普拉斯矩阵，通过粗配准到精配准实现数据坐标体系的融合。

## 4.4 我国激光雷达数据处理技术发展趋势与对策

LiDAR技术发展包括硬件、数据处理和应用3部分。杨必胜等[225]在《测绘学报》上对LiDAR数据处理的研究进展、挑战和趋势进行了较为全面的分析。

### 4.4.1 硬件开发和校正

点云数据质量改善包括几何改正和强度校正。一方面，由于测距系统、环境及定位定姿等因素的影响，点云的几何位置存在误差，且其分布存在不确定性。利用标定场、已知控制点进行点云几何位置改正，能够提高扫描点云的位置精度和可用性。另一方面，激光点云的反射强度一定程度上反映了地物的物理特性，对于地物的精细分类起到关键支撑作用，然而点云的反射强度不仅与地物表面的物理特性有关，还受到扫描距离、入射角度等因素的影响（Zamecnikova等[267]）。因此，需要建立点云强度校正模型进行校正，以修正激光入射角度、地物距离激光扫描仪的距离等因素对点云反射强度的影响。

TLS校正，德国奥地利等科研机构有长久持续的研究，并且建立了相对独立于硬件生产厂商的校正场地，进行客观系统的硬件性能评价和校正；我国武汉大学、同济大学、北科天绘、四维远见、中海达等开展了研究，但是总体来讲，我国自主生产的设备，无论是在校正还是仪器稳定性和精度方面，还需更多关注和投入。

三维激光扫描装备将由现在的单波形、多波形走向单光子乃至量子雷达，在数据的采集方面将由现在以几何数据为主走向几何、物理，乃至生化特性的集成化采集。三维激光扫描的搭载平台也将以单一平台为主转变为以多源化、众包式为主的空地柔性平台，从而对目标进行全方位数据获取。

### 4.4.2 点云分类与按需建模

三维点云的精细分类是从杂乱无序的点云中识别与提取人工与自然地物要素的过程，

是数字地面模型生成、复杂场景三维重建等后续应用的基础。然而，不同平台激光点云分类关注的主题有所不同。其中，点云场景存在目标多样、形态结构复杂、目标遮挡和重叠以及空间密度差别迥异等现象，是三维点云自动精细分类下一步需要研究的普适性问题[225]。一方面，人工智能如火如荼地发展，深度学习网络本身的局限性需要进一步突破；另一方面，深度学习起源于计算机科学，更多应用于室内或者小场景，在大尺寸场景中的应用，比如 ALS 和 MLS 应用，有待挖掘。

点云精细分类可为高精度地图的自动化生产提供高质量的数据支撑，但是距离自动化还有很长一段距离。主要表现在，在大范围点云场景分类和目标提取后，目标点云依然离散无序且高度冗余，不能显式地表达目标结构以及结构之间的空间拓扑关系，难以有效满足三维场景的应用需求。因此，需要通过场景三维表达，将离散无序的点云转换成具有拓扑关系的几何基元组合模型，常用的有数据驱动和模型驱动两类方法[268, 269]，其中存在的主要问题和挑战包括：形状、结构复杂地物目标的自动化稳健重构；从可视化为主的三维重建发展到可计算分析为核心的三维重建，以提高结果的可用性和好用性。此外，不同的应用主题对场景内不同类型目标的细节层次要求不同[270]，场景三维表达需要加强各类三维目标自适应的多尺度三维重建方法[271, 272]，建立语义与结构正确映射的场景。后续研究还需在以下方面进行重点攻克：增强数学模型的普适性；大区域数据更新需要管理、科研和生产部门统一协调；提高自动化程度不够，减少项目实施过程中的人工干预[225]。

点云的特征描述、语义理解、关系表达、目标语义模型、多维可视化等关键问题将在人工智能、深度学习等先进技术的驱动下朝着自动化、智能化的方向快速发展，点云或将成为测绘地理信息中继传统矢量模型、栅格模型之后的一类新型模型，将有力提升地物目标认知与提取自动化程度和知识化服务的能力[225]。

自动驾驶配备一系列传感器，其工作原理与 MLS 高度类似；同时，自动驾驶决策离不开高精地图和空间分析算法。在遥感等测绘活动中，对道路网的提取、地物的精细分类、车牌和交通标志的识别等，已经通过自动、半自动机器学习提高效率和准确度。对于自动驾驶而言，车辆需要不间断采集车辆周边各类地理信息，以高现势性和新鲜度保证安全的自动驾驶。同时，自动驾驶需要更丰富、全面的地理信息，因而所需识别的对象更加全面，比如道路坡度、曲率、车道线的虚实、双黄线等，都是自动驾驶决策和控制中不可缺少的重要信息。总之，自动驾驶发展不可避免地影响地理信息产业的转型升级和结构调整，要求数据采集和处理更加泛在和精准，值得探讨并未雨绸缪，及早占领产业发展制高点。

### 4.4.3 多源异构数据融合与工程应用

在 LiDAR 数据处理方面，近年来在 DEM 构建[258]、灾害监测、公路[200,273]、隧道[274]、林业[275]、滑坡[252, 275]、矿产[276]、土方量计算[277] 和大坝[278]、电力线及其附属设备的几何形态参数[224]等领域有持续的研究成果。相比国外研究，我国在解决具体问题的深度上可进一步挖掘。

机载激光点云分类主要关注大范围地面、建筑物顶面、植被、道路等目标，车载激光点云分类关注道路及两侧道路设施、植被、建筑物立面等目标，而地面站激光点云分类则侧重特定目标区域的精细化解译。不同数据（如不同站点／条带的激光点云、不同平台激光点云、激光点云与影像）之间的融合，需要同名特征进行关联。针对传统人工配准法效率低、成本高的缺陷，国内外学者研究基于几何或纹理特征相关性的统计分析方法，但是由于不同平台、不同传感器数据之间的成像机理、维数、尺度、精度、视角等各有不同，其普适性和稳健性还存在问题，还需要突破以下瓶颈：鲁棒、区分性强的同名特征提取，全局优化配准模型的建立及抗差求解。以弥补单一视角、单一平台带来的数据缺失，实现大范围场景完整、精细的数字现实描述[225]。此外，由于激光点云及其强度信息对目标的刻画能力有限，需要将激光点云和影像数据进行融合，使得点云不仅有高精度的三维坐标信息，也具有了更加丰富的光谱信息[225]。

从历年来自然科学基金立项项目和发表文章来看，LiDAR 技术与其他测量手段（比如高精遥感影像、SAR、全站仪）的结合，在实际工程中更普遍。比如，TLS 与高精度全站仪 /GPS 结合，高密度点云与少量控制点结合，在变形监测中使用范围更广泛；遥感影像与点云的结合，点云弥补了原始影像缺乏准确三维信息的不足，影像弥补了点云缺乏清晰颜色信息的不足；SAR 数据与 LiDAR 结合，实现了定量评估林木量和灾害。MLS 在道路数据提取和分类方面，目前主要研究了道路几何特性计算（坡度、超高、车道宽度），道路表面要素（标线、井盖、裂缝）和路边基础设施（路灯、交通标识符、电线、汽车站）（Yu 等[273]）。提取后数据如何服务于交通管理和无人驾驶有待进一步解决。滑坡监测需要多种测绘技术融合，一方面借助 TLS 高密度和高精度点云，另一方面可借助 ALS 全面获取滑坡体 DEM 数据，两者融合，扬长避短，量化描述滑坡量。

从深空到地球表面，从全球范围制图到小区域监测，从基础科学研究到大众服务，LiDAR 技术已在许多典型工程和领域里得到了广泛的应用。虚拟／增强现实、互／"物联网 +"的发展将促使三维激光扫描产品由专业化应用扩展到大众化、消费级应用[225]。学科交叉越来越明显，很多非测绘遥感行业跟进 LiDAR 技术，用来解决本领域难题；同样的，遥感学科也在主动走出去，渗入其他学科。学科交叉趋势也在国家自然科学基金试点的问题属性归类导向下有了明确体现。

# 参考文献

[1] 戚浩平，王炜，田庆久. 高空间分辨率卫星遥感数据在城市交通规划中的应用研究 [J]. 公路交通科技，

2004，21（6）：109-112.

［2］ 刘建辉. 光学遥感卫星影像高精度对地定位技术研究［D］. 郑州：解放军信息工程大学，2015.

［3］ Cnes G，Words key，Observation E，et al. Spot5 in-flight commissioning：inner orientation of HRG and HRS instruments［J］. Proc Xxth Isprs Congr，2002，35.

［4］ Grodecki J，Dial G Ikonos Geometric Accuracy Validation［C］. ISPRS Commission I，Mid-Term Symposium，New York，2002，34.

［5］ Mulawa D. On-orbit geometric calibration of the Orbview-3 high resolution imaging satellite［J］. ISPRS，Remote Sensing and Spatial Information Sciences，2014，35：1-6.

［6］ Delussy F，Greslou D，Dechoz C，et al. Pleiades HR in flight geometrical calibration：location and mapping of the focal plane［J］. ISPRS，Remote Sensing and Spatial Information Sciences，2012，39（B1）：519-523.

［7］ Pelliccioni F. GeoEye-1：Analysis of Radiometric and Geometric Capability［J］. Bose，2010.

［8］ Toutin T. Review article：Geometric processing of remote sensing images：models，algorithms and methods［J］. International Journal of Remote Sensing，2004，25（10）：32.

［9］ Kratky V. Rigorous photogrammetric processing of SPOT images at CCM Canada［J］. ISPRS Journal of Photogrammetry and Remote Sensing，1989，44（2）：53-71.

［10］ Radhadevi P V，Ramachandran R，Murali Mohan A S R K V. Restitution of IRS-1C PAN data using an orbit attitude model and minimum control［J］. Isprs Journal of Photogrammetry & Remote Sensing，1998，53（5）：262-271.

［11］ Weser T，Rottensteiner F，Willneff J，et al. Development and testing of a generic sensor model for pushbroom satellite imagery［J］. Photogrammetric Record，2010，23（123）：255-274.

［12］ Kim T，Dowman I. Comparison of two physical sensor models for satellite images：Position-Rotation model and Orbit-Attitude model［J］. The Photogrammetric Record，2006，21（114）：14.

［13］ Baltsavias E P，Pateraki M N，Zhang L. Radiometric and geometric evaluation of IKONOS Geo images and their use for 3D building modelling［C］// Proc. Joint ISPRS Workshop on "High Resolution Mapping from Space 2001"，19-21 September，Hannover，Germany，2001.

［14］ Jacobsen Karsten. Calibration of IRS-1C PAN-camera［C］. Sensors and Mapping from Space，Hannover，1997.

［15］ 李德仁，童庆禧，李荣兴，等. 高分辨率对地观测的若干前沿科学问题［J］. 中国科学：地球科学，2012，42（6）：805-813.

［16］ 郑兴辉. 基于稀疏约束正则化的遥感影像质量改善方法研究［D］. 武汉：武汉大学，2016.

［17］ Markham B L，Schafer J S，Wood F M，et al. Monitoring large-aperture spherical integrating sources with a portable radiometer during satellite instrument calibration［J］. Metrologia，1998，35（4）：643-648.

［18］ Huang C，Zhang L，Fang J，et al. A Radiometric Calibration Model for the Field Imaging Spectrometer System［J］. IEEE Transactions on Geoscience and Remote Sensing，2013，51（4）：2465-2475.

［19］ Krause K S，Butler J J，Xiong J. SPIE Proceedings［SPIE Optical Engineering + Applications – San Diego，California，USA（Sunday 10 August 2008）］Earth Observing Systems Xiii – WorldView-1 pre and post-launch radiometric calibration and early on-orbit characterization［J］. Proceedings of SPIE – The International Society for Optical Engineering，2008，7081：708116.

［20］ 崔燕. 光谱成像仪定标技术研究［D］. 西安：中国科学院研究生院（西安光学精密机械研究所），2009.

［21］ Duan Y N，Yan L，Yang B，et al. Outdoor relative radiometric calibration method using gray scale targets［J］. Science China. Technological Sciences，2013，56（7）：1825-1834.

［22］ Xiong X，Sun J，Barnes W，et al. Multiyear On-Orbit Calibration and Performance of Terra MODIS Reflective Solar Bands［J］. IEEE Transactions on Geoscience and Remote Sensing，2007，45（4）：879-889.

［23］ Chang T，Xiong X. Assessment of MODIS Thermal Emissive Band On-Orbit Calibration［J］. IEEE Transactions on Geoscience and Remote Sensing, 2011, 49（6）: 2415–2425.

［24］Bindschadler R, Choi H. Characterizing and correcting hyperion detectors using ice–sheet images［J］. IEEE Transactions on Geoscience and Remote Sensing, 2003, 41（6）: 1189–1193.

［25］陈正超. 中国 DMC 小卫星在轨测试技术研究［D］. 北京: 中国科学院研究生院（遥感应用研究所）, 2005.

［26］Lyon P E. An automated de–striping algorithm for Ocean Colour Monitor imagery［M］. Oxfordshire: Taylor & Francis, Inc., 2009.

［27］Henderson B G, Krause K S. Relative radiometric correction of QuickBird imagery using the side–slither technique on orbit［J］. Proceedings of SPIE – The International Society for Optical Engineering, 2004.

［28］Kubik P, Pascal V. AMETHIST: a method for equalization thanks to HISTograms［J］. Proceedings of SPIE – The International Society for Optical Engineering, 2004.

［29］Wood L, Schowengerdt R A, Meyer D. Restoration For Sampled Imaging Systems［C］// Applications of Digital Image Processing Ⅸ. International Society for Optics and Photonics, 1986.

［30］Saunier S, Goryl P, Chander G, et al. Radiometric, Geometric, and Image Quality Assessment of ALOS AVNIR–2 and PRISM Sensors［J］. IEEE Transactions on Geoscience and Remote Sensing, 2010, 48（10）: 3855–3866.

［31］王建荣, 王任享. "天绘一号"卫星无地面控制点 EFP 多功能光束法平差［J］. 遥感学报, 2012, 16（z1）: 112–115.

［32］李晶, 王蓉, 朱雷鸣, 等. "天绘一号"卫星测绘相机在轨几何定标［J］. 遥感学报, 2012, 16（S1）: 35–39.

［33］孟伟灿, 朱述龙, 曹闻, 等. 线阵推扫式相机高精度在轨几何标定［J］. 武汉大学学报（信息科学版）, 2015, 40（10）: 1392–1399.

［34］Zhang G, Jiang Y, Li D, et al. In–Orbit Geometric Calibration And Validation Of Zy–3 Linear Array Sensors［C］// Spies International Symposium on Optical Science, 1998.

［35］潘红播, 张过, 唐新明, 等. 资源三号测绘卫星传感器校正产品几何模型［J］. 测绘学报, 2013, 42（4）: 516–522.

［36］王密, 杨博, 金淑英. 一种利用物方定位一致性的多光谱卫星影像自动精确配准方法［J］. 武汉大学学报（信息科学版）, 2013, 38（7）: 765–769.

［37］贾博, 姜挺, 张锐, 等. 基于定向片模型的 SPOT–5 遥感影像自检校光束法平差［J］. 测绘科学, 2014, 39（9）: 3–6, 10.

［38］刘建辉, 姜挺, 江刚武, 等. 定向片用于天绘一号卫星三线阵影像自检校光束法平差［J］. 测绘科学技术学报, 2015, 32（4）: 390–394.

［39］王涛, 张艳, 张永生, 等. 资源三号卫星三线阵 CCD 影像自检校光束法平差［J］. 测绘科学技术学报, 2014（1）: 44–48.

［40］Di K, Liu Y, Liu B, et al. A Self–Calibration Bundle Adjustment Method for Photogrammetric Processing of Chang'E–2 Stereo Lunar Imagery［J］. IEEE Transactions on Geoscience and Remote Sensing, 2014, 52（9）: 5432–5442.

［41］Zheng M, Zhang Y, Zhu J, et al. Self–Calibration Adjustment of CBERS–02B Long–Strip Imagery［J］. IEEE Transactions on Geoscience and Remote Sensing, 2015, 53（7）: 1–8.

［42］王密, 朱映, 范城城. 高分辨率光学卫星影像平台震颤几何精度影响分析与处理研究综述［J］. 武汉大学学报·信息科学版, 2018, 43（12）: 1899–1908.

［43］邵巨良, 王树根, 李德仁. 线阵列卫星传感器定向方法的研究［J］. 武汉大学学报·信息科学版, 2000, 25（4）: 329–333.

［44］姜挺，龚志辉，江刚武，等. 基于三线阵航天遥感影像的 DEM 自动生成［J］. 测绘科学技术学报，2004，21（3）：178-180.

［45］许妙忠，尹粟，黄小波. 高分辨率卫星影像几何精度真实性检验方法［J］. 测绘科学技术学报，2012，29（4）：244-248.

［46］唐新明，张过，祝小勇，等. 资源三号测绘卫星三线阵成像几何模型构建与精度初步验证［J］. 测绘学报，2012，41（2）：191-198.

［47］唐新明，周平，张过，等. 资源三号测绘卫星传感器校正产品生产方法研究［J］. 武汉大学学报·信息科学版，2014，39（3）：287-294.

［48］余俊鹏，高卫军，孙世君，等. 三线阵相机体系定向模型研究［J］. 航天返回与遥感，2013，34（1）：44-51.

［49］岳庆兴，周强，张春玲，等. CBERS-02B 星全色影像的平差方法［J］. 国土资源遥感，2009（1）：60-63.

［50］李世威，刘团结，王宏琦. 基于图像匹配的 CBERS-02B 卫星 HR 相机图像拼接方法［J］. 遥感技术与应用，2009，24（3）：374-378.

［51］Man Y. Relative radiometric calibration method based on linear CCD imaging the same region of non-uniform scene［J］. Journal of Collective Negotiations，2014，30（2）：113-134.

［52］郭建宁，于晋，曾湧，等. CBERS-01/02 卫星 CCD 图像相对辐射校正研究［J］. 中国科学：技术科学，2005，35（s1）：11-25.

［53］朱近，潘瑜，徐涛，等. 基于弯曲刃边的中低分辨率遥感影像 MTF 计算方法［J］. 遥感信息，2009，2009（3）：3-6.

［54］徐航，李传荣，李晓辉，等. 一种优化的刃边法 MTF 在轨评估算法［J］. 遥感信息，2012，27（6）：10-16.

［55］李小英，顾行发，余涛，等. CBERS-02B 卫星 WFI 成像在轨 MTF 估算与图像 MTF 补偿［J］. 遥感学报，2009，13（3）：377-384.

［56］陈世平. 景物和成像条件对遥感图像品质的影响［J］. 航天返回与遥感，2010，31（1）：1-10.

［57］陈世平. 关于遥感图像品质的若干问题［J］. 航天返回与遥感，2009，30（2）：10-17.

［58］孟伟灿，朱述龙，曹闻，等. TDI-CCD 交错拼接推扫相机严格几何模型构建与优化［J］. 测绘学报，2015，44（12）：1340-1350.

［59］蒋永华，张过，唐新明，等. 资源三号测绘卫星三线阵影像高精度几何检校［J］. 测绘学报，2013，42（4）：523-529.

［60］曹金山，袁修孝，龚健雅，等. 资源三号卫星成像在轨几何定标的探元指向角法［J］. 测绘学报，2014，43（10）：1039-1045.

［61］李德仁，王密. "资源三号"卫星在轨几何定标及精度评估［J］. 航天返回与遥感，2012，33（3）：1-6.

［62］王涛. 线阵 CCD 传感器实验场几何定标的理论与方法研究［D］. 郑州：解放军信息工程大学，2012.

［63］谌一夫，刘璐，张春玲. ZY 3 卫星在轨几何标定方法［J］. 武汉大学学报·信息科学版，2013，38（5）：557-560.

［64］龙小祥，赫华颖，等. 高景卫星几何精度测试与分析［J］. 高景卫星在轨测试，2018，36（9）：192-216.

［65］李德仁，王树良，李德毅. 遥感图像变化检测［J］. 空间数据挖掘理论与应用，2019，15（11）：221-237.

［66］Chen Y，Xie Z，Qiu Z，et al. Calibration and Validation of ZY-3 Optical Sensors［J］. IEEE Transactions on Geoscience & Remote Sensing，2015，53（8）：4616-4626.

［67］Mi W，Bo Y，Fen H，et al. On-Orbit Geometric Calibration Model and Its Applications，for High-Resolution Optical Satellite Imagery［J］. Remote Sensing，2014，6（5）：4391-4408.

［68］ Yin, Fang-Fang. Measurement of the presampling modulation transfer function of film digitizers using a curve fitting technique［J］. Medical Physics, 1990, 17（6）: 962.

［69］ 童庆禧, 张兵, 张立福. 中国高光谱的前沿进展［J］. 遥感学报, 2016, 20（5）: 689-707.

［70］ Goetz A F H, Vane G, Solomon J E, et al. Imaging Spectrometry for Earth Remote-Sensing［J］. Science, 1985, 228（4704）: 1147-1153.

［71］ Yuan Z, Oja E. A FastICA Algorithm for Non-negative Independent Component Analysis［C］. Independent Component Analysis and Blind Signal Separation, 2004: 1-8.

［72］ Nascimento J M P, Dias J M B. Vertex component analysis: a fast algorithm to unmix hyperspectral data［J］. IEEE Transactions on Geoscience & Remote Sensing, 2005, 43（4）: 898-910.

［73］ Jose Bioucas-Dias.A Variable Splitting Augmented Lagrangian Approach to Linear Spectral Unmixing［C］. First IEEE GRSS Workshop on Hyperspectral Image and Signal Processing, 2009.

［74］ Chan T H, Chi C Y, Huang Y M, et al. A Convex Analysis-Based Minimum-Volume Enclosing Simplex Algorithm for Hyperspectral Unmixing［J］. Signal Processing IEEE Transactions on, 2009, 57（11）: 4418-4432.

［75］ Chan T H, Ma W K, Ambikapathi A, et al. A Simplex Volume Maximization Framework for Hyperspectral Endmember Extraction［J］. IEEE Transactions on Geoscience & Remote Sensing, 2011, 49（11）: 4177-4193.

［76］ Li J, Agathos A, Zaharie D, et al. Minimum Volume Simplex Analysis: A Fast Algorithm for Linear Hyperspectral Unmixing［J］. IEEE Transactions on Geoscience & Remote Sensing, 2015, 53（9）: 1-16.

［77］ Xia W, Liu X S, Wang B, et al. Independent Component Analysis for Blind Unmixing of Hyperspectral Imagery With Additional Constraints［J］. IEEE Trans Geosci Remote Sensing, 2011, 49（6）: 2165-2179.

［78］ Wang N, Du B, Zhang L, et al. An Abundance Characteristic-Based Independent Component Analysis for Hyperspectral Unmixing［J］. IEEE Transactions on Geoscience & Remote Sensing, 2015, 53（1）: 416-428.

［79］ Iordache M D, Bioucas-Dias J M, Plaza A. Sparse Unmixing of Hyperspectral Data［J］. IEEE Transactions on Geoscience & Remote Sensing, 2011, 49（6）: 2014-2039.

［80］ Iordache M D, Bioucas-Dias J M, Plaza A. Collaborative Sparse Regression for Hyperspectral Unmixing［J］. IEEE Transactions on Geoscience & Remote Sensing, 2014, 52（1）: 341-354.

［81］ Zhang S, Li J, Liu K, et al. Hyperspectral Unmixing Based on Local Collaborative Sparse Regression［J］. IEEE Geoscience & Remote Sensing Letters, 2016, 13（5）: 631-635.

［82］ Li J, Du Q, Li Y. Region-based collaborative sparse unmixing of hyperspectral imagery［C］. proceedings of the SPIE Commercial + Scientific Sensing and Imaging, F, 2016.

［83］ Lu X, Wu H, Yuan Y, et al. Manifold Regularized Sparse NMF for Hyperspectral Unmixing［J］. IEEE Transactions on Geoscience & Remote Sensing, 2013, 51（5）: 2815-2826.

［84］ Wang W, Qian Y, Tang Y Y. Hypergraph-Regularized Sparse NMF for Hyperspectral Unmixing［J］. IEEE Journal of Selected Topics in Applied Earth Observations & Remote Sensing, 2016, 9（2）: 681-694.

［85］ Plaza A, Martinez P, Perez R, et al. Spatial/spectral endmember extraction by multidimensional morphological operations［J］. Geoscience & Remote Sensing IEEE Transactions on, 2002, 40（9）: 2025-2041.

［86］ Zare A, Bchir O, Frigui H, et al. Spatially-smooth piece-wise convex endmember detection［C］. Proceedings of the The Workshop on Hyperspectral Image & Signal Processing: Evolution in Remote Sensing, F, 2010.

［87］ Xu N, Xiao X, Geng X, et al. Spectral-spatial constrained sparse unmixing of hyperspectral imagery using a hybrid spectral library［J］. Remote Sensing Letters, 2016, 7（7）: 641-650.

［88］ Goenagajimenez M A, Vélezreyes M. Integrating spatial information in unmixing using the nonnegative matrix factorization［J］. Proceedings of SPIE – The International Society for Optical Engineering, 2014, 9088（9）: 908811-908811-908819.

［89］ Psjr C，Sides S C，Anderson J A. Comparison of three different methods to merge multiresolution and multispectral data：Landsat TM and SPOT panchromatic［J］. Photogrammetric Engineering & Remote Sensing, 1991, 57（3）：265-303.

［90］ Nunez J，Otazu X，Fors O，et al. Multiresolution-based image fusion with additive wavelet decomposition［J］. IEEE Transactions on Geoscience & Remote Sensing, 1999, 37（3）：1204-1211.

［91］ Nencini F，Garzelli A，Baronti S，et al. Remote sensing image fusion using the curvelet transform［J］. Information Fusion, 2007, 8（2）：143-156.

［92］ Liu J G. Smoothing Filter-based Intensity Modulation：A spectral preserve image fusion technique for improving spatial details［J］. International Journal of Remote Sensing, 2000, 21（18）：3461-3472.

［93］ Do M N，Vetterli M. The contourlet transform：an efficient directional multiresolution image representation［J］. IEEE Transactions on Image Processing, 2005, 14（12）：2091-2106.

［94］ Schmitt M，Xiao X Z. Data Fusion and Remote Sensing-An Ever-Growing Relationship［J］. IEEE Geoscience & Remote Sensing Magazine, 2016, 4（4）：6-23.

［95］ Yuan Q，Wei Y，Meng X，et al. A Multiscale and Multidepth Convolutional Neural Network for Remote Sensing Imagery Pan-Sharpening［J］. IEEE Journal of Selected Topics in Applied Earth Observations & Remote Sensing, 2018, PP（99）：1-12.

［96］ Adams J B，Smith M O. Spectral mixture modeling：Further analysis of rock and soil types at the Viking Lander sites［J］. Journal of Geophysical Research Solid Earth, 1986, 91（B8）：8098-8112.

［97］ Gross H N，Schott J R. Application of Spectral Mixture Analysis and Image Fusion Techniques for Image Sharpening［J］. Remote Sensing of Environment, 1998, 63（2）：85-94.

［98］ Sun X，Zhang L，Hang Y，et al. Enhancement of Spectral Resolution for Remotely Sensed Multispectral Image［J］. IEEE Journal of Selected Topics in Applied Earth Observations & Remote Sensing, 2015, 8（5）：2198-2211.

［99］ Zhi H，Yu X，Wang G，et al. Application of Several Non-negative Matrix Factorization-Based Methods in Remote Sensing Image Fusion［C］. Proceedings of the International Conference on Fuzzy Systems & Knowledge Discovery, F, 2008.

［100］ Yokoya N，Yairi T，Iwasaki A. Coupled Nonnegative Matrix Factorization Unmixing for Hyperspectral and Multispectral Data Fusion［J］. IEEE Transactions on Geoscience & Remote Sensing, 2012, 50（2）：528-537.

［101］ Huang W，Xiao L，Wei Z，et al. A New Pan-Sharpening Method With Deep Neural Networks［J］. IEEE Geoscience and Remote Sensing Letters, 2015, 12（5）：1037-1041.

［102］ Masi G，Cozzolino D，Verdoliva L，et al. Pansharpening by Convolutional Neural Networks［J］. Remote Sensing, 2016, 8（7）：594.

［103］ Azarang A，Ghassemian H. A new pansharpening method using multi resolution analysis framework and deep neural networks［C］. proceedings of the International Conference on Pattern Recognition and Image Analysis, F, 2017.

［104］ Wei Y，Yuan Q，Shen H，et al. Boosting the Accuracy of Multispectral Image Pansharpening by Learning a Deep Residual Network［J］. IEEE Geoscience & Remote Sensing Letters, 2017, 14（10）：1795-1799.

［105］ Palsson F，Sveinsson J R，Ulfarsson M O. Multispectral and Hyperspectral Image Fusion Using a 3-D-Convolutional Neural Network［J］. IEEE Geoscience & Remote Sensing Letters, 2017, 14（5）：639-643.

［106］ Feng G，Masek J，Schwaller M，et al. On the blending of the Landsat and MODIS surface reflectance：predicting daily Landsat surface reflectance［J］. IEEE Transactions on Geoscience and Remote Sensing, 2006, 44（8）：2207-2218.

［107］ Zhu X，Cai f，Tian J，et al. Spatiotemporal Fusion of Multisource Remote Sensing Data：Literature Survey, Taxonomy, Principles, Applications, and Future Directions［J］. Remote Sensing, 2018, 10（4）：527.

［108］ Liao L，Song J，Wang J，et al. Bayesian Method for Building Frequent Landsat-Like NDVI Datasets by

Integrating MODIS and Landsat NDVI［J］. Remote Sensing, 2016, 8（6）: 452.

［109］ Xue J, Leung Y, Fung T. A Bayesian Data Fusion Approach to Spatio-Temporal Fusion of Remotely Sensed Images［J］. Remote Sensing, 2017, 9（12）: 1310.

［110］ Huang B, Song H. Spatiotemporal Reflectance Fusion via Sparse Representation［J］. IEEE Transactions on Geoscience & Remote Sensing, 2012, 50（10）: 3707-3716.

［111］ Wu B, Huang B, Zhang L. An Error-Bound-Regularized Sparse Coding for Spatiotemporal Reflectance Fusion［J］. IEEE Transactions on Geoscience & Remote Sensing, 2015, 53（12）: 6791-6803.

［112］ Liu X, Deng C, Wang S, et al. Fast and Accurate Spatiotemporal Fusion Based Upon Extreme Learning Machine［J］. IEEE Geoscience & Remote Sensing Letters, 2017, 13（12）: 2039-2043.

［113］ Wei J, Wang L, Liu P, et al. Spatiotemporal Fusion of Remote Sensing Images with Structural Sparsity and Semi-Coupled Dictionary Learning［J］. Remote Sensing, 2016, 9（1）: 21.

［114］ Wei J, Wang L, Liu P, et al. Spatiotemporal Fusion of MODIS and Landsat-7 Reflectance Images via Compressed Sensing［J］. IEEE Transactions on Geoscience & Remote Sensing, 2017, PP（99）: 1-14.

［115］ Moosavi V, Talebi A, Mokhtari M H, et al. A wavelet-artificial intelligence fusion approach（WAIFA）for blending Landsat and MODIS surface temperature［J］. Remote Sensing of Environment, 2015, 169: 243-254.

［116］ Messinger D, West J, Schott J. Improving background multivariate normality and target detection performance using spatial and spectral segmentation［C］. proceedings of the 2006 IEEE International Symposium on Geoscience and Remote Sensing, F, 2006.

［117］ 刘凯, 张立福, 杨杭, 等. 面向对象分析的非结构化背景目标高光谱探测方法研究［J］. 光谱学与光谱分析, 2013, 33（6）: 1653-1657.

［118］ Liu W, Chang C-I. A nested spatial window-based approach to target detection for hyperspectral imagery［C］. proceedings of the Geoscience and Remote Sensing Symposium, 2004 IGARSS'04 Proceedings 2004 IEEE International, F, 2004.

［119］ Li X, Zhao C, Wang Y. Sparse representation within disconnected spatial support for target detection in hyperspectral imagery［C］. proceedings of the 2014 12th International Conference on Signal Processing（ICSP）, F, 2014.

［120］ Chang C I, Ren H, Chiang S S. Real-time processing algorithms for target detection and classification in hyperspectral imagery［J］. Ieee T Geosci Remote, 2001, 39（4）: 760-768.

［121］ 赵春晖, 王玉磊, 李晓慧. 一种新型高光谱实时异常检测算法［J］. 红外与毫米波学报, 2015（1）: 114-121.

［122］ Zhao C H, Wang Y L, Qi B, et al. Global and Local Real-Time Anomaly Detectors for Hyperspectral Remote Sensing Imagery［J］. Remote Sens, 2015, 7（4）: 3966-3985.

［123］ Zhao C, Yao X. Fast Real-Time Kernel RX Algorithm Based on Cholesky Decomposition［J］. IEEE Geoscience and Remote Sensing Letters, 2018（99）: 1-5.

［124］ Zhang B, Yang W, Gao L R, et al. Real-time target detection in hyperspectral images based on spatial-spectral information extraction［J］. Eurasip Journal on Advances in Signal Processing, 2012.

［125］ Yang B, Yang M H, Plaza A, et al. Dual-Mode FPGA Implementation of Target and Anomaly Detection Algorithms for Real-Time Hyperspectral Imaging［J］. Ieee J-Stars, 2015, 8（6）: 2950-2961.

［126］ Huang H, Shi G, He H, et al. Dimensionality Reduction of Hyperspectral Imagery Based on Spatial-Spectral Manifold Learning［J］. IEEE Transactions on Cybernetics, 2019.

［127］ Ma L, Crawford M M, Zhu L, et al. Centroid and Covariance Alignment-Based Domain Adaptation for Unsupervised Classification of Remote Sensing Images［J］. IEEE Transactions on Geoscience and Remote Sensing, 2018.

［128］ Tong L，Zhang J，Ye Z. Classification of hyperspectral image based on deep belief networks ［C］. Proceedings of the IEEE International Conference on Image Processing，F，2014.

［129］ Yang X，Ye Y，Li X，et al. Hyperspectral Image Classification With Deep Learning Models ［J］. IEEE Transactions on Geoscience & Remote Sensing，2018，PP（99）：1–16.

［130］ 张号逵，李映，姜晔楠. 深度学习在高光谱图像分类领域的研究现状与展望 ［J］. 自动化学报，2018，44（6）：961–977.

［131］ Yue J，Zhao W，Mao S，et al. Spectral–spatial classification of hyperspectral images using deep convolutional neural networks ［J］. Remote Sensing Letters，2015，6（6）：468–477.

［132］ Zhong Z，Li J，Luo Z，et al. Spectral–Spatial Residual Network for Hyperspectral Image Classification：A 3–D Deep Learning Framework ［J］. IEEE Transactions on Geoscience and Remote Sensing，2017，56（2）：847–858.

［133］ 李冠东，张春菊，高飞，等. 双卷积池化结构的 3D-CNN 高光谱遥感影像分类方法 ［J］. 中国图像图形学报，2019，24（4）：639–654.

［134］ Zhan Y，Hu D，Wang Y，et al. Semisupervised Hyperspectral Image Classification Based on Generative Adversarial Networks ［J］. IEEE Geoscience and Remote Sensing Letters，2018，15（2）：212–216.

［135］ Zhu L，Chen Y，Ghamisi P，et al. Generative Adversarial Networks for Hyperspectral Image Classification ［J］. IEEE Transactions on Geoscience and Remote Sensing，2018：1–18.

［136］ 毕晓君，周泽宇. 基于双通道 GAN 的高光谱图像分类算法 ［J］. 光学学报，2019，39（10）：297–308.

［137］ Zhang L，Huang C，Sun X，et al. Perspectives on chinese developments in spaceborne imaging spectroscopy：What's New In 2016 ［C］. Proceedings of the IGARSS，Fort Worth，Texas，USA，F July 23–28，2017.

［138］ Butler D. Earth observation enters next phase–Nature ［J］. Nature，2014，508（7495）：160–161.

［139］ Domtk G，Leberl F，Cimino J. Dependence of image grey values on topography in SIR–B images ［J］. International Journal of Remote Sensing，1988，9（5）：1013–1022.

［140］ Konecny G，Schuhr W. Reliability of Radar Image Data ［A］. IEEE Geoscience and Remote Sensing Symposium，IGRASS 1988，1988.

［141］ Toutin T，Carbonneau Y，St.–Laurent L . An integrated method to rectify airborne radar imagery using DEM ［J］. Photogrammetric Engineering & Remote Sensing，1992，58（4）：417–422.

［142］ Brown W E. Applications of SEASAT SAR digitally corrected imagery for sea ice dynamics ［A］. Amer.Geophys Union Spring 1981 Meeting，1981：25–29.

［143］ Curlander J C，Kwok R，Pang S S. A post–processing system for automated rectification and registration of spaceborne SAR imagery? ［J］. International Journal of Remote Sensing，1987，8（4）：621–638.

［144］ 张永红. 合成孔径雷达成像几何机理分析与处理方法研究 ［D］. 武汉：武汉大学，2001.

［145］ Sinclair G. The Transmission and Reception of Elliptically Polarized Waves ［J］. Proceedings of the IRE，1950，38（2）：148–151.

［146］ Graves C D. Radar Polarization Power Scattering Matrix ［J］. Proceedings of the IRE，1956，44（5）：248–252.

［147］ Huynen J R. Phenomenological theory of radar targets ［D］. Technical Univ.，Delft，the Netherlands，1970.

［148］ Boerner W M and Arini M B. Polarization Dependence in Electromagnetic Inverse Problem ［J］. IEEE Transactions on Antennas and Propagation，1981，29（2）：262–271.

［149］ Lee J S，Grunes M R，and Mango S A，Speckle reduction in multipolarization，multifrequency SAR imagery ［J］. IEEE Transactions on Geoscience and Remote Sensing，1991，29（4）：535–544.

［150］ Lopez–Martinez C，Fabregas X. Model–based polarimetric SAR speckle filter ［J］. IEEE Transactions on Geoscience and Remote Sensing，2008，46（11）：3894–3907.

［151］ Buades A，Coll B，Morel J M. A review of image denoising algorithms，with a new one. Multiscale Model［J］. Simul，2005，4（2）：490-530.

［152］ Kong J A，Swartz A A，Yueh H A，et al. Identification of terrain cover using the optimal terrain classifier［J］. Journal of Electromagnetic Waves and Applications，1988，2：171-194.

［153］ Lee J S，Grunes M R，Kwok R. Classification of multi look polarimetric SAR imagery based on complex Wishart distribution［J］. International Journal of Remote Sensing，1994，15（11）：2299-2311.

［154］ Pottier E，Saillard J. On radar polarization target decomposition theorems with application to target classification by using neural network method. In Antennas and Propagation［J］. ICAP 91，Seventh International Conference on（IEE），1991：265-268.

［155］ Van Zyl J J. Unsupervised classification of scattering behavior using radar polarimetry data［J］. IEEE Transactions on Geoscience and Remote Sensing，1989，27（1）：36-45.

［156］ Cloude S R，Pottier E. An entropy based classification scheme for land applications of polarimetric SAR［J］. IEEE Transactions on Geoscience and Remote Sensing，1997，35（1）：68-78.

［157］ Lee J S，Grunes M R，Pottier E，et al. Unsupervised terrain classification preserving scattering characteristics［J］. IEEE Transactions on Geoscience and Remote Sensing，2004，42（4）：722-731.

［158］ Novak L M，Burl M C. Optimal speckle reduction in polarimetric SAR imagery［J］. IEEE Transactions on Aerospace and Electronic Systems，1990，26（2）：293-305.

［159］ Touzi R，Charbonneau F，Hawkins R K，et al. Ship-sea contrast optimization when using polarimetric SARs［C］// Proceedings of International Geoscience and Remote Sensing Symposium. Sydney，Australia：IEEE Press，2001：426-428.

［160］ Liu C，Vachon P W，Geling G W. Improved ship detection with airborne polarimetric SAR data［J］. Can J Remote Sensing，2005，31（1）：122-131.

［161］ Sciotti M，Pastina D，Lombardo P. Polarimetric detectors of extended targets for ship detection in SAR images［J］. In Geoscience and Remote Sensing Symposium，2001，7：3132-3134.

［162］ Cameron W L，Youssef N N，Leung L K. Simulated polarimetric signatures of primitive geometrical shapes［J］. IEEE Transactions on Geoscience and Remote Sensing，1996，34（3）：793-803.

［163］ Wismann V，Gade M，Alpers W et al. Radar signatures of marine mineral oil spills measured by an airborne multi-frequency radar［J］. Int. J. Remote Sensing，1998，19（18）：3607-3623.

［164］ Gade M. On the imaging of biogenic and anthropogenic surface films on the sea by radar sensors. In Marine Surface Films［M］. Springer Berlin Heidelberg，2006：189-204.

［165］ Huang B，Li H，Huang X. A level set method for oil slick segmentation in SAR images［J］. International Journal of Remote Sensing，2005，26（6）：1145-1156.

［166］ Pablo C C，Yan X. Low-backscatter ocean features in synthetic aperture radar imagery［J］. Johns Hopkins APL Technical Digest，2000，21（1）：116-121.

［167］ Migliaccio M，Gambardella A，and Tranfaglia M. SAR polarimetry to observe oil spills［J］. IEEE Transactions on Geoscience and Remote Sensing，2007，45（2）：506-511.

［168］ Migliaccio M，Nunziata F，Gambardella A. On the co-polarized phase difference for oil spill observation［J］. International Journal of Remote Sensing，2009，30（6）：1587-1602.

［169］ Migliaccio M，Gambardella A，Nunziata F，et al. The PALSAR polarimetric mode for sea oil slick observation［J］. IEEE Transactions on Geoscience and Remote Sensing，2009，47（12）：4032-4041.

［170］ Fiscella B，Giancaspro A，Nirchio F，et al. Oil spill detection using marine SAR images［J］. Int. J. Remote Sens，2000，21（18）：3561-3566.

［171］ Nirchio F，Sorgente M，Giancaspro A，et al. Automatic detection of oil spills from SAR images［J］. Int. J.

Remote Sens., 2005, 26 (6): 1157-1174.

[172] Cloude S R, Pottier E. A review of target decomposition theorems in radar polarimetry [J]. IEEE Transactions on Geoscience and Remote Sensing, 1996, 34 (2): 498-518.

[173] Krogager E, Czyz Z H, Properties of the sphere, diplane, and helix decomposition [J]. In Proc. 3rd Int. Workshop on Radar Polarimetry, Nantes, France, 1995: 106-114.

[174] Touzi R, Charbonneau F. Characterization of target symmetric scattering using polarimetric SARs [J]. IEEE Transactions on Geoscience and Remote Sensing, 2002, 40: 2507-2516.

[175] Cloude S R. Radar target decomposition theorems [J]. Electronics Letters, 1985, 21 (1): 22-24.

[176] Freeman A, Durden S L. A three-component scattering model for polarimetric SAR data [J]. IEEE Transactions on Geoscience and Remote Sensing, 1998, 36 (3): 963-973.

[177] Freeman A. Fitting a two-component scattering model to polarimetric SAR data [A]. Proc. International Geoscience and Remote Sensing Symposium (IGARSS'99), Hamburg, Germany, 1999: 2649-2651.

[178] Yamaguchi Y, Moriyama T, Ishido M, et al. Four-component scattering model for polarimetric SAR image decomposition [J]. IEEE Transactions on Geoscience and Remote Sensing, 2005, 43 (8): 1699-2005.

[179] Ferretti, A, Prati, C, Rocca, F. Permanent scatterers in SAR interferometry, Geoscience and Remote Sensing Symposium [A]. IGARSS '99 Proceedings, IEEE 1999 International, 1999, 1523: 1528-1530.

[180] Ferretti A, Fumagalli A, Novali F, et al. A New Algorithm for Processing Interferometric Data-stacks: SqueeSAR [J]. IEEE Transactions on Geoscience and Remote Sensing, 2011, 49(9): 3460-3470.

[181] Kampes B M. Radar Interferometry: Persistent Scatterer Technique [M]. Dordrecht, The Netherlands: Springer, 2006.

[182] Berardino P, Fornaro G, Lanari R, et al. A New Algorithm for Surface Deformation Monitoring Based on Small Baseline Differential SAR Interferograms [J]. IEEE Transactions on Geoscience and Remote Sensing, 2002, 40 (11): 2375-2383.

[183] Wang H, Huang Q, Pi Y. Polarization decomposition with S and T matrix of a PolSAR image [J]. Communications, Circuits and Systems, 2009: 530-532.

[184] 张过, 费文波, 李贞, 等. 用 RPC 替代星载 SAR 严密成像几何模型的试验与分析 [J]. 测绘学报, 2010, 39 (3): 264-270.

[185] 袁孝康. 星载合成孔径雷达的目标定位方法 [J]. 上海航天, 1997 (6): 51-57.

[186] 张永红. 合成孔径雷达成像几何机理分析与处理方法研究 [D]. 武汉: 武汉大学, 2001.

[187] 陈尔学. 星载合成孔径雷达影像正射校正方法研究 [D]. 北京: 中国林业科学研究院, 2004.

[188] Yang J, Yamaguchi Y, Yamada H, et al. Stable decomposition of a Kennaugh matrix [J]. IEICE Transaction Communications, 1998: 1261-1268.

[189] Yang J, Zhang H, Yamaguchi Y. GOPCE-based approach to ship detection [J]. IEEE Geoscience and Remote Sensing Letters, 2012, 9 (6): 1089-1093.

[190] An W, Cui Y, Yang J. Three-Component Model-Based Decomposition for Polarimetric SAR data [J]. IEEE Transactions on Geoscience and Remote Sensing, 2010, 48 (6): 2732-2739.

[191] Chen J, Chen Y, An W, et al. Nonlocal filtering for polarimetric SAR data: a pretest approach [J]. IEEE Transactions on Geoscience and Remote Sensing, 2011, 49 (5): 1744-1754, May 2011.

[192] Xu F, Jin Y. Deorientation theory of polarimetric scattering targets and application to terrain surface classification [J]. IEEE Transactions on Geoscience and Remote Sensing, 2005, 43 (10): 2351-2364.

[193] Liu Guoqing, Shunji Huang, A Torre, et al. The multilook polarimetric whitening filter (MPWF) for intensity speckle reduction in polarimetric SAR images [J]. IEEE Transactions on Geoscience and Remote Sensing, 1998, 36 (3): 1016-1020.

［194］吴永辉，计科峰，郁文贤. 极化白化滤波器的一种多通道扩展［J］. 电子与信息学报，2006，28（9）：1590–1593.

［195］Zhang L，Zou B，Cai H，et al. Multiple-component scattering model for polarimetric SAR image decomposition［J］. IEEE Geoscience and Remote Sensing Letters，2008，4：603–607.

［196］庄钊文，肖顺平，王雪松. 雷达极化信息处理及其应用［M］. 北京：国防工业出版社，1999.

［197］周晓光. 极化 SAR 图像分类方法研究［D］. 长沙：国防科技大学研究生院，2008.

［198］种劲松. 合成孔径雷达图像舰船目标检测算法与应用研究［D］. 北京：中国科学院电子学研究所，2002.

［199］Guo Huadong（ed.），Shao Yun，et al. Radar Remote Sensing Applications in China［M］. London: Taylor & Francis Books Ltd.，2001.

［200］郭华东，邵芸. 雷达对地观测理论与应用［M］. 北京：科学出版社，2000.

［201］魏钟铨，等. 合成孔径雷达卫星［M］. 北京：科学出版社，2001.

［202］Shao Yun，Fan Xiangtao，Liu Hao，et al. Rice monitoring and production estimation using multitemporal RADARSAT［J］. Remote Sensing Of Environment，2001，76（3）：310–325.

［203］Shao Yun，Liao Jingjuan，Wang Cuizhen，Analysis of temporal radar backscatter of rice: A comparison of SAR observations with modeling results［J］. Canadian Journal Of Remote Sensing，2002，28（2）：128–138.

［204］Li Kun，Brisco Brian，Shao Yun，et al. Polarimetric decomposition with RADARSAT-2 for rice mapping and monitoring［J］. Canadian Journal of Remote Sensing，2012，38（2）：169–179.

［205］Yang，Z.，Yun Shao，Kun Li，et al. An improved scheme for rice phenology estimation based on time-series multispectral hj-1a/b and polarimetric radarsat-2 data［J］. Remote Sensing of Environment，2017（195）：184–201.

［206］李雪松. 机载激光 LiDAR 原理及应用［J］. 测绘与空间地理信息，2015，38（2）：221–224.

［207］彭江帆. 基于车载激光扫描数据的高速公路道路要素提取方法研究［D］. 北京：北京建筑大学，2017.

［208］Abellan A，Derron M H，Jaboyedoff M. "Use of 3D Point Clouds in Geohazards" Special Issue: Current Challenges and Future Trends［J］. Remote Sens，2016，8（2）：130.

［209］Roca-Pardiñas J，Argüelles-Fraga R，de Asís López F，et al. Analysis of the influence of range and angle of incidence of terrestrial laser scanning measurements on tunnel inspection［J］. Tunnelling and Underground Space Technology，2014，43，133–139.

［210］Holgado-Barco A，Gonzá lez-Aguilera，Diego，et al. Semiautomatic Extraction of Road Horizontal Alignment from a Mobile LiDAR System［J］. Computer-Aided Civil and Infrastructure Engineering，2015，30（3）：217–228.

［211］Wang J，Hu Z，Chen Y，et al. Automatic Estimation of Road Slopes and Superelevations Using Point Clouds［J］. Photogrammetric Engineering & Remote Sensing，2017，83（3）：217–223.

［212］Rodr í guez-Cuenca Borja，García-Cortés Silverio，Ordóñez Celestino，et al. Automatic Detection and Classification of Pole-Like，Objects in Urban Point Cloud Data Using an Anomaly Detection Algorithm［J］. Remote Sensing，2015，7（10）：12680–12703.

［213］Wilkes P，Lau A，Disney M，et al. Data acquisition considerations for Terrestrial Laser Scanning of forest plots［J］. Remote Sensing of Environment，2017，196：140–153.

［214］Ene L T，Næsset E，Gobakken T，et al. Large-scale estimation of aboveground biomass in miombo woodlands using airborne laser scanning and national forest inventory data［J］. Remote Sensing of Environment，2016，186：626–636.

［215］Maltamo M，Bollandsås O M，Gobakken T，et al. Large-scale prediction of aboveground biomass in heterogeneous mountain forests by means of airborne laser scanning［J］. Canadian Journal of Forest Research，2016，46（9）：1138–1144.

［216］Nilsson M，Nordkvist K，Jonzén J，et al. A nationwide forest attribute map of Sweden predicted using airborne laser scanning data and field data from the National Forest Inventory［J］. Remote Sensing of Environment，2017，194：447–454.

［217］Tang H，Dubayah R，Brolly M，et al. Large–scale retrieval of leaf area index and vertical foliage profile from the spaceborne waveform LiDAR（GLAS/ICESat）［J］. Remote Sensing of Environment，2014，154：8–18.

［218］Thomas Wunderlich,W Niemeier，Daniel Wujanz,et al.Areal Deformation Analysis from TLS Point Clouds – The Challenge［J］. Allgemeine Vermessungs–Nachrichten. 2016，123:340–351.

［219］Cian F，Marconcini M，Ceccato P，et al. Flood depth estimation by means of high–resolution SAR images and LiDAR data［J］. Natural Hazards and Earth System Science，2018，18（11）：3063–3084.

［220］Valentina Radić，Hock R. Glaciers in the Earth's Hydrological Cycle：Assessments of Glacier Mass and Runoff Changes on Global and Regional Scales［J］. Surveys in Geophysics，2013，35（3）：813–837.

［221］Jebur M N，Pradhan B，Tehrany M S. Optimization of landslide conditioning factors using very high–resolution airborne laser scanning（LiDAR）data at catchment scale［J］. Remote Sensing of Environment，2014，152：150–165.

［222］Johnstone E，Raymond J，Olsen M J，et al. Morphological expressions of coastal cliff erosion processes in San Diego County［J］. Journal of Coastal Research，2016，76（sp1）：174–184.

［223］Paine J G，Caudle T L，Andrews J R. Shoreline and sand storage dynamics from annual airborne LiDAR surveys，Texas Gulf Coast［J］. Journal of Coastal Research，2016，33（3）：487–506.

［224］Matikainen L，Lehtomäki M，Ahokas E，et al. Remote sensing methods for power line corridor surveys［J］. ISPRS Journal of Photogrammetry and Remote Sensing，2016，119：10–31.

［225］杨必胜，梁福逊，黄荣刚. 三维激光扫描点云数据处理研究进展、挑战与趋势［J］. 测绘学报，2017，46（10）：1509–1516.

［226］Biljecki F，Stoter J，Ledoux H，et al. Applications of 3D city models：State of the art review［J］. ISPRS International Journal of Geo–Information，2015，4（4）：2842–2889.

［227］Shabat I B，3D Point Cloud Classification using Deep Learning–Recent Works［EB/OL］. 2017，http：//www.itzikbs.com/3d–point–cloud–classification–using–deep–learning.

［228］Polewski P，Yao W，Heurich M，et al. A voting–based statistical cylinder detection framework applied to fallen tree mapping in terrestrial laser scanning point clouds［J］. ISPRS Journal of Photogrammetry and Remote Sensing，2017，129：118–130.

［229］Qi C R，Su H，Mo K，et al.PointNet：Deep learning on point sets for 3d classification and segmentation［J］. IEEE Conference on Computer Vision and Pattern Recognition（CVPR），2017，07：652–660.

［230］Qi Charles R，Li Yi，Hao Su，et al. Pointnet++：Deep hierarchical feature learning on point sets in a metric space［J］. arXiv preprint arXiv，2017.

［231］Roman Klokov,Victor Lempitsky. Escape from cells：Deep kd–networks for the recognition of 3d point cloud models［J］. arXiv preprint arXiv 2017.

［232］王江妹，姚吉利，贾象阳，等. 一种多站扫描中标靶定位精度的整体评估方法［J］. 测绘科学，2017，42（8）：102–106.

［233］谢秋平，于海洋，余鹏磊，等. 地铁隧道三维激光扫描数据配准方法［J］. 测绘科学，2015，40（6）：98–101.

［234］刘斌，郭际明，邓祥祥. 结合八叉树和最近点迭代算法的点云配准［J］. 测绘科学，2016，41（2）：130–132，177.

［235］钱伯至，蓝秋萍. 隧道三维点云孔洞修复方法［J］. 测绘工程，2017，03：46–50，55.

［236］林祥国，张继贤，宁晓刚，等. 融合点、对象、关键点等3种基元的点云滤波方法［J］. 测绘学报，

2016，45（11）：1308-1317.

［237］徐光华. 基于二次曲线拟合的隧道激光点云滤波方法及其应用［J］. 测绘通报，2015，5：42-45.

［238］李珵，卢小平，朱宁宁，等. 基于激光点云的隧道断面连续提取与形变分析方法［J］. 测绘学报，2015，09：1056-1062.

［239］卢小平，朱宁宁，禄丰年. 基于椭圆柱面模型的隧道点云滤波方法［J］. 武汉大学学报（信息科学版），2016，11：1476-1482.

［240］王海君，许捍卫. 从点云中提取断面轮廓在隧道监测中的应用［J］. 地理空间信息，2016，03：102-103，106，9.

［241］Yang B，Liu Y，Dong Z，et al. 3D local feature BKD to extract road information from mobile laser scanning point clouds［J］. ISPRS Journal of Photogrammetry and Remote Sensing，2017，130：329-343.

［242］胡啸，黄明，周海霞. 车载激光扫描数据的高速道路自动提取方法［J］. 测绘科学，2019（3）：1-11.

［243］吴学群，宁津生，杨芳. 车载激光扫描数据分类支持下的路面数据提取［J］. 测绘通报，2018（2）：107-110，135.

［244］Guan H，Li J，Yu Y，et al. Automated Road Information Extraction From Mobile Laser Scanning Data［J］. IEEE Transactions on Intelligent Transportation Systems，2015，16（1）：194-205.

［245］闫利，李赞. 车载激光点云道路标线提取方法［J］. 遥感信息，2018，33（1）：1-6.

［246］赵方博，王佳，高赫，等. 地面激光雷达的单木真实叶面积指数提取［J］. 测绘科学，2019（4）：1-10.

［247］林怡，季昊巍，叶勤. 基于LiDAR点云的单棵树木提取方法研究［J］. 计算机测量与控制，2017，25（6）：142-147.

［248］梁祖琴. 基于地基激光雷达数据的林木冠层间隙率和聚集度指数反演［D］. 成都：电子科技大学，2017.

［249］王轶夫，岳天祥，赵明伟，等. 机载LiDAR数据的树高识别算法与应用分析［J］. 地球信息科学学报，2014，16（6）：958-964.

［250］Nie S，Wang C，Dong P，et al. Estimating leaf area index of maize using airborne discrete-return LiDAR data［J］. IEEE Journal of Selected Topics in Applied Earth Observations and Remote Sensing，2016，9（7）：3259-3266.

［251］Wang Y，Li G，Ding J，et al. A combined GLAS and MODIS estimation of the global distribution of mean forest canopy height［J］. Remote sensing of environment，2016，174：24-43.

［252］张继贤，段敏燕，林祥国，等. 激光雷达点云电力线三维重建模型的对比与分析［J］. 武汉大学学报（信息科学版），2017，42（11）：1565-1572.

［253］段敏燕. 机载激光雷达点云电力线三维重建方法研究［J］. 测绘学报，2016，45（12）：1495.

［254］贾魁，张晶. 多尺度下车载激光点云数据中电力线的提取［J］. 首都师范大学学报（自然科学版），2018，39（1）：72-76.

［255］沈小军，秦川，杜勇，等. 复杂地形电力线机载激光雷达点云自动提取方法［J］. 同济大学学报（自然科学版），2018，46（7）：982-987.

［256］蒋桂美，聂倩，陈小松. 利用机载激光点云数据生产DEM的关键技术分析［J］. 测绘通报，2017（6）：90-93.

［257］Zhang Z，Zhang L，Tong X，et al. Discriminative-Dictionary-Learning-Based Multilevel Point-Cluster Features for ALS Point-Cloud Classification［J］. IEEE Transactions on Geoscience and Remote Sensing，2016：1-14.

［258］Hu X，Yuan Y. Deep-learning-based classification for DTM extraction from ALS point cloud［J］. Remote sensing，2016，8（9）：730.

［259］程小龙，程效军，贾东峰，等. 三维激光扫描技术在考古发掘中的应用［J］. 工程勘察，2015，43（8）：79-86.

［260］姜丹，张磊，王晟宇. 三维激光扫描技术在考古勘探中的应用［J］. 测绘技术装备，2016，18（2）：65-68.

[261] 王道波，黄维，宋岩，等. 基于激光点云的合浦汉墓出土陶屋三维重建［J］. 湖南科技大学学报（自然科学版），2015，30（1）：92-96.

[262] 张国丽，魏传喜. 三维激光扫描技术在小区域滑坡体变形监测中的应用［J］. 海河水利，2018（4）：62-64，67.

[263] Wang J，Wang D，Liu S，et al. Delineating minor landslide displacements using GPS and terrestrial laser scanning-derived terrain surfaces and trees：a case study of the Slumgullion landslide，Lake City，Colorado［J］. Survey Review，2018：1-9.

[264] 周才文. 基于地面三维激光扫描的露天矿山边坡变形监测研究［D］. 赣州：江西理工大学，2018.

[265] Pepe M，Ackermann S，Fregonese L，et al. 3D Point cloud model color adjustment by combining terrestrial laser scanner and close range photogrammetry datasets［C］//ICDH 2016：18th International Conference on Digital Heritage. International Journal of computer and Information Engineering，2016，10：1942-1948.

[266] Bisheng Y，Ronggang H，Jianping L，et al. Automated Reconstruction of Building LoDs from Airborne LiDAR Point Clouds Using an Improved Morphological Scale Space［J］. Remote Sensing，2016，9（1）：14.

[267] Zámecníková Miriam，Hans N. Methods for quantification of systematic distance deviations under incidence angle with scanning total stations［J］. ISPRS Journal of Photogrammetry and Remote Sensing，2018，144：268-284.

[268] Perera G S N，Maas H G. Cycle graph analysis for 3D roof structure modelling：Concepts and performance［J］. ISPRS Journal of Photogrammetry and Remote Sensing，2014，93：213-226.

[269] Xiong B，Jancosek M，Oude Elberink S，et al. Flexible building primitives for 3D building modeling［J］. ISPRS Journal of Photogrammetry and Remote Sensing，2015，101：275-290.

[270] Biljecki F，Ledoux H，Stoter J，et al. Formalisation of the level of detail in 3D city modelling［J］. Computers，Environment and Urban Systems，2014，48：1-15.

[271] Biljecki F，Ledoux H，Stoter J. An improved LOD specification for 3D building models［J］. Computers，Environment and Urban Systems，2016，59：25-37.

[272] Yang B，Zang Y，Dong Z，et al. An automated method to register airborne and terrestrial laser scanning point clouds［J］. ISPRS Journal of Photogrammetry and Remote Sensing，2015，109：62-76.

[273] Yu Y，Li J，Guan H，et al. Automated Extraction of Urban Road Facilities Using Mobile Laser Scanning Data［J］. IEEE Transactions on Intelligent Transportation Systems，2015，16（4）：2167-2181.

[274] Moisan E，Charbonnier P，Foucher P，et al. Building a 3D reference model for canal tunnel surveying using sonar and laser scanning［J］. The International Archives of Photogrammetry，Remote Sensing and Spatial Information Sciences，2015，40（5）：153.

[275] Conner J C，Olsen M J. Automated quantification of distributed landslide movement using circular tree trunks extracted from terrestrial laser scan data［J］. Computers & Geosciences，2014，67：31-39.

[276] 陈弘奕，胡晓斌，李崇瑞. 地面三维激光扫描技术在变形监测中的应用［J］. 测绘通报，2014，12：74-77.

[277] 苏春艳，隋立春. 基于三维激光扫描技术的土方量快速测量［J］. 测绘技术装备，2014，02：49-51，8.

[278] 王举，张成才. 基于三维激光扫描技术的土石坝变形监测方法研究［J］. 岩土工程学报，2014，12：2345-2350.

撰稿人：王 金 龙小祥 张立福 陈 琦 邵 芸

黄长平 黄冬明 葛曙乐 谢俊峰

# 摄影测量的技术理论研究

## 1 航空摄影测量技术与数据处理

### 1.1 数据特点

航空摄影测量就是将航摄仪放在飞机或其他航空飞行器上，从空中对地面景物的摄影，也称为空中摄影[1]。

航空摄影测量多采用竖直摄影方式，即摄影瞬间摄影机主光轴处在铅垂方向的摄影。近年来，随着影像获取技术的发展，倾斜航空摄影也取得了蓬勃发展并获得了广泛应用。目前最常见的五镜头倾斜摄影，是在铅垂方向和 4 个倾斜方向拍摄地面影像，能够同时获取顶视及侧视数据信息，用于大范围区域快速建模。

### 1.2 国外研究现状

随着航空平台、集成传感器技术、计算机技术的飞速发展，航空摄影测量的数据获取能力得到了极大提升。通过有人和无人飞行平台，可以快速获取多时相、多角度、多光谱、多分辨率的航空影像。在数据处理方面，计算机视觉和深度学习技术在航空摄影测量数据处理中的应用，极大地推动了航空摄影测量数据处理的自动化和智能化发展。

随着无人机平台的快速发展，无人机系统在航空摄影测量中占据越来越重要的地位，是航空摄影测量领域的最新技术之一。2004 年在伊斯坦布尔召开的 ISPRS 大会上，共有 3 篇关于无人机的论文，而且并没有针对无人机平台的会议。到 2008 年北京召开大会时，这一趋势已经发生变化，3 个不同的论坛共接收了 21 篇与使用无人机平台相关的论文。在 2012 年的墨尔本、2016 年的布拉格，有关无人机航空摄影测量与遥感的论文呈现井喷状态，说明无人机在航空摄影测量方面具有突出的潜力。

随着传感器技术的发展，低空无人机系统数据获取能力越来越高，其成像空间分辨率、时间分辨率、光谱分辨率、成像定位精度等水平均大幅度提升。随着无人机精准控制技术的发展，采用超低空飞行可以获取空间分辨率为厘米级甚至毫米级的航空影像，为航空摄影测量影像精化处理提供了高质量的数据源。机载高光谱影像获取的光谱分辨率可以达到几个纳米，甚至更高。

在数据处理技术方面，航空摄影机的检校、区域网平差、影像匹配和信息提取方面都取得了新的进展。在摄影机检校技术方面，常规的航空相机检校方法一般是利用检校场，对相机检校模型的畸变系数进行估算进而校正相机畸变误差。虽然通过检校场进行检校精度最高，但是部分情况需要快速地通过无目标校准的方式进行相机的检校工作，因此无目标校准是近几年的研究热点之一。Fraser C 和 Veress S[2] 率先提出把相机参数引入近景摄影测量系统中，提出一种效果突出的自检校方法；Ayman Habib[3] 通过利用直线段投影的共线性约束自检校光束法平差；Cefalu A[4] 针对自检校光束法平差的计算效率和空间复杂度，提出一种非结构的方法，用于研究使用累计约束残差的方式减少雅克比矩阵的规模。

在区域网平差技术发展方面，国外率先研制了 BINGO、PATB 等国际著名的平差软件，此外在传统的外业像控、内业加密平差处理的基础上，利用高精度 GNSS 数据支持无人机空中三角测量在近几年取得了很大进步。通过 GNSS 辅助的无人机空中三角测量可以实现免像控航空影像区域网平差处理。如 Shih-Hong Chio[5] 利用高精度的差分 GPS 数据，满足大比例测图需求。

在影像匹配和三维重建技术发展方面，影像匹配是实现自动空中三角测量和三维重建的基础。就特征提取和图像匹配方法而言，SIFT 算法[6-9] 获得了比较大的成功，实现了完整的各向同性的尺度探测算子，并兼顾亮度不变性、平移不变性、旋转不变性。在仿射抵抗性研究中，Mikolajczyk[10] 提出 Harris-Affine 算子，以二阶矩的垂直主方向为约束，恢复其相似空间。针对仿射不变性算子稀疏问题，ASIFT 算法[11] 通过近似穷举法模拟两个相机轴定向参数，然后应用 SIFT 模拟尺度、规范化位移和旋转，具备完全的仿射不变性。与 SIFT、MSER、Harris-Affine & Hessian-Affine 相比，ASIFT 对图像错切、旋转、尺度缩放、光照变化上具有更强的鲁棒性。在利用多角度倾斜摄影测量进行复杂场景的三维重建方面，三维重建的细节和质量以及纹理影像的高质量映射都取得了新的进展。如 Simon Fuhrmann[12] 利用倾斜影像集，提出完整的精细三维模型生成方法 MVE。此外，还诞生了一批优秀的原创性算法、开源软件、商业软件，例如 VisualSFM[13]、SGM[14]、SURE[15]、PMVS[16]、图割法（Graph Cut）表面重建[17]、Poisson Surface Reconstruction（PSR）[18]、ColMap[19]、ContextCapture[20]、实时 SLAM 和近景实时三维重建[21-32]。在目标检测识别方面，随着深度学习技术在计算机视觉中的成功应用，对目标进行检测识别成功率大幅度提高，也被广泛应用于航空摄影测量影像处理领域。如 David Bau[33] 详细剖析了对抗神经网络在目标识别中的原理，为其应用于摄影测量奠定坚实的理论基础。

在应用中，航空摄影测量系统的优势在于高时空分辨率、低运行成本和环境监测的灵活性。这些特性使得航空摄影测量系统在测绘、农业、林业、地质等领域都得到广泛应用，例如 MIT 开发出一款 NanoMap 系统，可以让无人机在森林、仓库等复杂环境中避开障碍物以 32km/h 高速飞行[34]。

## 1.3 我国发展现状

### 1.3.1 成图比例尺不断变大

以往航空摄影测量主要是小比例尺测图，随着数码相机的快速发展和航空摄影的飞行航高降低，获取影像的分辨率不断提高，因此航测成图比例尺也在不断变大。1970年以前，我国航空摄影测量主要针对 1:10 万、1:5 万地形图[35]；此后至 1996 年，我国主要开展 1:10 万、1:5 万、1:1 万、1:5000 航空摄影测量测图[36,37]；而如今主要是开展 1:5000、1:2000、1:1000、1:500 比例尺测图[38,39]。不过，目前的航空摄影测量，特别是无人机摄影测量，由于普通非量测相机的像幅较小、影像重叠度大、摄影基线较短，存在基高比小的问题，导致立体测图高程精度偏低。当然，应用多片立体测图、倾斜摄影测量就可以很好地避免这个问题。

### 1.3.2 数据处理能力不断增强

随着计算机计算和存储性能的提升，航空影像的处理能力从几千张发展到几万张，摄影测量理论也从传统的假设限制条件（例如航带假设、小角度假设），发展到计算模型更复杂的一般性计算机视觉理论。大范围的倾斜摄影模式逐渐代替了传统的正直摄影方式，不仅可生产出传统 4D 产品，而且还能生产出数据更为精细的 3D 模型，逐像素处理所有的影像数据。另外，随着技术和硬件的进步，数据生成所需的成本也发生了翻天覆地的变化，投入少量的人员、时间、经费即可完成测绘任务。如国产软件 Mirauge3D 处理 8900 张无人机倾斜空三数据仅耗时 48 小时；GodWork 在初始的 POS 和少量的外业控制点前提下，仅 5 个操作人员 17 天即可完成 1572km² 的 78000 张影像的 DOM 生产任务；Altizure 为了适应大数据时代，突破单机计算瓶颈，使用分布计算方法实现 10 万张影像以上的计算规模，并能保证三维产品的高效性和高度特点[40]。

### 1.3.3 从地面控制向空中控制发展

以往的航空摄影测量测图技术主要依赖地面控制点，这导致航测周期长、内外业工作量大、人力成本高。1994 年，李德仁和袁修孝在国内率先开展了 GPS 辅助空中三角测量试验，利用自主研发的联合平差程序 WuCAPS 系统对太原试验场 GPS 航摄飞行数据进行 GPS 辅助光束法区域网平差，用分米级精度的 GPS 摄站坐标获得了实地上平面为 ±7.9cm、高程为 ±18.1cm 的加密精度[41]。此后，袁修孝[42]提出了无地面控制 GPS 辅助光束法区域网平差技术，可以满足 1:25000~1:10 万中小比例尺地形图测绘、地图更新和一般航空遥感调查的精度要求。孙红星[43]提出了差分 GPS/INS 组合定位定向相关理论和方法。随着相关理论和技术的提出，从地面控制向空中控制发展迅速，一些高校和企业相继提出和研发了高精度 POS 辅助的空中三角测量技术和系统，可以减少将近 70% 或以上的地面控制点。直到 2017 年 5 月 10 日，武汉大学测绘遥感信息工程国家重点实验室郭丙轩团队和成都纵横自动化技术股份有限公司联合在国家测绘地理信息局发布了国内首套 1:500 大比例尺免像控无人机航测系统 CW-10C，该系统采用了高精度 GPS 差分技术、自标定 GPS 辅助光束法平差技术、顾及曝光延迟的无人机 GPS 辅助光束法平差技术[44]等关键技术，能够实现 10~20km² 范围的无人机数据的无地面控制空中三角测量，满足 1:500 测图要求[45]。对于大范围的免像控航空摄影测量，其难点在于地球曲率、大地坐标系与摄影测量坐标系不一致的问题，有待学者们共同解决。

### 1.3.4  实时测绘技术开始萌芽

近年来，随着计算机视觉技术的快速发展，国内也越来越重视 SLAM 技术，并开始逐步将其应用到实时测绘领域。西北工业大学布树辉等[46]提出的 Map2DFusion 在 ORB-SLAM 和 SVO 的基础上加入了对 GPS 数据运用，实现了无人机视频影像的实时位姿重建，并可实时生成正射影像。2019 年 3 月 28 日，大疆创新发布了一款大疆智图航测软件，该软件可以在无人机飞行过程中实时生成二维正射影像[47]。上述两款实时正射影像生成软件存在的问题，均是对整张影像进行正射纠正，然后将纠正后的新正射影像直接覆盖到原来的测区正射影像上，因此正射影像的拼接精度较低。武汉大学测绘遥感信息工程国家重点实验室肖雄武等[48]通过融合无人机免像控空中三角测量技术、SLAM 技术、三维重建中的构网和纹理映射技术，提出了一种高精度的正射影像实时生成方法。对于如何实时生成高精度的数字高程模型 DEM 产品，有待于学者们进一步研究。

### 1.3.5  倾斜摄影测量广泛开展

20 世纪 90 年代，国外就开始了对倾斜摄影测量系统的研究。国内对倾斜摄影测量技术的研究起步相对较晚。2010 年 4 月，北京天下图数据技术有限公司首次从国外引进一套 Pictometry 倾斜摄影装备，可采用法国的 StreetFactory 软件进行三维建模[49]。2010 年 10 月，中国测绘科学研究院刘先林院士团队成功研发了第一款国产倾斜相机 SWDC-5，是国内倾斜相机的一大突破[50]。2011 年，国产倾斜相机 SWDC-5 的销售模式正式开启，可与法国的 StreetFactory 软件进行联合作业[51]。至此，国内逐渐开始了倾斜摄影技术的应用尝试。比较有代表性、能够进行工程化应用的是北京东方道迩公司和武汉华正公司的后处理技术。2011—2013 年，北京东方道迩公司采用 SWDC-5 倾斜相机在长春、咸宁等地开展了倾斜摄影工程项目。2012—2013 年，华正空间（武汉）软件技术有限公司在 SWDC-5 倾斜摄影影像的基础上，通过整合 POS、DSM 及矢量等数据，开展基于倾斜摄影影像的显示及交互三维测量、基于定位定姿的影像数据和建筑物矢量图形数据对建筑物侧面进行半自动纹理映射等方面的研究和开发工作[52]。不过，两者的后处理建模都需要 LiDAR 数据的支持，前者是半自动的人工交互式生产，后者大部分工作能够实现自动化，需要的人工交互较少。每个倾斜摄影工程都需要两种设备飞行，作业门槛和成本偏高[52]。2013 年 2

月，武汉大学测绘遥感信息工程国家重点实验室在李德仁院士的引领下，由江万寿带领航空航天摄影测量研究室的部分师生，开展倾斜摄影测量全自动三维建模软件的研究和开发工作。该研发团队的郭丙轩和肖雄武携手于 2013 年 11 月在国内首次自主完成了倾斜影像全自动空中三角测量和全自动城市实景三维建模[53-56]，是我国倾斜摄影测量全自动三维建模的第一次重大突破。随着国产倾斜摄影装备的出现和后处理软件的快速发展，倾斜摄影技术真正成为国内业界的研究热点[57-63]。此后国内倾斜摄影航摄仪和倾斜摄影测量三维建模软件如雨后春笋般不断涌现。

在倾斜摄影航摄仪方面，按成像方式来分，倾斜摄影平台可分为固定式、扫摆式、旋转式和混合式 4 种[64]。目前，我国固定式倾斜摄影航摄仪有四维远见公司的 SWDC-5、中测新图公司的 TOPDC-5、上海航遥公司的 AMC580、中国科学院嘉兴光电工程中心的 AMC580-Ⅱ，以及红鹏公司在国内率先研发的轻型多镜头倾斜摄影云台、西安 1001 厂的 HGII-C 多视角航空摄影仪、成都睿铂公司的 "Riy" 锐眼系列倾斜摄影相机等。扫摆式倾斜摄影航摄仪有武汉大势智慧公司的双鱼 4.0、上海伯镭公司的 M4 无人机配备 FC6310 相机等。混合式倾斜摄影航摄仪有大疆公司的 Phantom 4pro 自带航摄仪 FC6310 相机等。

在倾斜摄影数据处理方面，目前国内比较具有代表性的软件有：香港科技大学研发的 Altizure 可通过云端计算，全自动生成三维城市模型；武汉天际航公司研发的 DP-Modeler 可对自动建模成果进行精加工，修正几何变形、纹理拉花等；浙江中海达公司研发的 LINK 可生产 DEM，Oblique Sketch 可实现多细节层次建模；武汉航天远景公司研发的 PicMatrix 是一款从影像到三维的工厂化生产系统；武汉大势智慧公司研发的空三大师，可单次完成数万张、覆盖数十平方公里的倾斜影像空三计算；武汉讯图科技公司研发的 Photo3D 可对大规模影像数据实现全自动的三维建模。不过，在国内应用倾斜影像进行三维建模，或多或少还存在如下一些问题：①精度问题，自动建模形成的三维模型近地面部分变形较大导致失真，建筑物棱角不分明，会缺失建筑细节，而且也不易修复和编辑；②完整性不足，例如有时会出现地面视角空洞；③自动纹理映射问题，可能无法非常高效地实现纹理最优；④单体化问题，可能难以自动区分建筑模型与地面模型并实现模型单体化。以上问题亟待学者们共同解决。

当前，国内三维建模正在朝多源数据高精度全自动三维重建、空地影像一体化处理、多层次精细化三维建模、结构化三维重建、实时三维建模[64, 65]等方向发展。

### 1.3.6　激光雷达的广泛应用

激光雷达为以光脉冲形式获取激光发射器和激光接收器之间的时间差，以此计算得到设备到物方表面的距离。结合其他信息，如 IMU、GPS、设站坐标等信息，可直接推算出物方点云的三维坐标信息，属于主动遥感范畴。激光雷达根据其应用平台可分为地面激光雷达、机载激光雷达和星载激光雷达。对不同的应用领域及成果要求，结合灵活的搭载方式，LiDAR 技术可以广泛应用于基础测绘、道路工程、电力电网、水利、石油管线、海岸线及海岛礁、数字城市等领域，提供高精度、大比例尺（1∶500 至 1∶10000）的空间数据成果。国内对激光雷达的研究起始于 20 世纪 80 年代，由于制造水平的限制，基于面阵的激光雷达的发展滞后于基于时间的激光雷达，但经过多年的发展也取得了长足进步。

针对激光雷达的效率，仲思东[66]提出一种改进型激光雷达方案，可以在保证测量精度的前提下，对激光雷达前部 90° 的视场进行三次测量，或对同一目标一次扫描给出三组不同截面的扫描数据，提高了原激光雷达的使用效率，并可以对一些简单的面形进行定位测量，是一种简单、廉价、方便的改进方案。针对快速实现激光雷达的三维模型数据服务，梁欣廉[67]详细地介绍了其形成机制和优缺点，为激光雷达的数据处理奠定了基础。针对提高测距激光雷达海量回波数据的存储和传输效率，陈晋敏[68]以 FPGA 为核心的激光雷达数据采集系统中实现了对回波数据的 Lempel-Ziv-Welch（LZW 算法）基于字典的无损压缩，通过对字典管理进行简化，利用 FPGA 芯片内的 RAM 来存储字典，采用逻辑电路来处理压缩算法，算法的主体为 Verilog 语言描述的有限状态机，这种方法可以获得30% 左右的压缩比。

在应用方面，随着技术的提升和硬件的发展，段敏燕[69]提出使用激光雷达点云实现电力线三维重建方法，改进了三角网渐进加密滤波方法，实现了一种基于分层随机抽样和电力线三维重建数学模型约束的单档电力线 LiDAR 点云聚类方法。黄先锋[70]通过利用空间坐标信息和辐射强度信息的独立性，在激光扫描数据中进行道路提取，提高了提取结果的稳定性，该方法能够较好地在 LiDAR 数据中提取出道路并得到道路中心线。董震和杨必胜[71]提出了一种从车载激光扫描数据中层次化提取多类型目标的有效方法，该方法首先利用颜色、激光反射强度、空间距离等特征，生成多尺度超级体素，然后综合超级体素的颜色、激光反射强度、法向量、主方向等特征利用图分割方法对体素进行分割，同时计算分割区域的显著性，以当前显著性最大的区域为种子区域进行邻域聚类得到目标，最后结合聚类区域的几何特性判断目标可能所属的类别，并按照目标类别采用不同的聚类准则重新聚类得到最终目标。周汝琴和江万寿[72]从高压输电走廊的地物分布特点出发，提出一种基于 JointBoost 的高压输电走廊点云分类方法，将三维点云转换为二维影像并基于Hough 变换在影像上检测输电走廊候选区域，然后对候选区域每个点定义并计算多尺度局部特征向量，接着根据多尺度局部特征用 JointBoost 分类器将待分类点云分为地面、植被、电力线和电力塔 4 类。

激光雷达直接对地球表面进行三维密集采样，可快速获取具有三维坐标（$X$, $Y$, $Z$）和一定属性（反射强度等）的海量、不规则空间分布三维点云，成为数字化时代下刻画复杂现实世界最为直接和重要的三维地理空间数据获取手段，在全球变化、智慧城市、全球制图等国家重大需求和地球系统科学研究中起到十分重要的作用[73]。目前，在传感器技术和国家需求的双重驱动下，激光雷达在硬件装备、三维点云数据处理以及应用 3 个方面取得了巨大的进步，同时也面临新的挑战。随着第四次工业革命的到来，激光雷达也呈现设备小型化、成本低廉化[74]、市场规模巨大化，助力人工智能驾驶[75]、智能机器人[76]的快速发展，为三维数据精准获取提供多样化选择。

### 1.3.7 测图手段不尽如人意

数字线划图（Digital Line Graphic，DLG）是一种更为方便的放大、漫游、查询、检查、量测、叠加地图。其数据量小，便于分层，能快速地生成专题地图，所以也称作矢量专题信息（Digital Thematic Information，DTI）。此数据能满足地理信息系统进行各种空间分析要求，视为带有智能的数据。可随机地进行数据选取和显示，与其他几种产品叠加，便于分析、决策。

1961 年，王之卓先生在国内最早预言：航测电子化和自动化已成为航测技术的发展方向，并且在最近的将来，它发展的速度一定是极快的[77]。王之卓院士以其远见卓识，在 1978 年 12 月提出了摄影测量从模拟到解析，并最终走向全数字化的发展道路，并在国内最早提出全数字化自动测图研究方案，从而为其后摄影测量的发展奠定了基础[78, 79]。在王之卓先生提出的方案基础上，张祖勋、张剑清和林宗坚等人[80, 81]历时五年于 1985 年在武汉测绘科技大学研制成功了我国第一套全数字自动化测图系统软件包（Software Package for Digital Automatic Mapping System，SODAMS），此后发展为全数字摄影测量系统 VirtuoZo，被国际摄影测量界公认为三大实用的数字摄影测量系统之一。

传统的测图方法有单片测图方法和立体测图方法。其中单片测图方法是利用 DEM 在数字正射影像图上，人工跟踪框架要素数字化。立体测图方法是利用数字摄影测量系统，通过人工立体观测辅助设备，实现交互式三维要素跟踪，相对于单片测图方法精度更有保证[82]。目前国产的数字摄影测量软件，比较有代表性的有武汉适普软件公司的 VirtuoZo 系统、北京四维远见信息技术有限公司的 JX-4C DPW 系统、武汉航天远景科技股份有限公司的 MapMatrix 等。不过，随着更大比例尺、更高精度和更高效率的测图需求日益加剧，传统测图手段受限于技术的瓶颈，需要依赖大量烦琐的内业工作，并且存在外业布设大量控制点和补测情况，很难保证事先外业提供必要地物要素观测数据，内业外工作存在大量的交互，因此测图数据中被引入过多的干扰因素。针对测图精度和内外业分离问题，武汉大学郭丙轩教授团队[83]提出一种少量控制点或小范围免像控点的多片测图方案，充分利用多片多余观测的特性，可实现裸眼高精度的测图需求。但在测绘海量数据与高效成图需求的背景下，当前测图手段仍然存在效率低下的问题，无法满足国民经济快速发展的需求。因此，实现测图自动化仍将是未来智能测绘所追求的目标之一[84]。

### 1.3.8 从测绘走向监测

航空遥感具有实时性强、机动快速、影像分辨率高、经济便捷等特点，且能够在高危地区作业，随着自动化、智能化技术的发展，以航空遥感影像为时序观测数据的检测手段变为国内外新的研究热点之一。尤其在经济高速发展的当下，社会发展与突发自然、人为灾害成为人类命运共同体和谐时代发展中亟待解决的首要问题，作为现代以数据应用为基础的人类文明，测绘行业一直需要担负起基层数据服务的重担，也需与时俱进，推动信息时代的革新，就必须从被动测绘需求到主动积极服务转变，形成以事前检测为主的服务体系。方针和张剑清[85]指出一些简单的变化检测方法，如影像相减法、相关系数法在检出变化时往往比一些复杂方法所得的结果要好。李德仁[86]使用最新的航摄资料更新 DEM，与传统实地修测的方法，在效率方面有明显的优势。季顺平和袁修孝[87]通过把自然地物和人工地物都视为背景，而把阴影视为检测目标，可以很好地实现建筑物的阴影检测，然后采用阴影补偿法来检测建筑物的变化，解决了自然背景与人工区域不同分布的问题。袁修孝[88]针对不同时期高分辨率遥感影像变化检测中城区建筑物因投影差异所产生的误检测现象，提出了一种综合应用光谱和纹理特征的建筑物变化检测方法，以变化和未发生变化地物影像的散度作为可分性依据。马国锐[89]提出了一种基于核函数度量相似性的遥感影像变化检测算法，通过比较两个时相特征向量的概率密度进行变化判别，将概率密度的比较转化成核函数的形式，利用核函数的相似度量功能进行变化判别，通过指定的核函数避开概率密度的估计，达到概率密度比较的目的。涂继辉[90]针对航空影像中已分割出的建筑物顶面，提出了一种利用视觉词袋模型检测建筑物顶面损毁区域的方法，使用支持向量机对超像素区域中的损毁区域进行检测。眭海刚[91]认为随着以人工智能和遥感大数据为主的第三次浪潮推进，以遥感数据为基础的变化检测手段必然是未来测绘服务的重点区域。

## 1.4　我国发展趋势与对策

### 1.4.1　摄影测量技术发展趋势

#### 1.4.1.1　进一步加强空间信息获取平台的建设

轻小型的无人机测量平台已在城市规划、航道测量等工程测量中开始应用。在未来一段时期，无人机平台的应用将越来越普及。在这类技术的发展趋势上，未来摄影测量对空间信息获取上的应用将以更加精准地测量和全面的自动化设施完善来实现挑战更高难度的测量技术，利用电子信息计算机技术和网络传输技术进行数据分析。

但是在低空无人机飞行的过程中，由于操作的专业性，一些无人机飞行已干扰到民航的安全，尤其在军事安全区的飞行。2017 年 5 月 15 日，民航局征集《民用无人驾驶航空器实名制登记管理规定》的意见，指出 2017 年 6 月 1 日起需实名登记购买，限制区域不允许飞行等措施。

#### 1.4.1.2　传感器的有效集成

遥感设备、航摄相机性能的不断提高，更高分辨率的遥感影像使得目标的影像质量进一步提升。同时采用多种传感器进行观测，可有效提高测量结果的精度和可靠性，现已被广泛地应用于摄影测量的数据获取。通过融合高分影像，可增加高光谱的空间分辨率；合成孔径雷达具有全天时、全天候的优势，有效解决特殊地区及条件下的测图，激光雷达可以满足植被茂盛的山区工程建设的需要。但目前多传感器集成的潜力还远未被挖掘，数据集成算法的优化将成为多传感器集成技术的关键。比如现在的无人机、自动驾驶汽车和地面移动测图车通常会含有诸如数码相机、数字摄像机、激光雷达等多种传感器。

张立朔[92]将激光点云技术应用于隧道形变分析；张靖、江万寿[93]建立了点云与影像配准问题的数学范式，深入分析两者配准要面临的难点与挑战，展望了今后的发展方向，为后续的研究提供了参考。朱建新[94]提出一种基于点云聚类特征直方图的挖掘机目标识别方法，能在复杂工况下识别出多个目标。

现在的摄影测量系统正在从单传感器到多传感器系统进化，但国内机载雷达软件不成熟。可以预见，多类传感器的有效集成、激光点云数据与光学影像之间的融合技术将成为未来几年重要的研究方向。

### 1.4.1.3　摄影测量与计算机视觉融合

据 Marr 的定义[95]来看，计算机视觉与摄影测量原理和算法体系大体相似，研究领域和内容也基本一致。摄影测量侧重于地学，服务于测绘行业，关注地形、建筑等领域的场景重现；计算机视觉侧重工业，主要以大众数据为主，相较而言其应用的领域更加具有普适特性。随着数字摄影机的广泛应用和数字近景摄影测量的发展，两者的距离将越来越靠近。

龚健雅[96]从几何角度探讨了摄影测量与计算机视觉紧密联系，并指出摄影测量与计算机视觉、人工智能等学科的进一步交叉融合是摄影测量发展的必然之路。

### 1.4.2　摄影测量数据处理发展趋势

### 1.4.2.1　测量软件平台的并行化与智能化

随着新型数字航摄仪的出现及遥感传感器分辨率的提升，航空影像可获取的海量数据呈几何级增加。对于测图周期短、时效性强的应急任务，传统获取、传输、处理、提取对策的模式已不能满足这些应用的需求。短时间内近实时地进行数据处理是对摄影测量平台的数据处理提出了新的要求，这将推动摄影测量数据处理平台向并行化架构方向发展，并在软件开发中采用更为合理的并行计算模式。

摄影测量系统还没有达到影像采集、存储、处理全自动化的过程，基于已搜集的摄影测量多源数据，增加测量系统的自我学习、自我强化，实现摄影测量的全自动化。

因此，数据处理系统的计算能力及自动化程度进一步提高，进一步增强对海量遥感信息的管理、处理能力。同时数据处理的自动化程度将进一步提高，实现数据处理的模块化和标准化。

### 1.4.2.2　加强平台的开放化建设

摄影测量系统的发展是从单机到集群的发展历程，其从单一人员操作到多人协同操作模式体现了其平台化思想。但当前的平台是仅限于特定操作人员的摄影测量平台，而非开放性的。随着摄影测量技术的不断发展，众源式的摄影测量数据、摄影测量算法会逐渐萌发，因而摄影测量系统的平台化和开放化会成为之后的一个发展趋势。

### 1.4.2.3  加快多源航测数据的处理软件开发

高分辨率相机技术日益成熟，高分影像逐渐进入大众应用范畴，高光谱独特的光谱优势可以服务于定量研究，合成孔径雷达和机载激光雷达可以全天时全天候获取点云数据。除此之外，无人机技术也可以获取不同航拍高度的多尺度影像。

面对日益成熟的多平台多源航测影像，处理软件却比较滞后，在数据处理中很多算法并不完善，仅能实现单一数据源影像的处理，缺乏针对多源影像的普适性应用，所以航空摄影测量数据处理软件的开发仍需大量投入。

### 1.4.2.4  深度学习提取几何和语义特征

在几何上，基于卷积神经元网络的学习架构已经广泛用于图像匹配、SLAM 及三维重建，取得了较好的效果，但仍需进一步改进。在语义上，深度学习强大的泛化能力、对任意函数的拟合能力及极高的稳定性，正使得专题图的自动制作成为可能。深度学习将与摄影测量融合越来越紧密，需要加大深度学习算法的开发。

## 2  航天摄影测量技术与数据处理

### 2.1  数据特点

航天摄影测量获取信息快、更新周期短，具有动态监测的特点。航天摄影测量通常为瞬时成像，因此能及时获取目标物的最新资料，不仅便于更新原有资料，进行动态监测，且便于对不同时刻地物动态变化的资料及图像进行对比、分析和研究。例如资源三号卫星重访周期为 5 天，ALOS 卫星重访周期为 2 天。这是人工实地测量和航空摄影测量无法比拟的，为环境监测及研究分析地物发展演化规律奠定基础。

航天摄影测量获取信息受限制条件少、用途广、效益高。如沙漠、沼泽、高山峻岭等很多自然条件极为恶劣的地方，人类难以到达、采用不受地面条件限制的航天摄影测量，可方便及时地获取各种宝贵资料。目前，航天摄影测量已广泛应用于农业、林业、地质矿产、水文、气象、地理、测绘、海洋研究、军事侦察及环境监测等领域，且应用领域在不断扩展。航天摄影测量正以其强大的生命力展现广阔的发展和应用前景。

### 2.2  国外研究现状

航天摄影测量一般采用从不同视角获取同一地区影像的光学遥感卫星，又称为测绘卫星。在近半个世纪的发展进程中，测绘卫星从最初的胶片返回式卫星，发展到目前的传输型卫星；从框幅式相机，发展到现在的单线阵、双线阵甚至三线阵 CCD 相机；民用测绘卫星的空间分辨率从上百米提高到当前 0.41m，时间分辨率和光谱分辨率也不断提高；卫星测绘应用技术不断进步，从过去有控制测图，发展到稀少控制点测图甚至无控制测图，从单机测图发展到协同无缝测图；测绘应用日益广泛，应用范围从军用向军民共用、从限于本国到全球共享，从单一的测绘产品生产扩展为全球各行业地理信息的获取与更新[97~99]。

法国的 Pleiades 卫星为 CNES 研制的超高分辨率对地观测发展计划卫星，是 SPOT 系列的后续星，由 Pleiades-1A 和 Pleiades-1B 组成，分别于 2011 年 12 月 17 日、2012 年 12 月 2 日成功发射。两者在轨道高度 695km 的同一太阳同步轨道上相距 180°，保证 Pleiades 星座的重访周期为 1d。借助该卫星超高的敏捷能力，可实现对同一地区不同方式不同角度的多次成像。这种重叠影像同名像点空间相交的几何关系可构建相机视场中"探元 - 探元"的几何约束条件，为实现无定标场条件下相机内方位元素的精确标定提供了数据基础。利用在两种模式（自动倒挡模式和交叉模式，auto-reverse and cross-mode）下获取的多度重叠影像间的自约束实现了相机内外参数的检校[100~102]。在轨定标后，Pleiades 卫星带地面控制点的影像定位精度达到 1m，无地面控制点的定位精度达到 10m（CE90），可整体绕滚动轴、俯仰轴大角度侧摆，在很短的时间内调整观测角度，灵活地实现对不同目标的观测。这使得 Pleiades 卫星可以对直径 20km 的点状目标进行瞬时成像，也可以沿飞行轨道方向近实时获取立体像对，大幅提高成像效率。

2014 年 7 月，SPOT-7 的成功发射标志着空中客车防务与空间公司此前规划的由 SPOT-6&7[103, 104] 与 Pleiades 1A&1B 组成 4 颗卫星星座的计划终于得以完成，由 SPOT 卫星提供高分辨率影像，Pleiades 提供极高分辨影像。

## 2.3 我国发展现状

相对于美、法等国，我国航天摄影测量所用测绘卫星的研制和应用起步较晚。目前具有代表性的测绘卫星主要包括天绘系列及资源系列卫星[105~108]。自 2007 年起，我国先后发射了天绘一号卫星、资源一号 02B 卫星、资源一号 02C 卫星、资源三号卫星等。

天绘一号卫星实现了中国传输型立体测绘卫星零的突破[109~113]。天绘一号 01 星、02 星、03 星分别于 2010 年 8 月 24 日、2012 年 5 月 6 日、2015 年 10 月 26 日发射成功并组网运行。三星组网极大地提高了测绘效率和几何控制能力，加快了测绘区域影像获取速度。无地面控制点条件下，天绘一号卫星的相对精度为 12m/6m（平面 $1\sigma$ / 高程 $1\sigma$），达到与美国 SRTM 同等的技术水平。

资源一号 02B 卫星是具有高、中、低三种空间分辨率的对地观测卫星，搭载的 2.36m 分辨率的 HR 相机改变了国外高分辨率卫星数据长期垄断国内市场的局面，开启了我国民用高分辨率遥感时代，在国土资源、城市规划、环境监测、减灾防灾、农业、林业、水利等众多领域发挥重要作用。

资源一号 02C 卫星搭载有全色多光谱相机和全色高分辨率相机，可广泛应用于国土资源调查与监测、防灾减灾、农林水利、生态环境、国家重大工程等领域；配置的两台 2.36m 分辨率 HR 相机使数据的幅宽达到 54km，从而大幅增加数据覆盖能力、缩短重访周期。

资源三号卫星是我国第一颗民用高分辨率立体测图卫星，实现了我国民用高分辨率测绘卫星领域零的突破，主要用于 1:50000 立体测图及更大比例尺基础地理产品的生产和更新，可同时用于开展国土资源调查与监测[114~118]。

高分辨率、宽覆盖、高定位精度将是遥感对地观测卫星的发展趋势。伴随该趋势，传统的处理手段已经越来越不能满足更高精度的应用需求，并逐渐呈现出相应的发展趋势。

在卫星影像定位方面，我国也逐步从有控制走向稀疏地面控制甚至无地面控制，提出了一系列基于稀少控制的光学卫星高精度定位方法[119~121]。例如，蒋永华利用重叠影像之间的相互约束检校了 ZY-02C 卫星的 HR 相机，王密同样利用两个方向的重叠影像间的自约束检校了 GF-4 卫星的面阵相机并取得了基于地面密集控制点大致相当的检校精度，皮英冬等人对 ZY-3 卫星上的下视相机进行了在轨检校，使用两个重叠图像之间的相对约束来减少对地面密集控制点的需求。

在卫星影像区域网平差处理方面，武汉大学、解放军信息工程大学等单位在航空影像区域网平差的基础上，已经针对卫星影像区域网平差理论进行了深入研究。前期利用 SPOT-5、IKONOS 的国外影像进行了初步实验，验证了空三平差提高定位精度的可行性和合理性。目前，已经针对资源三号卫星影像完成了超过 1000 万 $km^2$ 区域的测图，解决了大规模无地面控制区域高精度测图的难题。王密和杨博等人研究了没有地面控制点的大规模光束法平差，其通过采用基于视角模型的几何校准方法补偿系统误差，使用了一系列技术来解决由于缺乏绝对约束而导致的秩亏问题，并用共轭梯度法来提高求解高阶方程的速度。研究表明，该方法能有效提高 ZY-3 卫星图像的定位精度。近年，随着多源卫星载荷的不断发射，在卫星影像几何处理方面可用于提升影像几何精度的辅助数据越来越多，因此，星载多源数据的协同定位越来越受到国内外学者的重视，从单一数据源的几何处理向多源卫星几何协同处理发展，通过有效融合异源数据的优势几何信息提升目标的定位精度是未来发展的主要趋势。

总体来说，我国在航天摄影测量技术与数据处理方面已经取得了长足的发展，在相关技术领域开展了大量研究并取得了显著进展，与国外的差距主要体现在相关硬件指标上，在摄影测量数据处理手段和方法上的应用于相关研究并不显著落后于国外水平。

## 2.4 我国发展趋势与对策

测绘卫星的发展趋势，主要体现在：一是未来将会有更多特高分辨率的测绘卫星发射入轨，且具有寿命更长、回访周期更短和测图精度更高等特点。二是由于测绘卫星具有全球、全天候、实时动态观测等优点，因而越来越成为对地观测的主要手段和测绘数据获取的重要信息源。三是小卫星组网将取代大卫星任务，大型测绘卫星虽然具有功能强、平台稳定等优势，但大都成本昂贵、灵活性与时间敏感性相对较差；小卫星组网具有研发周期短、投资与运行成本低、更适合按需发射等一系列优势，因而小卫星组网发展必将引领新潮。四是随着测绘卫星技术扩散，越来越多的国家和地区将拥有种类繁多的有效载荷和高分辨率测绘卫星。

随着我国测绘卫星高新技术的快速发展，未来测绘卫星应用能力应使地面应用服务体系发展更加完善，卫星资源共享更加充分，基础性研究水平稳步提高，产品应用范围逐渐扩大，形成强大的卫星测绘应用产业化能力，服务好各行业并应积极拓展国际市场。

（1）应完善测绘卫星地面应用服务体系建设。为获得测绘卫星观测的各项数据，控制卫星正常运行，提供用户产品使用，必须有一套完善的地面应用服务体系。如何将数字影像处理技术、卫星数据处理技术、计算机网络技术、存储技术有效集成将是整个应用服务体系的研究关键。

（2）应加强军民协作共享测绘卫星的发展与资源。卫星资源是国家级的战略型资源，在发展过程中必须高度重视军民协调发展，充分挖掘卫星军用与民用潜力，实现优势互补与效益最大化。

（3）应提高测绘卫星应用的基础性研究水平。测绘卫星技术涉及航天技术、空间科学、信息科学、测绘技术等众多学科，是一个前沿性、交叉性领域，需要多学科科研人员协同发展，尤其在遥感信息数据提取、模式识别等领域需要深入研究，以提高我国卫星遥感应用的发展水平。

（4）应深化卫星产品应用推广。对接收的卫星影像数据进行处理，得到各种测绘产品，包括：数字正射影像、数字高程模型和数字线划图等。未来应重点做好测绘卫星数据的深加工，尤其是影像产品应用和推广工作，开拓海外市场，展示我国航天测绘发展国际竞争力[107]。

## 3 地面摄影测量技术与数据处理

### 3.1 数据特点

由于传感器、摄影方式等与航空航天摄影测量有一定区别，地面摄影测量数据有着不一样的特点。

（1）非量测相机数据。非量测相机在地面摄影测量中得到了广泛使用，普通数码相机可以获得被摄对象丰富的纹理细节，可以方便更换镜头控制视场角度。但相较于摄影测量相机，非量测相机像幅小、相机参数未知、几何畸变不稳定。工业相机相比普通相机抗干扰能力强，获取的影像质量更高，可以长时间稳定工作。高速相机快门时间非常短，帧率高，可捕捉动态目标的瞬时状态。全景相机获取数据视角范围大，但其成像模型、相机参数等均与框幅式相机不同。

（2）新型传感器数据。激光雷达和深度相机经常被引入地面摄影测量任务中。激光雷达获取的激光点云数据具有高精度、高密度、抗干扰能力强的特点，可以直接得到被测场景的三维空间信息。与机载或星载激光雷达相比，地面摄影测量使用的激光雷达功率更低，测量距离较短，可获得地面一定范围内更高分辨率和精度的点云数据。不过，激光点云数据量大，不易组织处理，且缺乏目标纹理信息，不便于目视判别和特征提取分析。深度相机数据融合了视觉图像与激光点云数据的优点，既可以获得丰富的场景纹理信息，又可以得到具有一定精度的场景三维空间信息。然而受深度采集传感器技术的影响，大部分设备采集距离和分辨率有限，主要用于室内场景和物体的数据采集。

（3）多视角数据。航空航天摄影多为正直摄影方式，通过设计航线执行拍摄任务以便于数据的处理。而地面摄影测量常采用交向摄影、倾斜摄影等大角度大重叠度的多重摄影方式，目标与相机的摄影距离变化大，目标纵深与摄影距离的比值也较大。由于数据采集方式没有统一规范，因此地面摄影测量数据呈现多视角、重叠度不固定、目标相幅大小不一致等特点。

（4）多源数据。地面摄影测量系统根据不同场景应用，通常会采用不同的传感器结合，因此获得的数据具有来源多样、类型丰富、数据量大等特点。因此，需要通过配准技术将不同视角、不同传感器、不同时刻获取的多源数据统一到同一个地理参考基准下进行处理。

## 3.2 国外研究现状

### 3.2.1 数据获取技术研究现状

近年来，随着工业相机、激光扫描仪、360°全景相机、深度相机等的发展，地面摄影测量的数据获取能力不断增强，获取方式日益丰富，并由此诞生了众多以高精度、高效率、高集成、高智能为特点的地面数据获取系统。其中，移动测量技术是当今地面数据获取最为前沿的技术之一。目前，国际上各类地面移动摄影测量系统发展迅速，涌现出近景摄影测量采集系统、高清街景采集系统、全景激光采集系统、便携式采集系统、单人采集系统等适用于各种场景的数据采集系统。其中，近景摄影测量采集系统如美国 GSI 公司研制的 V–STARS（Video–Simultaneous Triangulation and Resection System）系统，其配备智能单 / 多相机系统，采用非接触式测量方式，对测量环境要求低；高清街景采集系统如 Google 公司的街景采集系统，其配备了一个全景摄像头、三台激光扫描仪和惯性定位定姿装置；全景激光采集系统如 3DLaserMapping 公司生产的 Streetmapper，其集成了高精度的 RIEGL 公司的 LMS 系列扫描仪和 IGI 公司的 GPN/INS 系统，可提供 360° 可视性；便携式采集系统如 Leica 公司发布的全新移动实景测量背包 Pegasus Backpack，是当前市场上集高性能、高精度、便携性于一体的高端移动测量背包系统，其配备 5 个相机和 2 个激光扫描仪；更有单人采集系统如 Leica Disto X3&X4 手持式激光测距仪。此外还有目前热门的用于自动驾驶的 KITTI 数据采集平台，其配备有 4 个光学镜头、2 个灰度摄像机、2 个彩色摄像机、1 个 GPS 导航系统和一个 Velodyne64 线 3D 激光雷达，其采集的 KITTI 数据集被广泛用于评测立体图像、3D 物体检测、视觉测距、场景解译等计算机视觉与地面摄影测量任务。

### 3.2.2 数据处理技术研究现状

#### 3.2.2.1 近景摄影测量技术发展

近景摄影测量技术是实现高精度三维空间感知的关键。经过几十年的发展，近景摄影测量目前有以下几个发展趋势。针对影像数据，近景摄影测量将逐步提高影像匹配精度，同时利用多视角影像进行三维建模也极具发展前景；除此之外，利用深度相机获取的 RGB-D 数据，或者使用激光扫描等手段直接获得场景的三维信息，也是目前近景摄影测量技术在生产过程中落地的主要手段，其发展趋势同样值得关注。

对于近景摄影测量，影像的高精度匹配一直是研究的重点领域，尤其是 2D 图像重建 3D 场景时涉及的关键技术密集匹配。传统的 SIFT 以及 SURF 算法在用于密集匹配时存在效率低，计算成本大等问题。而传统的密集匹配代价，如亮度绝对值差异、欧氏距离等，容易受到亮度突变、镜面反射等影响。近年来，深度学习方法试图通过更复杂的模式学习出相对稳健的匹配代价。2016 年，Zbontar 等人提出 mc-CNN[129]，利用卷积神经网络（Convolutional Neural Networks，CNN）来学习匹配代价，开启了深度学习进军立体匹配的热潮，其在 KITTI 和 Middlebury 数据集上获得了比其他传统匹配代价更低的错误率。在此之后，基于深度学习的立体匹配方法相继被提出，例如，瑞士 Seki 等人提出 SGM-Net[130]，多伦多大学 R. Urtasun 研究组提出的 Content-CNN[131]，Mayer 等人提出的 DispNetC[132] 算法，英国牛津大学提出的 GA-Net[133] 以及意大利的博洛尼亚大学提出的 GSM 算法[134] 都逐步刷新了在 KITTI 等多个数据集上的立体匹配精度。

多视三维建模技术使用单个或多个摄像机获取多视点图像，然后使用获取的大量立体匹配信息来计算对象的三维模型，其因成本低、效率高等优点被广泛采用。特别是应用于地面近景测量时，其可以反映建筑物表面的几何信息与纹理细节，是当前摄影测量领域的研究热点。其中，基于立体视觉的三维重建方法根据两幅或多幅已标定的图像重建场景的几何模型，其主要研究如何准确确定匹配视图间稠密像素对应关系。基于深度图像重建几何模型的方法则主要用于对建模精度以及复杂度要求较高的场景。运动恢复结构（Structure From Motion，SFM）从多幅图像序列中匹配点并计算出对应的图像相机参数和三维点位置，近年来获得了广泛的研究[135]。如 Wilson 等人研究 3D 相机平移问题中去除异常值的问题，提出简单平均对极几何方案[136]；Sweeney 等人通过使用极线点传递来实施循环一致性约束，消除全局 SFM 方法中的过滤步骤，提高场景图中相对几何的精确度[137]。近年来针对一些非刚体运动的 SFM 算法也成为一个热门的研究对象，Suryansh 提出一种专门针对非刚体运动的 NRSFM 算法[138]，并在处理噪声方面非常有效，在众多算法当中十分具有竞争力。

随着 RGB-D 相机传感器的普及，出现了大量实时 3D 重建方案，如利用 RGB-D 相机测量目标的三维信息以建立其三维模型；利用高性能单反相机获取待测目标的颜色等其他特征；建立三维模型和其他特征信息的关系，进行模型渲染生成三维模型。许多研究学者利用微软生产的 Kinect 深度相机结合序列图像实现实时稠密场景三维重建，如 Whelan 等人[139]的 ElasticFusion 以及 Newcombe 等人[140]的 DynamicFusion 模型，进行室内场景三维重建，取得了较好的结果。此外 Goswami 等人[141]利用 RGB-D 相机进行人脸的三维重建，可以方便快速地获取高精度人脸三维模型。Ayush 等人[142]的最新工作也在人脸高精度的单目和多视角重建上取得了重大的进展和突破。

不同于激光测距技术，激光扫描技术为空间信息获取提供了新的可能，其可以连续自动地获得批量数据，大大提高量测速度与精度。三维激光扫描仪采用非接触式高速激光测量方式，组合激光测距系统、支架系统、扫描系统以及仪器内部校正和 CCD 数字摄影等系统，获取物体表面的三维点云数据。TOF 脉冲测距法（Time of Flight）是目前主要采用的高速激光测时测距技术，用于计算三维激光点坐标。目前在近景摄影测量领域，基于 LiDAR 的地面三维扫描系统被广泛研究，美国 FARO 公司推出的 Focuss 系列凭借其高精度与高范围的特性被广泛应用于土木工程、建筑、工业制造和土地测量等多个领域。

### 3.2.2.2　地面移动摄影测量技术发展

地面移动摄影测量系统主要是利用装配在车辆等载体上的数码相机、全景相机和激光雷达等设备，在载体移动过程中，快速采集空间信息和实景影像。近年来地面移动摄影测量技术得到了迅猛发展，其中热点的研究趋势主要包括 SLAM 技术和深度估计技术。

同时定位与地图构建（Simultaneous Localization And Mapping，SLAM）技术主要分为激光 SLAM 和视觉 SLAM。激光 SLAM 发展较早，如今已发展成为较成熟的定位导航方法，针对传统算法计算复杂、无法有效处理闭环的缺点，Google 的开源激光 SLAM 算法库 Cartographer[143]，利用子图和扫描匹配的思想来构建地图，能够有效处理闭环，效果较好；Park 等人[144]提出了一种密集的以地图为中心的 SLAM 方法，基于连续时间轨迹，能够解决由全局批处理优化带来的不能实时和长周期应用的问题，并且通过面元融合有效减少了 LiDAR 的噪声。近几年来，随着计算机视觉的迅速发展，视觉 SLAM 受到了更多的关注。Mur-Artal[145, 146]等提出了单目 ORB-SLAM 算法，后来又扩展为 ORB-SLAM2 算法，能够支持双目和 RGB-D 传感器，它支持的传感器较全且性能较好。Engel 等人[147]提出 DSO（Direct Sparse Odometry）系统，它提出一种稀疏直接的视觉里程计，不仅能够计算出相机的运动，还能得到场景的半稠密重建结果。

由于 LiDAR 设备价格昂贵，在自动驾驶及一些移动摄影测量系统中深度估计技术成为一种热点研究方向，且随着深度学习的快速发展，深度估计方法有了新的突破，Eigen 等人[148]首先提出基于 CNN 来做单目深度估计的方法，利用两个尺度的网络来估计深度图，先对场景的整体结构进行估计，然后再利用局部信息来优化。近来解决深度估计问题的方法呈现出如下几个趋势：①基于深度神经网络，如 Laina 等人[149]利用一个更深层次的网络进行深度估计得到了更好的结果；②基于相对深度关系建模[150]，利用深度信息的基本特征，也就是图片中的点与点之间是有相对远近关系的；③基于无监督学习建模[151, 152]，利用深度信息与场景之间的一些物理规律来约束，如 Wang 等人[153] 提出一种可在无监督模式下进行深度估计的方法，取得了较好的估计效果；④基于立体匹配模型，利用深度学习进行立体匹配，从而获取深度图，如 Riegler 等人[154] 提出一种通过综合不同角度特征，在两个视角间进行立体匹配的单目图像中估计深度框架。

### 3.2.3 数据处理自动化智能化技术发展

随着与计算机技术、人工智能技术等的进一步融合，地面摄影测量数据处理也日趋自动化和智能化。

点云数据的自动化与智能化处理主要包括点云数据的匹配、目标检测与分割以及分类等多项技术，当前国际许多专家学者对此进行了深入的研究，点云自动化与智能化处理程度有了极大的提高。针对当前点云匹配技术主要依赖于局部优化算法，使得匹配结果容易受到噪声点影响的问题，Vongkulbhisal 等人[155] 基于判别优化算法提出了逆组合判别优化算法，得到了精度更高的点云匹配结果。Armeni 等人[156] 提出了一个多层次分割框架，对大规模室内点云数据进行目标检测，Landrieu 等人[157] 提出了利用 Superpoint Graph 来获取物体间的关系从而完成大规模点云数据的语义分割。随着深度学习的发展，基于深度学习的点云数据处理技术被提出。针对点云数据所具有的无序性特点，Charles Qi 等人[158] 提出了改进的多层次深度学习框架 PointNet++ 来更好地获取点云数据的特征并将其应用于点云分割、分类与形状识别等多项任务中。Qi 等人[159] 提出了基于深度点集网络和霍夫投票的端到端 3D 目标检测网络，实现了不依赖任何 2D 检测器的点云 3D 检测框架。Li 等人[160] 提出了一种无监督的稳定兴趣点检测器 USIP，该检测器可以在任意变换下从 3D 点云中检测高度可重复且精确定位的关键点。

在深度学习、计算机视觉等技术的推动下，影像场景解译也越发智能化，影像数据的自动化处理与分析能力得到了全方面提升，可以智能地从影像场景中自动进行典型目标分类、提取、识别、语义标注等解译。Caltagirone 等人[161] 提出的 LidCamNet 模型，使用全卷积神经网络，利用 LiDAR 数据和相机图像视频数据，实现了高精度的自动驾驶场景道路检测。Fowlkes 等人[162] 提出一种基于像素级注意力方法的场景解析（Scene Parsing）算法，在移动测量与自动驾驶场景解译上取得了较好的效果。法国航空实验室 ONERA 研究组 Audebert 等人[163] 提出使用公开的 GIS 栅格数据集 OpenStreetMap，与 RGB 影像以及多光谱遥感影像分别进行融合，利用深度学习方法取得了非常好的地面场景语义分割结果。Google 公司的 Chen 等人[164] 提出一种递归搜索空间的多尺度语义分割方法，在 Cityscape 和 PASCAL 等数据集上均达到了当前最好的效果，并且他们提出的 DeepLabv3+[165] 也取得了当前最好的场景语义分割精度。Nakajima[166] 等人通过语义分割网络在 RGB-D 帧中发现增量种类，突破了对语义分割类别的预定义，实现了开放世界的场景解析。Chen 等人[167]提出的密集实例分割网络，通过引入 Tensormask 进一步提升了实例级的场景理解能力。Liu 等人[168]提出通过知识蒸馏的思想，利用复杂网络（Teacher）来训练简单网络（Student），目的是让简单的网络能够达到和复杂网络相同的分割结果。Nassar 等人[169]提出共同学习多视图几何以及在相同对象实例的视图之间进行变形，以实现可靠的跨视图对象检测，该方法在多视点的真实街道场景中取得了良好的对象检测精度。

## 3.3 我国发展现状

### 3.3.1 数据获取技术研究现状

国内车载移动测量系统与国外几乎同时起步，并有了多项瞩目的成果。其中，立得空间开发的 MyFlash "闪电侠" 系列移动测量系统，在硬件、软件和算法上实现了完全自主研发，突破了长期以来国外在惯性组合导航领域对中国的技术封锁。该系统由高精度光纤或激光惯性导航系统、全景相机、920m 超远距离激光扫描仪（LiDAR）及高等级防护罩组成，且响应国家战略，在支持 GPS 的同时也支持北斗导航定位。武大卓越推出的 ZOYON-TFS 隧道快速测量系统，装备了高精度激光扫描仪、高分辨率图像采集系统等多种精密传感器系统，其更是国内首台以机动车为平台的隧道检测系统，采用自旋转的传感器安装平台，能够实现高效率、高精度的隧道整体检测，其中裂缝检测精度达 0.2mm，形变检测精度达 0.2mm。

### 3.3.2 数据处理技术研究现状

#### 3.3.2.1 近景摄影测量技术发展

随着信息传感器技术和计算机处理技术的蓬勃发展，近景摄影测量技术在场景三维重建、无人驾驶的环境感知与道路识别、重要零件的动态监控以及建筑变形检测等领域中得到了广泛的应用。

传统的基于 Harris、SIFT 和 SURF 特征的算法在匹配过程中受亮度突变等的影响大，一些改进算法采取多种拟合、聚类或者增加约束的手段对匹配进行预处理和提纯，来提升匹配的速度和精度[170]。近年来深度学习算法在各个领域都有着瞩目的成就，基于深度学习算法的图像匹配技术占据了各种匹配方法的榜首。来自百度的研究人员 Cheng 等人[171]提出的 M2S_CSPN 算法目前在 KITTI 数据集榜位列第一名；来自清华大学的 Yang 等人[172]提出一种基于语义分割的立体匹配模型 SegStereo，利用深度学习方法将左右视图中语义信息利用到立体匹配，提高匹配精度。来自北京理工大学的 Nie 等人[173]提出了 MCUA 算法，该算法充分利用具有丰富上下文的多级特征，可以全面地进行图像到图像的预测。武汉大学的季顺平课题组[174]讨论了使用深度学习算法在航空影像密集匹配中的性能，并与经典方法进行了分析与比较，评估了不同模型应用于遥感影像的泛化能力。

利用多视的二维图像来重建场景的三维模型是近景摄影测量学科中的一个热点研究课题。传统的三维建模方式是由专业技术人员使用几何建模软件对物体进行手动绘制，建模过程复杂，建模周期漫长。目前火热的多视三维重建方法是基于运动恢复结构算法（SFM），该算法可以用于获取场景的结构信息和计算相机的运动参数信息。尽管最基本的SFM算法有着一些局限性的问题，越来越多的对SFM算法的改进算法都得到了更好的结果。Gao等人[175]在重建一些人造的物体（如汽车、飞机等）时，假定不同图像中的变形是非刚性和对称的，进而将SFM算法扩展为两个主导的非刚体结构进行建模，取得了不错的结果。Sun等人[176]针对不均匀的多视图像序列提出了一种新型的图像集分割的SFM方法，该方法较正常的序列分割方法效果更好。何海清等人[177]在针对现有SFM算法初始模型构建、关联影像递增不尽合理导致误差累积等问题，提出一种耦合单－多旋转平均迭代优化的应用于低空影像SFM三维重建方法，该算法能解算出更为精确的外方位元素和恢复出更为密集的三维物方点云，和现有的低空影像旋转平均法相比有着显著的提升。于英等人[178]提出一种解决增量式运动恢复结构（ISFM）稳健性差和精度低等方面问题的算法，该方法利用一种顾及特征响应值的参数自适应RANSAC方法，将外点剔除引入到平差优化过程中，提高平差的稳健性和精度。在多组大尺度影像数据实验中取得了良好的结果。

近年来RGB-D传感器发展迅猛并且不断地进行更新换代，基于RGB-D的三维重建技术在室内测图、文物重建等领域也因此得到了广泛的运用。目前国内学者在基于RGB-D的三维重建技术中有诸多的进展和突破。武汉大学的杨必胜课题组[179]通过使用多个消费级RGB-D相机，构成大视场的深度相机阵列，进行室内场景三维重建。中国科学院的梅峰等人[180]利用RGB-D深度相机进行室内三维重建。同时，基于深度学习的方法在RGB-D三维重建的回环检测和纹理贴图环节取得了极大的成功。新模型、新结构和新的训练手段也在不断地涌现和发展。

### 3.3.2.2 地面移动摄影测量技术发展

地面移动测量技术综合了动态定位测量速度快和摄影测量信息量大的特点，在文物保护、虚拟现实、智慧城市和室内导航等对室内精细化的三维模型要求高的领域中，有着越来越高的需求。这一技术主要体现在SLAM、深度估计和地面激光扫描[181~183]等方法研究当中。

视觉SLAM的关键技术有特征点的提取与追踪、环境图与定位参数估计和闭环检测[184]。目前特征点提取与追踪方面已经达到较高水平，改进的各种算子在应用中已经可以达到实时的视觉SLAM。在环境图与定位参数估计方面，程传奇等人在传统图优化模型基础上增加了"运动指数"来描述图优化模型中路标点的稳健高斯混合模型，有效减少了场景中运动路标点对优化结果的影响[185]。闭环检测部分国内学者利用深度学习的方法来学习高层次特征指导闭环检测，取得了良好的结果[186~188]。目前，SLAM的研究新趋势体现在视觉多类别特征提取和追踪、直接法SLAM、多传感器融合的SLAM以及基于深度学习方法的SLAM[184]。除了点特征，更多的特征如直线特征可以运用到SLAM技术中，如Zhou等人[189]使用线特征的StructSLAM技术对人造建筑物进行建图，取得了高精度的结果。Xufu Mu 等人[190]使用了融合 IMU 系统的 SLAM 技术，修正了连续定位中的尺度漂移问题。Chan 等人[191]集合了激光 SLAM 和视觉 SLAM，在实际距离的定位误差小于 5%，实现了鲁棒的定位结果。如前面所说，深度学习算法解决 SLAM 的闭环检测的方面取得了一定成绩[186-188]。未来 SLAM 技术会逐步发展，在越来越多的领域中应用。

尽管激光 SLAM 技术日益成熟且效果良好，但是由于其价格昂贵，研究人员逐步开始研究如何不使用激光点云直接从图像上来得到场景的深度信息，深度估计技术的需求也逐渐增多，成为摄影测量和计算机视觉领域的热点研究问题。深度估计的算法从手动、半自动到目前的全自动估计逐渐发展，方法也从早期的基于深度线索的方法发展到目前的基于参数学习、非参数学习和深度学习的方法，在速度和精度上面都有很大的提升。在国内学者的研究当中，Guo 等人[192]提出的 VGG16-UNet，Li 等人[193]提出的 DABC 以及 Zhang 等人[194]提出的 DHGRL 均在 KITTI 数据集上显示出了较好的深度估计效果。明英等人[195]提出了基于柯西分布的单幅图像深度估计方法，多种真实场景图像的实验结果表明，该方法能从非标定的单幅散焦图像中较好地估计场景深度。袁红星等人[196]提出了一种适用于单目图像 2D 转 3D 的对象窗深度中心环绕分布假设，给出融合对象性测度和视觉显著度的单目图像深度估计算法，可有效进行 2D 转 3D 的深度估计。

### 3.3.3 数据处理自动化智能化技术发展

点云数据的自动化与智能化处理正成为当前热点研究问题，国内许多专家学者都针对点云数据处理技术进行了深入的研究。在点云数据分割领域，Li 等人[197]提出了 PointCNN 算法用于点云数据的特征学习，该算法解决了传统 CNN 模型在处理无序点云数据时的局限性，在点云识别与分割中都取得了较为良好的结果。Wang 等人[198]提出了 SGPN 网络，并利用其进行点云数据分割。Huang 等人[199]针对当前算法并没有考虑到点云数据的局部依赖性，提出了循环 Slice 网络用于对点云数据进行语义分割。除此以外，Jiang 等人[200]将 SIFT 算子推广到 3D 点云数据中，提出了点云特征提取算法 PointSIFT，该算法能够针对不同点云数据自适应地选择合适的表征尺度进行点云的语义分割。Wang 等人[201]提出一种结合点云语义分割和实例分割的点云数据分割框架，使得两种任务相互促进。在点云分类与形状识别领域，Li 等人[202]提出了 FPNN 算法并将其应用于三维目标分类。该算法利用场探索滤波器（Filed Probing Filters）对三维点云数据进行特征提取并利用得到的特征进行目标分类。Su 等人[203]提出了多视角的 CNN 网络用于 3D 形状识别，该网络结构能够结合 3D 图形的多视角信息，获得较为良好的形状识别效果。Xie 等人[204]提出了 ShapeContextNet 算法，也能应用于基于点云数据的形状识别。在点云目标检测领域，Zhou 等人[205]提出了 VoxelNet 端到端网络，用于进行点云数据的三维目标检测。Yang 等人[206]也提出了 PIXOR 算法，用于自动驾驶环境下对点云数据进行实时目标检测。在点云数据智能化处理的其他领域，也有许多学者正在深入研究。比如 Wang 等人[207]提出了 CA-LapGF 算法用于非刚性点云数据的匹配；Fan 等人[208]提出了一个点云生成模型，能够从单张图片中重建三维物体；清华大学的 Chen 等人[209]提出一种基于点云的 MVS 神经网络框架 PointMVSNet，通过对场景的点云进行处理，融合三维深度和二维纹理信息，提高了点云重建的精度；Zhou 等人[210]针对 3D 点云对抗防御任务提出了 PU-Net 的框架，通过点云去噪和上采样提升了性能。

影像场景解译摄影测量是地面摄影测量中重要的研究问题。在人工智能等技术的推动下，影像场景解译也朝着自动化、智能化发展，通过深度学习等技术可以智能地从影像场景中进行道路提取、地物场景分类、道路交通指示识别、建筑物分类等场景解译。国内的研究学者中，北京大学 Zhuang 等人[211]提出的密集关系网络模型进行场景语义分割，在 Cityscape 数据集上达到了公开发表论文中的最高精度。香港中文大学贾佳亚等人[212]提出的 PSPNet 模型，在 2017 年的 Cityscape 场景语义分割任务上取得了第一名的成绩。北京理工大学 Li 等人[213]提出使用生成对抗网络（GAN）进行道路场景的小目标检测，比如交通信号灯、交通标志牌等，在大型的交通标志识别数据集 Tsinghua-Tencent 100K 数据集上取得了极高的检测识别精度。南京理工大学 Han 等人[214]提出使用地面 LiDAR 点云和 RGB 图像进行融合提取特征，对像素使用 Adaboost 道路和非道路的二分类训练，测试阶段使用条件随机场（CRF）进行道路区域的分割提取，在 KITTI 道路数据集上取得了较好的精度。在结合实例分割和语义分割的场景综合理解任务上，浙江大学 Liu 等人[215]提出一个用于应对遮挡的端到端全景分割网络 OANet，在一定程度上减少了场景间实例遮挡对分割结果的影响。廖旋等人[216]提出一种基于深度特征的融合分割先验的多图像分割算法，通过交互分割算法获取一至两幅图像的分割先验，将少量分割先验融合到新的模型中，通过网络的再学习来解决前景 / 背景的分割歧义以及多图像的分割一致性。李智等人[217]针对道路场景语义分割问题提出一种基于循环生成对抗网络的道路场景语义分割方法，在 Cityscapes 数据集上取得了良好的分割精度。

## 3.4 我国发展趋势与对策

摄影测量技术既处于科学技术发展的前沿，也处于国民经济发展需求的前沿。随着我国总体经济实力的不断增强、科学技术的进步和多学科之间的深入融合，我国正处在地面摄影测量技术飞速发展的大好时机。近年来，随着与人工智能、计算机视觉、模式识别、云计算、新型传感器等高新技术的深入融合，地面摄影测量已经由传统的单一手段、离线处理、人工干预，向多传感器、智能化处理转变。随着市场化测绘的发展，越来越多的新技术、新需求也会为地面摄影测量拓展新的应用领域与发展方向，各行各业对摄影测量的时效性、自动化程度、智能解译程度提出了更高的要求。目前地面摄影测量的趋势是实时化、自动化、智能化发展。

（1）实时化。目前地面摄影测量的应用需求不断攀升，对于摄影测量系统的量测范围、信息获取速度、处理时间等要求大幅度提高，传统的摄影测量技术已经无法满足应用需求，实时摄影测量成为新的发展趋势。实时摄影测量技术一步完成从摄影到目标位置的获取，最突出的优点是能迅速、实时获取现场信息和识别目标，这对于运动目标捕捉、动态场景量测、实时三维重建等应用都有重要的意义。随着高帧率相机的广泛使用，传输以及存储介质技术的突破，基于 GPU、云计算等的高效计算方法与能力也有显著提升，为实时摄影测量奠定了基础。通过增强摄影测量获取及处理信息的时效性，可有力推动地面摄影测量在三维重建、目标识别、沉浸式人机交互、无人驾驶等领域中的发展与应用，使摄影测量技术从传统的应用向新兴的行业领域扩展[218]。近年来，实时摄影测量技术发展迅速，已经成为摄影测量及计算机视觉学科的一个新的发展方向。虽然现阶段国内外实用化的实时摄影测量成果技术很少，但是对实时摄影测量的研究已经非常广泛，也取得了非常多的重要成果。

（2）自动化。随着摄影测量技术从模拟时代、解析时代发展到数字（信息）时代，数据获取、数据处理以及摄影测量产品生产技术都有了较大的发展，其中生产的自动化程度一直是研究学者和相关从业人员关心的热点问题。随着市场化测绘的发展，智慧城市、智能交通系统、实景地图的不断建设，地面摄影测量各类型传感器，如工业相机、高速相机、全景相机、深度相机、LiDAR 设备等的广泛使用，各行各业共享了海量的多源多类型数据，给传统的地面摄影测量算法带来了极大的挑战，这就要求摄影测量需进一步高效、自动地进行数据处理。随着地面摄影测量的应用场景愈加丰富，半自动进行生产代价极高，例如移动测量系统中 LiDAR 点云的处理、行人交通等典型兴趣点场景提取、识别、标注、分割等，人工干预难度很大[219]。近年来，随着计算机视觉、模式识别、机器学习等技术的使用，地面摄影测量的自动化发展迅速，成为摄影测量发展的重要趋势。

（3）智能化。近年来，深度学习技术的发展给人工智能领域带来新的活力，人工智能技术也成为研究热点。摄影测量技术和人工智能中的机器学习、计算机视觉在许多概念、原理、理论、方法与技术上有很大重叠。不少学者开始将深度学习、计算机视觉等相关技术用于摄影测量领域，解决信息自动提取、影像解译等问题[220]，推动摄影测量向智能化方向发展。深度学习技术被广泛应用于地面摄影测量中立体匹配、深度估计、SLAM、LiDAR 点云处理等领域，并且取得了较好的成果，这些方法的鲁棒性和适应性也优于传统的摄影测量方法。影像场景解译是摄影测量中重要的任务，深度学习技术在图像识别与解析上取得了较大的突破，他们被广泛地使用于地面摄影测量的场景中典型目标分类、提取、识别、语义标注。深度学习等人工智能技术，通过模仿人脑信息处理过程，为地面摄影测量场景解译开辟了新的研究方向，这些技术可以高效智能地应用于道路提取、地物场景分类、道路交通指示识别、建筑物等分类，并且可以快速准确的进行场景语义分割。随着深度学习等技术的发展，智能化摄影测量成为一个新的研究趋势。

国民经济发展的迫切需求，对我国地面摄影测量技术的发展提出了更高的要求。随着时间的推移，地面摄影测量时空数据将呈现多源化。可以预见，在今后，我国地面摄影测量技术发展还将呈现以下特点：①应用日常化、多元化[221]。地面摄影测量技术为人们提供街景数据、室内导航等服务。在日后将更加深入人们生活，服务不同行业，提供普及化的产品，惠及更多普通用户，成为人民日常生活中不可或缺的存在。②从感知到认知[222]。通过人工智能的发展，地面摄影测量由识别地物向认识、理解地物，甚至是理解现实世界发展。③与互联网产业进一步融合[223]。随着 IT 公司进入摄影测量领域，给空间信息学科带来了新的技术与概念，同时 IT 公司拥有优势的人才、资金与市场，可以快速将摄影测量技术转化为产品服务，加快我国信息化测绘的进程更好地服务大众。

# 参考文献

［1］林君建，苍桂华.摄影测量学［M］.北京：国防工业出版社，2006.

［2］Fraser C，Veress S. Self-Calibration of a Fixed-Frame Multiple-Camera System［J］. Photogrammetric Engineering & Remote Sensing，1980，46（11）：1439-1445.

［3］Ayman Habib，Michel Morgan，Young-Ran Lee. Bundle Adjustment with Self-Calibration Using Straight Lines［J］. The Photogrammetric Record，2002，17（100）：635-650.

［4］Cefalu A，Haala N，Fritsch D. Structureless bundle adjustment with self-calibration using accumulated constraints［C］. ISPRS Ann. Photogramm. Remote Sens. Spatial Inf. Sci.，2016，3：3-9.

［5］Shih-Hong Chio. VBS RTK GPS-assisted self-calibration bundle adjustment for aerial triangulation of fixed-wing uas images for updating topographic maps［J］. BCG – Boletim de Ciências Geodésicas，2016，22（4）：665-684.

［6］Lowe D G. Distinctive image features from scale-invariant key points［J］. International Journal of Computer Vision，2004，60（2）：91-110.

［7］Jhan J P，Li Y T，Rau J Y.A modified projective transformation scheme for mosaicking multi-camera imaging system equipped on a large payload fixed-wing UAS［J］. International Archives of the Photogrammetry，Remote Sensing & Spatial Information Sciences,DOI: 10.5194/isprsarchives-XL-3-W2-87-2015.

［8］Jordan R Mertes，Jason D Gulley，Douglas I Benn,et al.Using structure-frommotion to create glacier DEMs and orthoimagery from historical terrestrial and oblique aerial imagery［J］. Earth Surface Processes and Landforms，2017（42）：2350-2364.

［9］W Ostrowski，K Bakula. Towards Efficiency of Oblique Images Orientation［J］. Isprs Annals of Photogrammetry，Remote Sensing & Spatial Information Sciences，2016，XL-3（W4）：91-96.

［10］Mikolajcyk K，Schmid C. An affine invariant interest point detector［C］. Computer Vision — ECCV 2002，2002：128-142.

［11］Jean-Michel Morel，Guoshen Yu. ASIFT: A New Framework for Fully Affine Invariant Image Comparison［J］. SIAM Journal on Imaging Sciences，2009，2（2）：438-469.

［12］Simon Fuhrmann，Fabian Langguth，Michael Goesele. MVE-A Multi-View Reconstruction Environment［C］.In Proceedings of the Eurographics Workshop on Graphics and Cultural Heritage，Darmstadt，Germany，2014.

［13］Changchang Wu. VisualSFM：A Visual Structure from Motion System［EB/OL］. 2019. http://ccwu.me/vsfm/.

［14］Hirschmuller H. Stereo Processing by Semi-global Matching and Mutual Information［J］. IEEE Transactions on Pattern Analysis and Machine Intelligence，2008，30（2）：328-341.

［15］Rothermel M，Wenzel K，Fritsch D，et al. SURE：Photogrammetric Surface Reconstruction from Imagery［C/

OL］. Proceedings of the LC3D Workshop，2012. http：//www.ifp.uni-stuttgart.de/publications/2012/ Rothermel_ etal_lc3d.pdf.

［16］ Furukawa Y，Ponce J. Accurate，Dense，and Robust Multiview Stereopsis［J］. IEEE Transactions on Pattern Analysis and Machine Intelligence，2010，32（8）：1362-1376.

［17］ Michal Jancosek，Tomas Pajdla. Multi-view reconstruction preserving weakly-supported surfaces［C］. CVPR 2011：3121-3128.

［18］ Kazhdan M，Bolitho M，Hoppe H. Poisson surface reconstruction［C］. In Proc. of the EG/SIGGRAPH Symposium on Geometry processing，2006.

［19］ Johannes L. Schönberger. COLMAP［EB/OL］. 2019. https：//colmap.github.io/.

［20］ Bentley. ContextCapture［EB/OL］. 2019. https：//www.bentley.com/zh/products/product-line/reality-modeling- software/contextcapture.

［21］ Geiger A，Ziegler J，Stiller C. StereoScan：Dense 3d reconstruction in real-time［C］. In Proceedings of the IEEE Intelligent Vehicles Symposium，2011：963-968.

［22］ Kim H，Leutenegger S，Davison A J. Real-Time 3D Reconstruction and 6-DoF Tracking with an Event Camera［C］. In Proceedings of the ECCV 2016，Springer International Publishing，2016：349-364.

［23］ Mur-Artal R，Montiel J M M，Tardós J D. ORB-SLAM：A Versatile and Accurate Monocular SLAM System［J］. IEEE Transactions on Robotics，2015，31（5）：1147-1163.

［24］ Engel J，Schöps T，Cremers D. LSD-SLAM：Large-Scale Direct Monocular SLAM［C］. Computer Vision - ECCV 2014. Springer International Publishing，2014：834-849.

［25］ Davison Andrew J. MonoSLAM：Real-time single camera SLAM［J］. IEEE transactions on pattern analysis and machine intelligence，2007，29（6）：1052-1067.

［26］ R A Newcombe，S J Lovegrove，A J Davison. DTAM：Dense tracking and mapping in real-time［C］. International Conference on Computer Vision IEEE Computer Society，2011：2320-2327.

［27］ Christian Forster，Matia Pizzoli，Davide Scaramuzza. SVO：Fast semi-direct monocular visual odometry［C］. IEEE International Conference on Robotics and Automation IEEE，2014：15-22.

［28］ Engel Jakob，V Koltun，D Cremers. Direct Sparse Odometry［J］. IEEE Transactions on Pattern Analysis & Machine Intelligence，2016（99）：1.

［29］ Keisuke Tateno，Federico Tombari，Iro Laina，et al.CNN-SLAM：Real-Time Dense Monocular SLAM with Learned Depth Prediction［C］. The IEEE Conference on Computer Vision and Pattern Recognition（CVPR），2017：6243-6252.

［30］ Pumarola A，Vakhitov A，Agudo A，et al. PL-SLAM：Real-time monocular visual SLAM with points and lines［C］. IEEE International Conference on Robotics and Automation（ICRA），2017.

［31］ Matia Pizzoli，Christian Forster，Davide Scaramuzza. REMODE：Probabilistic，Monocular Dense Reconstruction in Real Time［C］. IEEE International Conference on Robotics and Automation（ICRA），2014.

［32］ Overview K F P. KinectFusion：real-time 3D reconstruction and interaction using a moving depth camera［C］. ACM Symposium on User Interface Software & Technology，2011.

［33］ David Bau，Jun-Yan Zhu，Hendrik Strobelt，et al. GAN Dissection：Visualizing and Understanding Generative Adversarial Networks［C］. In Proceedings of the Seventh International Conference on Learning Representations （ICLR），2019.

［34］ Marco Margaritoff. MIT's NanoMap Tech Allows for Consistent，High-Speed，Autonomous Drone Navigation，2018-02-12［EB/OL］. 2019. https：//www.thedrive.com/aerial/18429/mits-NanoMap-tech-allows-for- consistent-high-speed-autonomous-drone-navigation.

［35］ 王之卓. 中国的航测［J］. 武测资料，1979（4）：1-4.

［36］李德仁，周月琴，胡孝沁. 1992—1996年中国摄影测量与遥感的发展（国家报告）［J］. 武汉测绘科技大学学报，1997，22（1）：1-6.

［37］陈继良. 国标"1∶5000~1∶100000地形图航空摄影规范"通过审定［J］. 测绘科技通讯，1994，17（4）：60.

［38］李云星. 1∶500，1∶1000，1∶2000系列数字化测绘产品的精度目标与实现［J］. 测绘与空间地理信息，2008，31（1）：170-172，177.

［39］冯茂平，赵元沛，杨正银，等. 1∶500航测法高精度成图的关键技术研究及其应用［J］. 测绘，2017，40（4）：178-180，192.

［40］Zhu S，Zhang R，Zhou L，et al. Very Large-Scale Global SfM by Distributed Motion Averaging［C］// 2018 IEEE/CVF Conference on Computer Vision and Pattern Recognition（CVPR），2018.

［41］李德仁，袁修孝. GPS辅助光束法区域网平差——太原试验场GPS航摄飞行试验结果［J］. 测绘学报，1995，21（2）：1-7.

［42］袁修孝，朱武，武军郦，等. 无地面控制GPS辅助光束法区域网平差［J］. 武汉大学学报（信息科学版），2004，29（10）：852-857.

［43］孙红星. 差分GPS/INS组合定位定姿及其在MMS中的应用［D］. 武汉：武汉大学，2004.

［44］张春森，张萌萌，郭丙轩. 影像信息驱动的三角网格模型优化方法［J］. 测绘学报，2018，47（7）：959-967.

［45］冯茂平，赵元沛，杨正银，等. 1∶500航测法高精度成图的关键技术研究及其应用［J］. 测绘，2017，40（4）：178-180，192.

［46］Bu S，Zhao Y，Wan G，et al. Map2DFusion：Real-time Incremental UAV Image Mosaicing based on Monocular SLAM［C］// IEEE/RSJ International Conference on Intelligent Robots & Systems，2016.

［47］DJI大疆行业应用. DJI大疆行业应用发布大疆智图航测软件［OL］.［2019-03-28］. https：//mp.weixin.qq.com/s/MC--6yOINjBcpDfaFo4pXg.

［48］肖雄武，季博文. 基于无人机航摄数据的正射影像实时生成方法及系统：中国，ZL201910882869.6［P］. 2019-12-09.

［49］田野，向宇，高峰，等. 利用Pictometry倾斜摄影技术进行全自动快速三维实景城市生产——以常州市三维实景城市生产为例［J］. 测绘通报，2013（2）：59-62，66.

［50］王琳，吴正鹏，姜兴钰，等. 无人机倾斜摄影技术在三维城市建模中的应用［J］. 测绘与空间地理信息，2015，38（12）：30-32.

［51］李安福，吴晓明，路玲玲. SWDC-5倾斜摄影技术及其在国内的应用分析［J］. 现代测绘，2014，37（6）：12-14.

［52］李祎峰，宫晋平，杨新海，等. 机载倾斜摄影数据在三维建模及单斜片测量中的应用［J］. 遥感信息，2013，28（3）：102-106.

［53］肖雄武. 基于特征不变的倾斜影像匹配算法研究与应用［D］. 西安：西安科技大学，2014.

［54］李德仁，肖雄武，郭丙轩，等. 倾斜影像自动空三及其在城市真三维模型重建中的应用［J］. 武汉大学学报（信息科学版），2016，41（6）：711-721.

［55］Liu Jianchen，Guo Bingxuan. Reconstruction and Simplification of Urban Scene Models Based on Oblique Images［C］.The International Archives of the Photogrammetry，Remote Sensing and Spatial Information Sciences，2014，40（3）：197-204.

［56］张春森，张卫龙，郭丙轩，等. 倾斜影像的三维纹理快速重建［J］. 测绘学报，2015，44（7）：782-790.

［57］Jiang San，Jiang Wanshou. Efficient Structure from Motion for Oblique UAV Images Based on Maximal Spanning Tree Expansions［J］. ISPRS Journal of Photogrammetry & Remote Sensing，2017，132：140-161.

［58］ Hu Han, Zhu Qing, Du Zhiqiang, et al. Reliable Spatial Relationship Constrained Feature Point Matching of Oblique Aerial Images［J］. Photogrammetric Engineering & Remote Sensing, 2015, 81（1）：49-58.

［59］ 闫利, 费亮, 叶志云, 等. 大范围倾斜多视影像连接点自动提取的区域网平差法［J］. 测绘学报, 2016, 45（3）：310-317.

［60］ 张力, 艾海滨, 许彪, 等. 基于多视影像匹配模型的倾斜航空影像自动连接点提取及区域网平差方法［J］. 测绘学报, 2017, 46（5）：554-564.

［61］ Liu Jianchen, Guo Bingxuan, Jiang Wanshou, et al. Epipolar Rectification with Minimum Perspective Distortion for Oblique Images［J］. Sensors, 2016, 16（11）：1870

［62］ 张春森, 张萌萌, 郭丙轩. 影像信息驱动的三角网格模型优化方法［J］. 测绘学报, 2018, 47（7）：959-967

［63］ Huang Xiangxiang, Zhu Quansheng, Jiang Wanshou. GPVC：Graphics Pipeline-Based Visibility Classification for Texture Reconstruction［J］. Remote Sensing, 2018, 10（11）：1725

［64］ 肖雄武. 具备结构感知功能的倾斜摄影测量场景三维重建［D］. 武汉：武汉大学, 2018.

［65］ 张一, 姜挺, 江刚武, 等. 特征法视觉 SLAM 逆深度滤波的三维重建［J］. 测绘学报, 2019, 48（6）：708-717.

［66］ 仲思东, 耿学贤, 史中超. 一种改进激光雷达性能的方法［J］. 仪器仪表学报, 2004（4）：462-465.

［67］ 梁欣廉, 张继贤, 李海涛, 等. 激光雷达数据特点［J］. 遥感信息, 2005（3）：71-76.

［68］ 陈晋敏, 黄春明, 周军. 激光雷达数据无损压缩的 FPGA 实现［J］.计算机测量与控制, 2007（1）：100-102.

［69］ 段敏燕. 机载激光雷达点云电力线三维重建方法研究［D］. 武汉：武汉大学, 2015.

［70］ 黄先锋, 李娜, 张帆, 等. 利用 LiDAR 点云强度的十字剖分线法道路提取［J］. 武汉大学学报（信息科学版）, 2015, 40（12）：1563-1569.

［71］ 董震, 杨必胜. 车载激光扫描数据中多类目标的层次化提取方法［J］. 测绘学报, 2015, 44（9）：980-987.

［72］ 周汝琴, 许志海, 彭炽刚, 等. 一种高压输电走廊机载激光点云分类方法［J］. 测绘科学, 2019, 44（3）：21-27, 33.

［73］ 杨必胜, 梁福逊, 黄荣刚. 三维激光扫描点云数据处理研究进展、挑战与趋势［J］. 测绘学报, 2017, 46（10）：1509-1516.

［74］ 杨必胜, 李健平. 轻小型低成本无人机激光扫描系统研制与实践［J］. 武汉大学学报（信息科学版）, 43（12）：1972-1978.

［75］ Xibin Song, Peng Wang, Dingfu Zhou, et al. ApolloCar3D：A Large 3D Car Instance Understanding Benchmark for Autonomous Driving［C］. IEEE Conference on Computer Vision and Pattern Recognition（CVPR）, 2019.

［76］ 思岚科技. ZEUS（宙斯）通用型服务机器人平台［EB/OL］. 2019. http://www.slamtec.com/cn/Zeus.

［77］ 王之卓. 航测内业电子化和自动化的发展概况［J］. 测绘通报, 1961（1）：18-26.

［78］ 王之卓. 全数字化测图系统研究方案［C］. 武汉测绘学院第二次学术报告会论文集, 1978.

［79］ 王之卓. 全数字化自动测图系统的研究方案（讨论稿）［J］. 武汉测绘科技大学学报, 1998, 23（4）：287-293.

［80］ 张祖勋, 林宗坚. 摄影测量测图的全数字化道路［J］. 武汉大学学报（信息科学版）, 1985, 10（3）：13-18.

［81］ 张祖勋, 张剑清. 全数字自动化测图系统软件包［J］. 测绘学报, 1986, 15（3）：161-171.

［82］ 张剑清, 潘励, 王树根. 摄影测量学（第二版）［M］. 武汉：武汉大学出版社, 2009.

［83］ 李大军, 孙涛, 郭丙轩, 等. 一种基于倾斜影像的多片测图技术［J］. 测绘通报, 2018（7）：83-87.

［84］ 胡翔云, 巩晓雅, 张觅. 变分法遥感影像人工地物自动检测［J］. 测绘学报, 2018, 47（6）：780-789.

［85］方针，张剑清，张祖勋. 基于城区航空影像的变化检测［J］. 武汉测绘科技大学学报，1997，22（3）：240-244.

［86］李德仁，夏松，江万寿，等. 一种地形变化检测与 DEM 更新的方法研究［J］. 武汉大学学报（信息科学版），2006，31（7）：565-568.

［87］季顺平，袁修孝. 一种基于阴影检测的建筑物变化检测方法［J］. 遥感学报，2007，11（3）：323-329.

［88］袁修孝，宋妍. 一种运用纹理和光谱特征消除投影差影响的建筑物变化检测方法［J］. 武汉大学学报（信息科学版），2007，32（6）：489-493.

［89］马国锐，眭海刚，李平湘，等. 基于核函数度量相似性的遥感影像变化检测［J］. 武汉大学学报（信息科学版），2009，34（1）：19-23.

［90］涂继辉，眭海刚，冯文卿，等. 利用词袋模型检测建筑物顶面损毁区域［J］. 武汉大学学报（信息科学版），2018，43（5）：691-696.

［91］眭海刚，冯文卿，李文卓，等. 多时相遥感影像变化检测方法综述［J］. 武汉大学学报（信息科学版），2018，43（12）：1885-1898.

［92］张立朔，程效军. 基于激光点云的隧道形变分析方法［J］. 中国激光，2018，45（3）：219-224.

［93］张靖，江万寿. 激光点云与光学影像配准：现状与趋势［J］. 地球信息科学学报，2017（4）：528-539.

［94］朱建新，沈东羽，吴钪. 基于激光点云的智能挖掘机目标识别［J］. 计算机工程，2017（1）：297-302.

［95］Marr D. Vision：A Computational Investigation into the Human Representation and Processing of Visual Information［J］. Quarterly Review of Biology，1983，27（1）：107-110.

［96］龚健雅，季顺平. 从摄影测量到计算机视觉［J］. 武汉大学学报（信息科学版）2017（42）：1522.

［97］朱仁璋，丛云天，王鸿芳，等. 全球高分光学星概述（一）：美国和加拿大［J］. 航天器工程，2015（6）：85-106.

［98］朱仁璋，丛云天，王鸿芳，等. 全球高分光学星概述（二）：欧洲［J］. 航天器工程，2016（1）：95-118.

［99］朱仁璋，丛云天，王鸿芳，等. 全球高分光学星概述（三）：亚洲与俄罗斯［J］. 航天器工程，2016（2）：70-96.

［100］Greslou D，Delussy F，Delvit J M，et al. Pleiades-HR innovative techniques for geometric image quality commissioning［C］. ISPRS – International Archives of the Photogrammetry，Remote Sensing and Spatial Information Sciences.，XXXIX-B1：543-547.

［101］Lebegue L，Greslou D，Delussy F，et al. Pleiades-HR image quality commissioning foreseen methods［J］. IEEE Geoscience and Remote Sensing Symposium，2010：1675-1678.

［102］L Lebègue，D Greslou，F de Lussy，et al. Pleiades-HR image quality commissioning［J］. Int. Arch. Photogramm. Remote Sens. Spatial Inf. Sci.，2012，XXXIX-B1：561-566.

［103］杨国东，赵强，张旭晴，等. 基于 SPOT 6 卫星遥感数据无控制点正射校正［J］. 测绘与空间地理信息，2018（7）：1.

［104］Setiawan K T，Suwargana N，Ginting D N B，et al. Bathymetry extraction from SPOT 7 satellite imagery using random forest methods［J］. International Journal of Remote Sensing and Earth Sciences（IJReSES），2019，16（1）：23-30.

［105］郭新丽. 高分辨率遥感卫星测绘关键技术研究［J］. 城市地理，2018（2）：125.

［106］郭连惠，喻夏琼. 国外测绘卫星发展综述［J］. 测绘技术装备，2013（3）：86-88.

［107］唐新明，胡芬. 卫星测绘发展现状与趋势［J］. 航天返回与遥感，2018，39（4）：26-35.

［108］胡芬，高小明. 面向测绘应用的遥感小卫星发展趋势分析［J］. 测绘科学，2019（1）：23.

［109］王晋，张勇，张祖勋，等. ICESat 激光高程点辅助的天绘一号卫星影像立体区域网平差［J］. 测绘学报，2018（3）：359-369.

［110］纪松，范大昭，张杰，等. 小面阵辅助下的天绘一号卫星三线阵影像平差定位方法［J］. 测绘科学技术

学报，2018，35（6）：589–594.

［111］ 杜丽丽，易维宁，王昱，等. 天绘一号卫星多传感器协同辐射定标方法［J］. 光学学报，2019，39（4）：42–49.

［112］ 辛国栋，安文，黄令勇. 天绘一号卫星几何定标场建设与应用［J］. 测绘地理信息，2018（6）：52–54，109.

［113］ 徐懿，张过，汪韬阳. 资源三号和天绘一号卫星影像联合平差［J］. 地理空间信息，2018，16（1）：9–11.

［114］ 周亦，吕从，王慧敏. "资源一号" 02C 卫星影像土地利用变化检测能力分析［J］. 测绘通报，2019（1）：97–100.

［115］ 陈洋，范荣双，王竞雪，等. 基于深度学习的资源三号卫星遥感影像云检测方法［J］. 光学学报，2018，38（1）：362–367.

［116］ 高琳，宋伟东，谭海，等. 多尺度膨胀卷积神经网络资源三号卫星影像云识别［J］. 光学学报，2019，39（1）：299–307.

［117］ 张莉莉. 基于资源三号卫星影像的 1∶10000 地形图更新可行性研究及精度分析［J］. 测绘与空间地理信息，2019（7）：66.

［118］ 王密，杨博，李德仁，等. 资源三号全国无控制整体区域网平差关键技术及应用［J］. 武汉大学学报·信息科学版，2017，42（4）：427–433.

［119］ Yonghua Jiang, Zihao Cui, Guo Zhang, et al. CCD distortion calibration without accurate ground control data for pushbroom satellites［J］. ISPRS, 2018, 142: 21–26.

［120］ Wang M, Cheng Y, Tian Y, et al. A New On-Orbit Geometric Self-Calibration Approach for the High-Resolution Geostationary Optical Satellite GaoFen4［J］. IEEE Journal of Selected Topics in Applied Earth Observations & Remote Sensing, 2018, 11（5）: 1670–1683.

［121］ Pi Y, Li X, Yang B. Global Iterative Geometric Calibration of a Linear Optical Satellite Based on Sparse GCPs［J］. IEEE Transactions on Geoscience and Remote Sensing, 2020, 58（1）: 436–446.

［122］ 谢东海，钟若飞，吴俣，等. 球面全景影像相对定向与精度验证［J］. 测绘学报，2017，46（11）：1822–1829.

［123］ 杨必胜，梁福逊，黄荣刚. 三维激光扫描点云数据处理研究进展、挑战与趋势［J］. 测绘学报，2017，46（10）：1509–1516.

［124］ 苏本跃，马金宇，彭玉升，等. 面向 RGBD 深度数据的快速点云配准方法［J］. 中国图象图形学报，2017，22（5）：643–655.

［125］ CMU Panoptic Dataset［EB/OL］. 2015. http://domedb.perception.cs.cmu.edu.

［126］ 余建伟，张攀攀，翁国康，等. 中海达 iScan-P 便携式移动三维激光测量系统概述［J］. 测绘通报，2015（3）：140–141.

［127］ 陈驰，杨必胜，田茂，等. 车载 MMS 激光点云与序列全景影像自动配准方法［J］. 测绘学报，2018，47（2）：215–224.

［128］ 李永强，董亚涵，张西童，等. 车载 LiDAR 点云路灯提取方法［J］. 测绘学报，2018，47（2）：247–259.

［129］ Žbontar J, Lecun Y. Computing the stereo matching cost with a convolutional neural network［C］. IEEE Conference on Computer Vision and Pattern Recognition，2015.

［130］ Seki A，Pollefeys M. Sgm-nets: Semi-global matching with neural networks［C］. IEEE Conference on Computer Vision and Pattern Recognition，2017：231–240.

［131］ Luo W，Schwing A G，Urtasun R. Efficient deep learning for stereo matching［C］. IEEE Conference on Computer Vision and Pattern Recognition，2016：5695–5703.

［132］ Mayer N，Ilg E，Hausser P，et al. A large dataset to train convolutional networks for disparity，optical flow，and scene flow estimation［C］. IEEE Conference on Computer Vision and Pattern Recognition，2016：4040–4048.

［133］ Zhang F, Prisacariu V, Yang R, et al. GA-Net: guided aggregation net for end-to-end stereo matching［C］. IEEE Conference on Computer Vision and Pattern Recognition, 2019: 185-194.

［134］ Matteo P, Davide P, Fabio T, et al. guided stereo matching［C］. IEEE Conference on Computer Vision and Pattern Recognition, 2019: 979-988.

［135］ Schonberger J L, Frahm J M. Structure-from-motion revisited［C］. IEEE Conference on Computer Vision and Pattern Recognition, 2016: 4104-4113.

［136］ Wilson K, Snavely N. Robust global translations with 1DSfM［C］. European Conference on Computer Vision, 2014: 61-75.

［137］ Sweeney C, Sattler T, Hollerer T, et al. Optimizing the viewing graph for structure-from-motion［C］. IEEE International Conference on Computer Vision, 2015: 801-809.

［138］ Suryansh K. Jumping Manifolds: Geometry aware dense non-rigid structure from motion［C］. IEEE Conference on Computer Vision and Pattern Recognition, 2019: 5346-5355.

［139］ Whelan T, Leutenegger S, Moreno RS, et al. Elastic fusion: Dense SLAM without apose graph［C］. Proceedings of Robotics: Science and Systems, 2015: 1-9.

［140］ Newcombe RA, Fox D, Seitz SM. Dynamic fusion: Reconstruction and tracking of non-rigid scenes in real-time［C］. IEEE Conference on Computer Vision and Pattern Recognition, 2015: 343-352.

［141］ Goswami G, Vatsa M, Singh R. Face recognition with RGB-D images using Kinect［M］. Berlin: Springer, Cham, 2016.

［142］ Ayush T, Florian B, Pablo G, et al. FML: Face model learning from videos［C］. IEEE Conference on Computer Vision and Pattern Recognition, 2019: 10812-10822.

［143］ Hess W, Kohler D, Rapp H, et al. Real-time toop closure in 2D LiDAR SLAM［C］. IEEE International Conference on Robotics and Automation, 2016: 1271-1278.

［144］ Park C, Moghadam P, Kim S, et al. Elastic LiDAR fusion: Dense map-centric continuous-time slam［C］. IEEE International Conference on Robotics and Automation, 2018: 1206-1213.

［145］ Mur-Artal R, Montiel J M M, Tardos J D. ORB-SLAM: a versatile and accurate monocular SLAM system［J］. IEEE Transactions on Robotics, 2015, 31（5）: 1147-1163.

［146］ Mur-Artal R, Tardós J D. Orb-slam2: An open-source slam system for monocular, stereo, and rgb-d cameras［J］. IEEE Transactions on Robotics, 2017, 33（5）: 1255-1262.

［147］ Engel J, Koltun V, Cremers D. Direct sparse odometry［J］. IEEE Transactions on Pattern Analysis and Machine Intelligence, 2018, 40（3）: 611-625.

［148］ Eigen D, Puhrsch C, Fergus R. Depth map prediction from a single image using a multi-scale deep network［C］. Advances in Neural Information Processing Systems, 2014: 2366-2374.

［149］ Laina I, Rupprecht C, Belagiannis V, et al. Deeper depth prediction with fully convolutional residual networks［C］. International Conference on 3D Vision, 2016.

［150］ Zoran D, Isola P, Krishnan D, et al. Learning ordinal relationships for mid-level vision［C］. IEEE International Conference on Computer Vision, 2015.

［151］ Kuznietsov Y, Stückler Jörg, Leibe B. Semi-supervised deep learning for monocular depth map prediction［C］. IEEE Conference on Computer Vision and Pattern Recognition, 2017: 6647-6655.

［152］ Godard, Clément, Mac Aodha O, Brostow G J. Unsupervised monocular depth estimation with left-right consistency［C］. IEEE Conference on Computer Vision and Pattern Recognition, 2017: 270-279.

［153］ Wang R, Pizer S M, Frahm J M. Recurrent Neural Network for（Un-）supervised Learning of Monocular Video Visual Odometry and Depth［C］. IEEE Conference on Computer Vision and Pattern Recognition, 2019: 5555-5564.

［154］ Riegler G, Liao Y, Donne S, et al. Connecting the dots: learning representations for active monocular depth estimation ［C］. IEEE Conference on Computer Vision and Pattern Recognition, 2019: 7624–7633.

［155］ Vongkulbhisal J, Irastorza Ugalde B, De la Torre F, et al. Inverse composition discriminative optimization for point cloud registration ［C］. IEEE Conference on Computer Vision and Pattern Recognition, 2018: 2993–3001.

［156］ Armeni I, Zamir AR. 3D semantic parsing of large-scale indoor spaces ［C］. IEEE Conference on Computer Vision and Pattern Recognition, 2016: 1534–1543.

［157］ Landrieu L, Simonovsky M. Large-scale point cloud semantic segmentation with superpoint graphs ［C］. IEEE Conference on Computer Vision and Pattern Recognition, 2018: 4558–4567.

［158］ Qi C R, Yi L, Su H, et al. PointNet++: Deep hierarchical feature learning on pint sts in a metric space ［C］. Advances in Neural Information Processing Systems, 2017: 5099–5108.

［159］ Qi C R, Litany O, He K, et al. Deep hough voting for 3D object detection in point clouds ［J］. arXiv preprint arXiv: 1904.09664, 2019.

［160］ Li J, Lee G H. USIP: Unsupervised stable interest point detection from 3D point clouds ［J］. arXiv preprint arXiv: 1904.00229, 2019.

［161］ Caltagirone L, Bellone M, Svensson L, et al. LiDAR-camera fusion for road detection using fully convolutional neural networks ［J］. Robotics and Autonomous Systems, 2019, 111: 125–131.

［162］ Kong S, Fowlkes C. Pixel-wise attentional gating for parsimonious pixel labeling ［J］. arXiv preprint arXiv: 1805.01556, 2018.

［163］ Audebert N, Le Saux B, Lefèvre S. Joint learning from earth observation and openstreetmap data to get faster better semantic maps ［C］. IEEE Conference on Computer Vision and Pattern Recognition Workshops, 2017: 67–75.

［164］ Chen L C, Collins M D, Zhu Y, et al. Searching for efficient multi-scale architectures for dense image prediction ［C］. Advances in Neural Information Processing Systems, 2018: 8713–8724.

［165］ Chen L C, Zhu Y, Papandreou G, et al. Encoder-decoder with atrous separable convolution for semantic image segmentation ［C］. European Conference on Computer Vision, 2018: 801–818.

［166］ Nakajima Y, Kang B, Saito H, et al. Incremental class discovery for semantic segmentation with RGBD sensing ［C］. IEEE International Conference on Computer Vision, 2019: 972–981.

［167］ Chen X, Girshick R, He K, et al. Tensormask: A foundation for dense object segmentation ［J］. arXiv preprint arXiv: 1903.12174, 2019.

［168］ Liu Y, Chen K, Liu C, et al. Structured knowledge distillation for semantic segmentation ［C］. IEEE Conference on Computer Vision and Pattern Recognition, 2019: 2604–2613.

［169］ Nassar A S, Lefevre S, Wegner J D. Simultaneous multi-view instance detection with learned geometric soft-constraints ［C］. IEEE International Conference on Computer Vision, 2019: 6559–6568.

［170］ 王祥, 张永军, 黄山, 等. 旋转多基线摄影光束法平差法方程矩阵带宽优化 ［J］. 测绘学报, 2016, 45（2）: 170–177.

［171］ Cheng X, Wang P, Yang R. Learning depth with convolutional spatial propagation network ［J］. arXiv preprint arXiv: 1810.02695, 2018.

［172］ Yang G, Zhao H, Shi J, et al. SegStereo: Exploiting semantic information for disparity estimation ［C］. European Conference on Computer Vision, 2018: 636–651.

［173］ Guang N, Ming C, Yun L, et al. Multi-level context ultra-aggregation for stereo matching ［C］. IEEE Conference on Computer Vision and Pattern Recognition, 2019: 3283–3291.

［174］ 刘瑾, 季顺平. 基于深度学习的航空遥感影像密集匹配 ［J］. 测绘学报, 2019, 48（9）: 1141–1150.

［175］ Gao Y，Yuille A L. Symmetric non-rigid structure from motion for category-specific object structure estimation［C］. European Conference on Computer Vision，2016：408-424.

［176］ Sun K，Tao W. A constrained radial agglomerative clustering algorithm for efficient structure from motion［J］. IEEE Signal Processing Letters，2018，25（7）：1089-1093.

［177］ 何海清，陈敏，陈婷，等. 低空影像 SfM 三维重建的耦合单-多旋转平均迭代优化法［J］. 测绘学报，2019，48（6）：688-697.

［178］ 于英，张永生，薛武，等. 一种稳健性增强和精度提升的增量式运动恢复结构方法［J］. 测绘学报，2019，48（2）：207-215.

［179］ 宋爽，陈驰，杨必胜，等. 低成本大视场深度相机阵列系统［J］. 武汉大学学报（信息科学版），2018，43（9）：1391-1398.

［180］ 梅峰，刘京，李淳秡，等. 基于 RGB-D 深度相机的室内场景重建［J］. 中国图象图形学报，2015，20（10）：1366-1373.

［181］ 李清泉，邹勤，张德津. 利用高精度三维测量技术进行路面破损检测［J］. 武汉大学学报（信息科学版），2017，42（11）：1549-1564.

［182］ 熊伟成，杨必胜，董震. 面向车载激光扫描数据的道路目标精细化鲁棒提取［J］. 地球信息科学学报，2016，18（3）：376-385.

［183］ 杜黎明，钟若飞，孙海丽，等. 移动激光扫描技术下的隧道横断面提取及变形分析［J］. 测绘通报，2018（6）：61-67.

［184］ 邸凯昌，万文辉，赵红颖，等. 视觉 SLAM 技术的进展与应用［J］. 测绘学报，2018，47（6）：770-779.

［185］ 程传奇，郝向阳，李建胜，等. 移动机器人视觉动态定位的稳健高斯混合模型［J］. 测绘学报，2018，47（11）：1446-1456.

［186］ Bai D，Wang C，Zhang B，et al. Matching-range-constrained real-time loop closure detection with CNNs features［J］. Robotics and Biomimetics，2016，3（1）：15.

［187］ Zhang X，Su Y，Zhu X. Loop closure detection for visual SLAM systems using convolutional neural network［C］. IEEE International Conference on Automation and Computing，2017：1-6.

［188］ Gao X，Zhang T. Unsupervised learning to detect loops using deep neural networks for visual SLAM system［J］. Autonomous Robots，2017，41（1）：1-18.

［189］ Zhou H，Zou D，Pei L，et al. StructSLAM：Visual SLAM with building structure lines［J］. IEEE Transactions on Vehicular Technology，2015，64（4）：1364-1375.

［190］ Mu X，Chen J，Zhou Z，et al. Accurate initial state estimation in a monocular visual-inertial SLAM system［J］. Sensors，2018；18（2）：506.

［191］ Chan S H，Wu P T，Fu L C. Robust 2D indoor localization through Laser SLAM and visual SLAM fusion［C］. IEEE International Conference on Systems，Man，and Cybernetics，2018：1263-1268.

［192］ Guo X，Li H，Yi S，et al. Learning monocular depth by distilling cross-domain stereo networks［C］. European Conference on Computer Vision，2018：484-500.

［193］ Li R，Xian K，Shen C，et al. Deep attention-based classification network for robust depth prediction［J］. arXiv preprint arXiv：1807.03959，2018.

［194］ Zhang Z，Xu C，Yang J，et al. Deep hierarchical guidance and regularization learning for end-to-end depth estimation［J］. Pattern Recognition，2018，83：430-442.

［195］ 明英，蒋晶珏，明星. 基于柯西分布的单幅图像深度估计［J］. 武汉大学学报（信息科学版），2016，41（6）：838-841.

［196］ 袁红星，吴少群，朱仁祥，等. 融合对象性和视觉显著度的单目图像 2D 转 3D［J］. 中国图象图形学报，

2013, 18 (11): 1478–1485.

[197] Li Y, Bu R, Sun M, et al. PointCNN: Convolution on X–transformed points [C]. Advances in Neural Information Processing Systems, 2018.

[198] Wang W, Yu R, Huang Q, et al. Sgpn: Similarity group proposal network for 3d point cloud instance segmentation [C]. IEEE Conference on Computer Vision and Pattern Recognition, 2018: 2569–2578.

[199] Huang Q, Wang W, Neumann U. Recurrent slice networks for 3d segmentation of point clouds [C]. IEEE Conference on Computer Vision and Pattern Recognition, 2018: 2626–2635.

[200] Jiang M, Wu Y, Lu C. Pointsift: A sift–like network module for 3d point cloud semantic segmentation [J]. arXiv preprint arXiv: 1807.00652, 2018.

[201] Wang X, Liu S, Shen X, et al. Associatively segmenting instances and semantics in point clouds [C]. IEEE Conference on Computer Vision and Pattern Recognition, 2019: 4096–4105.

[202] Li Y, Pirk S, Su H, et al. Fpnn: Field probing neural networks for 3d data [C]. Advances in Neural Information Processing Systems, 2016: 307–315.

[203] Su H, Maji S, Kalogerakis E, et al. Multi–view convolutional neural networks for 3d shape recognition [C]. IEEE International Conference on Computer Vision, 2015: 945–953.

[204] Xie S, Liu S, Chen Z, et al. Attentional shapecontextnet for point cloud recognition [C]. IEEE Conference on Computer Vision and Pattern Recognition, 2018: 4606–4615.

[205] Zhou Y, Tuzel O. Voxelnet: End–to–end learning for point cloud based 3d object detection [C]. IEEE Conference on Computer Vision and Pattern Recognition, 2018: 4490–4499.

[206] Yang B, Luo W, Urtasun R. Pixor: Real–time 3d object detection from point clouds [C]. IEEE Conference on Computer Vision and Pattern Recognition, 2018: 7652–7660.

[207] Wang G, Wang Z, Chen Y, et al. Context–aware Gaussian fields for non–rigid point set registration [C]. IEEE Conference on Computer Vision and Pattern Recognition, 2016: 5811–5819.

[208] Fan H, Su H, Guibas L J. A point set generation network for 3d object reconstruction from a single image [C]. IEEE Conference on Computer Vision and Pattern Recognition, 2017: 605–613.

[209] Chen R, Han S, Xu J, et al. Point–based multi–view stereo network [C]. IEEE International Conference on Computer Vision, 2019: 1538–1547.

[210] Zhou H, Chen K, Zhang W, et al. DUP–Net: denoiser and upsampler network for 3D adversarial point clouds defense [C]. IEEE International Conference on Computer Vision, 2019: 1961–1970.

[211] Zhuang Y, Yang F, Tao L, et al. Dense relation network: Learning consistent and context–aware representation for semantic image segmentation [C]. IEEE International Conference on Image Processing, 2018: 3698–3702.

[212] Zhao H, Shi J, Qi X, et al. Pyramid scene parsing network [C]. IEEE Conference on Computer Vision and Pattern Recognition, 2017: 2881–2890.

[213] Li J, Liang X, Wei Y, et al. Perceptual generative adversarial networks for small object detection [C]. IEEE Conference on Computer Vision and Pattern Recognition, 2017: 1222–1230.

[214] Han X, Wang H, Lu J, et al. Road detection based on the fusion of LiDAR and image data [J]. International Journal of Advanced Robotic Systems, 2017, 14 (6): 1–10.

[215] Liu H, Peng C, Yu C, et al. An end–to–end network for panoptic segmentation [C]. IEEE Conference on Computer Vision and Pattern Recognition, 2019: 6172–6181.

[216] 廖旋, 缪君, 储珺, 等. 融合分割先验的多图像目标语义分割 [J]. 中国图象图形学报, 2019, 24 (6): 890–901.

[217] 李智, 张娟, 方志军, 等. 基于循环生成对抗网络的道路场景语义分割 [J]. 武汉大学学报 (理学版), 2019, 65 (3): 303–308.

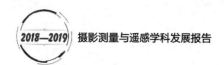 

［218］龚健雅. 人工智能时代测绘遥感技术的发展机遇与挑战［J］. 武汉大学学报（信息科学版），2018，43
　　　　（12）：1788-1796.

［219］龚健雅，季顺平. 从摄影测量到计算机视觉［J］. 武汉大学学报（信息科学版），2017，42（11）：
　　　　1518-1522.

［220］龚健雅，季顺平. 摄影测量与深度学习［J］. 测绘学报，2018，47（6）：693-704.

［221］李德仁. 从测绘学到地球空间信息智能服务科学［J］. 测绘学报，2017，46（10）：1207-1212.

［222］李德仁. 展望大数据时代的地球空间信息学［J］. 测绘学报，2016，45（4）：379-384.

［223］宁津生. 测绘科学与技术转型升级发展战略研究［J］. 武汉大学学报（信息科学版），2019，44（1）：
　　　　1-9.

撰稿人：王　密　杨　博　吴文佳　陈震中　谭琪凡

# 学科典型应用发展研究

遥感技术为众多应用领域注入了新的活力，甚至是带来了一场技术革命[1]。它所具有的覆盖范围广、时效性强、可重复观测和光谱信息丰富等诸多优势，受到了不同领域的青睐和高度重视，在实际应用中起到了不可或缺的作用。相关的文献和应用案例不计其数，而且仍在不断地增添。限于篇幅，只能略举几项典型应用领域为示例，详论且俟将来。下文分别选择了自然资源、生态环境、应急与减灾等应用领域，但由于它们所涵盖的范围也都是至大无外的，在介绍中也难以做到巨细不遗，这是必须要提前说明的。

## 1 典型应用一——自然资源遥感

### 1.1 自然资源遥感的特点与优势

根据联合国环境规划署（UNEP）对自然资源的定义，指的是在一定时间和一定条件下，能够产生经济效益，以提高人类当前和未来福利的自然因素和条件。通常包括水资源、生物资源、土地资源、海洋资源、气候资源等。遥感技术的不同空间分辨率、时间分辨率和光谱分辨率的特征决定其可以大面积、周期性地同步对自然资源进行观测，并通过专业技术手段获取表征自然资源的参量或综合信息，因此可以获得自然资源的类型（或组成）、分布特征、数量特征、时空变化特征，并以此评估自然资源保护与开发的空间适宜性。具体而言，可以从以下方面展开：

（1）大面积同步识别不同空间分布的自然资源。应用遥感技术可以获取如林地、草地、矿物等不同类型自然资源的光谱、纹理和空间分布特征，结合相应的辅助信息及先验知识等识别或挖掘出不同空间分布的自然资源的类型或组成，例如结合不同的植被物候特征和光谱信息，获取农用地、林地、草地等用地类型和矿产分布等自然资源的时空分布特征信息。

（2）获取自然资源从定性到定量的信息。仅仅获得自然资源空间分布信息往往不能完全满足自然资源管理的需要，应用遥感技术可以获得从"定性"到"定量"的自然资源信息，如应用遥感技术方法不仅可以获得草地的分布信息，还可以估算草地的面积、覆盖度和生物量等信息。

（3）高时效性地分析自然资源的时空变化特征。从自然资源保护、开发和管理的角度，需要获得不同时期的自然资源时空变化特征，应用时间序列的遥感数据获取自然资源不同历史时期的空间分布和变化特征，可以定量分析不同区域的自然资源"量"的变化。如海河流域水资源总量和不同生态系统的耗水量时空变化等。

（4）获取的有关自然资源的数据具有综合性。自然资源遥感综合地展现了地球自然资源的形态和分布，不仅体现了自然资源类型的特征如植被、土壤、河流等，还可以揭示地理事物之间的关联性。并且在时间上具有相同的现势性。

（5）为自然资源保护与开发的适宜性评估提供参量。从区域可持续发展的角度，需要解决自然资源的开发和保护的关系。应用遥感技术获得的自然资源的信息，可以从区域整体发展的角度，将遥感信息作为输入项进行不同开发、保护、演变等情景模拟，并面向区域可持续发展，综合分析区域自然资源开发与保护的适宜性，并据此开展自然资源综合评估和规划，更好地进行自然资源管理。

## 1.2　自然资源遥感关键技术

由于不同类型的自然资源有其各自的特征，以下仅针对水资源、土地资源、海洋资源分别介绍遥感应用的关键技术：

### 1.2.1　水资源遥感的关键技术

水资源遥感应用领域包括降水、蒸散发、径流、土壤湿度、地下水等方面，在陆地总储水量、地下水储量变化、生态水文过程、植被干旱等领域得到广泛的应用[2, 3]。目前从相关的模型和方法，主要分为遥感直接观测方法和遥感－水资源相关的模型耦合方法两种[4]。前者是根据水体信息在遥感影像上的表征或光谱特征，通过波段或波段组合模型，直接获取水体相关信息的方法，比如：根据波段的敏感性特征，可以建立相应的模型如 MNDWI 提取水面信息；根据波段特征可以快速直接获取水体深度；结合水面高程变化和水面面积的变化可以获取一定区域内水资源量的变化特征。该方法简单适用，在遥感数据进行几何、辐射、大气等纠正处理完成后，通过波段运算可以快速提取水体信息。但是该方法的缺点主要表现在两个方面，即信息提取中的模型阈值的设置问题和模型的适用性问题。关于模型的适用性，主要受水体本身的特性或干扰因素影响，如水面信息提取模型 NDWI 对水体的提取精度与水体的深浅、泥沙含量、叶绿素含量以及水体中水草等有关。因此，应用该方法进行水体信息提取时需要根据水体的特性因地制宜地确定模型的阈值。

与直接观测方法不同，模型耦合类方法是将各个遥感参量与水资源相关的模型进行耦合进行水资源过程模拟与分析的方法。除了遥感技术方法外，需要结合生态水文过程模型如蒸散发（Evapotranspiration）模型中，根据模型原理的差异，可能涉及的遥感变量包括土地利用类型、叶面积指数（LAI）、地表温度（LST）、反照率等参量，蒸散发模型包括能量平衡模型、水平衡模型等，模型中可能涉及的学科包括气象学、水文学、土壤学等多个方面。遥感变量与水资源相关模型耦合的方法相对于遥感直接观测法往往比较复杂，但是模型的过程机理更加明确，如上面提到的蒸散模型。但是该类模型方法由于机理复杂，并且涉及多方面的内容，加上受下垫面的复杂性和遥感数据的时间、空间和光谱尺度等因素的影响，往往导致很大的不确定性。如对于空间异构性比较明显的区域，由于遥感数据分辨率的差异，空间分辨率较低的遥感数据可能出现大量的混合像元，而像元内的地物类型存在着地物类别差异、温度差异、LAI 差异等，当将这些参量输入到模型中时，可能产生明显的尺度效应，进而导致较大的不确定性。

### 1.2.2 土地资源遥感的关键技术

土地资源对社会生产生活具有重要的影响。土地资源信息提取是土地资源遥感监测的基础，它主要指的是将遥感数据所包含的不同类型的土地按照其属性加以划分。常用的方法一般可归为两大类[5]，即目视解译法和计算机自动分类法。

目视解译是早期出现也是应用范围比较广泛的遥感信息提取方法，根据专业经验和知识，建立不同地物类型的判读标志，进而识别、提取和绘制专题地图。目视解译具有便于利用地学知识综合判断、利于空间信息提取、灵活性强等优点，同时存在人工投入大、解译经验要求高且受个人主观因素影响大、在广泛推广时面临效率低和精度控制困难等问题。

计算机自动分类法可以进一步划分为统计学分类、人工智能分类及其他分类方法。统计学分类中的非监督分类法和监督分类法是发展较早的两种简单分类方法。非监督分类法常被用于土地利用/覆盖分类前期的初分类，用以了解区域的大致情况；监督分类法依赖训练样本提高分类精度，使用最为广泛的是最大似然分类方法。人工智能分类包括神经网络分类[6]和专家系统分类。其中，神经网络分类具有自适应性和进行复杂并行运算的能力，对数据类型及数据分布函数没有限制性要求，可融合多种数据进行分类，在土地覆盖和土地利用方面得到广泛应用。随着研究的进一步深入，其他分类方法如决策树分层分类[7]等因各自的特点也呈现出一定的应用范畴。依靠计算机优势的自动分类方法更注重过程，但多数情况下由于先验或辅助信息的不足，假定条件多，影响了机理解释[8]。近年来，以专业人员综合分析为基础的目视解译法和以人工智能算法为基础的自动分类法的结合越来越多地应用于土地资源遥感应用研究中，依靠优势互补提高了效率，保证了精度。

### 1.2.3 海洋资源遥感的关键技术

海洋遥感可分为海洋水色遥感、海洋动力遥感、海洋环境与资源监测等。对于前者，其关键技术包括大气校正、水色遥感模型等方面。大气校正是海洋水色遥感中的一个关键问题，短波红外波段（SWIR）方法是目前在二类水体大气校正中应用较多的一种方法。现有的 SWIR 方法假设在对数坐标下，大气校正因子在外推波段与基准波段间按线性关系变化。当波段跨度不大时，这一线性近似与辐射传输模型模拟结果相符，而当波段跨度较大时，则存在一定差异。针对这一问题，李爽兆等[9]采用分段外推的方法，修正了大气校正因子，对 SWIR 方法进行了改进，取得了较好的结果。在水色遥感模型研究方面，针对水色遥感算法或产品在我国近海的适用性问题，Qin 等[10]开展了覆盖渤、黄、东海及南海北部的真实性检验，开发了区域的叶绿素浓度、悬浮物浓度等水色要素遥感模型。

海洋动力环境要素主要有海面风场、海浪、海流、温度、盐度和深度等。目前上述要素都可以通过遥感手段获取到，且精度都在逐步提升。在有效波高的反演算法研究方面，Jiang 等[11]重新评估了采用四参数重跟踪算法反演得到的 HY-2A 卫星雷达高度计有效波高产品，产品精度较三参数重跟踪算法有明显提高。海况偏差是目前雷达高度计海面高度测量中一个非常重要的误差源，国内外学者针对海况偏差提出了很多修正算法，但是就目前而言所有的有效修正算法都是经验模型。在这些经验模型的基础上，近年来发展出了基于神经网络的海况修正算法。在海面温度反演算法研究方面，王振占等[12]利用辐射传输方程模拟，建立了海面温度、海面风速、大气水汽含量等海洋环境参数的反演算法。此外，Sun 等[13]利用最优插值技术发展了网格化的海面温度数据融合方法，拓展了卫星遥感获取的海面温度数据产品。金旭晨等[14]利用星载微波辐射计对全球海表盐度的卫星遥感探测，其精度会受到多种环境因子的影响，综合采用广义加性模型 GAM 和偏最小二乘法 PLS 分析了水温对海表盐度遥感反演精度的影响；同时，利用 ARGO 观测数据对 SMOS 卫星反演的赤道太平洋和西北太平洋海表盐度进行精度检验。在海洋内波多发区，海底地形变化是影响海洋内波生成、传播和演化的重要因素。高国兴等[15]基于不可压缩原始 N–S 方程，在非静压近似条件下，通过建立适应于非线性海洋内波研究的非静压海洋动力学模型，并将其应用于正压潮驱动下的内孤立波生成和传播的数值模拟研究。海洋内波通常在海面之下传播，并通过波流相互作用影响海洋表面毛细波的分布，在合成孔径雷达图像中表现为亮暗相间的纹理。

## 1.3 自然资源遥感应用分析

### 1.3.1 水资源监测

水资源遥感监测可以揭示水资源过程的规律性、区域水资源总量的区域性、水资源空间变化的不均一性和人类开发利用的空间差异性等特征。用光学和微波遥感可以观测或预测每年的区域冰雪过程和融水当量，并结合流域的下垫面特征分析洪水期和枯水期的时间和空间变化特征。

从水资源动态平衡的观点分析，区域水资源在开采利用后，能够不断得到大气降水、河流来水等补充，形成水资源利用、消耗、补给和恢复的循环。如果区域水资源在一定时间内的消耗量小于水资源的利用量，则水资源具有可持续利用性，相反就会造成水资源平衡的破坏，进而可能导致一系列的生态环境问题。应用水资源遥感的技术与方法可以根据区域的气候、土壤、植被类型、地形地貌等特征可以模拟分析区域的耗水特征、年月等不同时间尺度的径流变化特征。

### 1.3.2　土地资源监测

土地资源具有一定的时空性，即在不同地区、不同历史时期及不同技术经济条件下，所包含的内容可能不一致。土地资源遥感可以支持土地资源类型分类、土地资源总量分析、开发利用分析、土地资源的生产力、土地资源的用途评估等。例如：在土地资源实际利用过程中，需要综合地形、降水、灾害、下垫面的类型等情况挖掘土地利用程度信息。针对大区域土地资源利用潜力分析，结合数字高程模型（DEM）、土壤类型、植被类型以及灾害发生频率等数据，在应用遥感技术提取土地利用类型的基础上，可以有效地对地形地貌的差异加以分析，以便因地制宜地发展林业、牧业和农业；所以按照地形可以将土地资源分为高原、山地、丘陵、平原、盆地等土地资源类型。同时，可以分析目前和未来不同开发或适宜开发程度的土地资源情况，将耕地、林地、草地、工况居民点等划分为已利用或已开发的土地类型，将宜垦荒地、宜牧荒地、宜林荒地等划分为宜开发的土地利用类型，将沙漠、戈壁、高寒山地等划分为暂时难以利用的土地利用类型。

时间序列的遥感信息可以有效地提取区域性土地资源差异信息，可以有效地提取和分析出我国西部地区和东部地区差异，应用我国的风云系列气象卫星（FY）及国际的系列气象卫星如 TRMM、葵花系列卫星，可以反演区域降水的时间和空间分布特征，结合土壤水分、植被类型等遥感参量和生态水文模型，可以识别不同用地类型的时空分布和模拟分析受干旱半干旱、湿润半湿润等气候影响的农牧交错带分布、草原分布、热带作物、热带雨林等分布的时空格局，对于农业区，可以反映不同区域的农业种植结构、复种指数等差异。

通过遥感数据获取的土地利用图，可以分析土地资源开发利用程度信息，如我国将农用后备荒地按其质量分为三等，其中一等荒地仅占 3.1%，三等荒地占近 50%，主要包括盐碱地、沼泽地、高寒地、沿海滩涂、干旱地等。这些宜农荒地主要分布在北纬 35°以北的地区，三江平原、松嫩平原、东北山区的山间谷地及山前丘陵，以及内蒙古西部河西走廊、塔里木盆地、伊犁河流域等地区。这些地区大多交通不便。而对于城市用地，激光雷达、光学高光谱或多光谱、微波等遥感技术可以动态地获取城市建筑用地扩展情况、建筑容积率、建筑面积、城市绿地与建筑用地转化关系等信息。

### 1.3.3　海洋资源监测

海洋水色卫星目前被广泛地应用到海冰监测、海岸线监测、水华环境监测、岛礁外缘线监测等应用方向。例如，在我国的渤海及黄海，已成功利用 HY-1C 卫星 COCTS 传感器 6、8、2 三个波段合成的伪彩色图像，监测海冰分布的形态与区域。利用 HY-1C CZI 载荷 1B 数据，在海岸线的提取和监测方面得到了实际应用——在深圳南山区，实现了满足 1∶100 万比例尺的海岸线提取。在水华监测方面，利用 HY-1C 卫星 CZI 传感器 L1 级数据（分辨率 50m）的提取结果，相比 MODIS（250m）具有更高的分辨率，水华空间分布细节的表现能力更强，故更能反映细微的水华变化过程。

海洋动力环境卫星则在台风的连续跟踪观测、灾害性海浪监测、海平面变化监测、海洋重力异常监测等应用领域发挥着巨大的作用。举例言之，HY-2A 和 HY-2B 可实现对台风的连续跟踪观测，前后的观测时间间隔在 30min 左右，此"一前一后"的运行方式对于连续台风追踪并及时获取台风信息十分有利，在 2018 年的第 26 号、27 号和 28 号台风的跟踪观测中得到了成功应用。而利用 HY-2B 卫星雷达高度计能够及时获取全球波高大于 4m 的海浪数据，可为灾害性海浪的预警提供可靠的初始场信息。利用 HY-2A、Jason-1/2 等卫星雷达高度计的融合数据，能够实现中国近海海平面变化的监测。最后，海洋重力场和海底地形的探测是雷达高度计的重要应用领域，其他主被动星载遥感器基本不具备该项探测能力。HY-2A 卫星大地测量任务（HY-2A/GM）获取的测高数据已经具备海洋测绘的应用潜力，并且在我国南海及周边海域的重力异常监测中得到了应用。

## 2 典型应用二——生态环境遥感

### 2.1 生态环境遥感的特点与优势

当前全球环境问题日益突出，全球变暖、臭氧层破坏、森林资源锐减、土地荒漠化等众多问题已严重威胁人类生存。遥感技术作为一种快速便捷的信息获取手段，从其诞生之日起便承担了"监管"生态环境的使命，其作用受到国际社会的高度重视[16]。

遥感技术具有信息量大、观测范围广、精度高、速度快以及实时性和动态性强等特点，能够为生态环境监测与评价提供更为客观和准确的数据，使得大范围乃至全球生态环境监测成为可能，并且已经成为不可或缺的手段之一。例如我国发射的环境减灾卫星（包括 HJ1-A/B 和 1C 3 颗卫星），服务于国家和地方层面生态环境遥感监测，提升了地方环境遥感监测能力，也开启了我国环境监测天地一体化的新时代[17]。

### 2.2 生态环境遥感关键技术

#### 2.2.1 大气环境监测

大气环境遥感监测技术按其工作方式可分为被动式遥感监测和主动式遥感监测：被动式遥感监测主要依靠接收大气自身所发射的红外或微波等辐射实现对大气成分的探测；主动式遥感监测由遥感器发出电磁波与大气物质相互作用而产生回波，通过检测分析回波实现大气成分探测。大气环境遥感主要应用在气溶胶、臭氧、沙尘暴等方面。

气溶胶是悬浮在气体中的固体或液体颗粒，为大气化学反应的载体，也是直接损害人体健康、影响大气能见度和地球辐射平衡的重要污染物。遥感应用于气溶胶监测的原理较为简单，主要是借助气溶胶粒子特征参数和光学厚度进行综合成像。目前，常用的气溶胶光学厚度遥感反演算法主要有暗像元法、结构函数法等。暗像元法是在已知暗像元地表反射率的条件下，从传感器观测的暗像元辐射信息中分离出大气贡献，进而反演出气溶胶光学厚度参数。而结构函数法则假设同一地区在短时间内地表反射率近似不变，由此可得出同一区域的反射特性对传感器观测的入瞳辐射信号贡献也近似不变，那么对于同一区域（或者像元），传感器在不同时间观测到的入瞳辐射信号差异主要来自大气分子和气溶胶粒子散射影响。沙尘暴是严重的生态问题，也是严重的大气污染问题，属于大气气溶胶的极端状况。目前对沙尘暴的空基遥感监测主要使用 NOAA/AVHRR 和地球静止轨道气象卫星 GMS 数据，其中 NOAA/AVHRR 数据是现有研究使用的主要遥感信息源。

对有害气体进行监测，是目前遥感技术应用的典型场景。其主要目标包括二氧化硫、乙烯等，常用方法包括反射率分析法、边界分析法两种。对于前者，技术人员可以通过选取波长为 300~900nm 的数据，利用反射率分析法，获取大气环境信息。边界分析法属于一种较为典型的匹配分析法，也是开放性监测的一种体现。该方法强调收集大部分常见有害气体、混合气体的监测数据，生成监测结果模型，之后应用遥感技术对当前目标进行监测，匹配监测结果与模型之间的差异，了解有害气体类型和污染态势，一般可用于长期监测。

### 2.2.2　水环境监测

遥感技术的优势可以弥补传统水质监测固有的监测点位时空代表性不足的缺点，是环境保护领域中遥感技术的最主要应用方向之一[18, 19]。例如，近年来基于 GF-1、GF-2 卫星遥感数据的水环境监测研究报道主要集中在湖泊及海洋水体富营养化相关水质指标、水体悬浮物及浊度监测和城市黑臭水体识别等方面。

当前，水环境的遥感监测研究也进入一个新的发展时期。在理论研究上正从定性发展到半定量、定量，从分散发展到集成；技术上已由可见光发展到红外、微波，从单一波段发展到多波段、多极化、多角度，从单一遥感器发展到多遥感器相结合。水环境遥感技术已经成为环境科学研究、环境监测和环境保护工作不可缺少的手段。

水体富营养化带来的生态环境问题日趋严重，对水体富营养化的监测和评价也引起了国内外学者的普遍关注。使用遥感技术进行水体富营养化监测时，主要借助可见光到近红外光波段。这是由于浮游生物中含量大量的叶绿素，叶绿素对红光、蓝光有着较强的吸收作用，而对绿光和红边近红外附近的反射能力强，后者的反射峰被认为是荧光效果造成的，这也是含藻类水体的主要特征之一。

## 2.3　生态环境遥感应用分析

### 2.3.1　大气环境监测

遥感技术具有广泛时空覆盖、获取迅速和成本较低等优势，能够弥补传统气象观测的不足，试用于快速试点研究和长期监测工作[20]。气溶胶特性及其变化趋势的遥感监测，成为近年来大气环境监测领域的热点。例如生态环境部卫星环境应用中心基于 GF-1 卫星 WFV 数据，采用暗目标法等反演了 2013 年天津地区 AOD，进而初步间接反映天津地区灰霾的时空分布格局变化，结果表明，GF-1 卫星遥感数据在区域空气质量遥感监测方面具有优势。Zhang 等[21]根据 GF-1 卫星遥感数据的特点，提出了 AOD 的检测方法和数据处理方法，并采用暗目标算法和深蓝算法分别去除植被茂密和城市明亮目标区的地表贡献；通过与北京、杭州和香港站点的地面数据进行验证，表明采用该方法获得的 AOD 检测结果与现场观测吻合较好。

### 2.3.2 水体信息提取

湖泊、水库、河流等自然水体是地球表面各圈层的连接点，其形成、消失、扩张等变化受气候和人类活动影响十分明显，同时自然水体对于维持生物多样性、改善局地气候有重要作用。例如原环境保护部发布的《生态环境状况评价技术规范》中就设置了水网密度指数、水域湿地面积比指标等与水体信息密切相关的指标，以作为区域生态环境质量的重要评价因素。通过遥感技术提取监测区域内的水体面积、水边线等信息，也成为开展区域生态环境监测与评价的重要前期环节。Zhou Ying 等[22]利用 Landsat/TM 数据，通过深入分析延河流域内水体与背景地物光谱曲线的差异特征，结合经典的水指数提取方法（NDWI），提出了基于多光谱阈值分割的归一化水指数水体提取方法（MST-NDWI）。拓展了传统水体提取指数 NDWI 的适用性，使其在水量小、河道窄的条件下（例如位于黄土高原的延河流域）能够有效去除城市、山体阴影、植被等易混淆背景的干扰，得到较好的水体提取效果，从而较完整地还原出延河流域的水系，准确反映其空间分布和形状特征。通过与传统方法生成的水体提取图进行定性的结果评价，以及对量化的精度评价结果进行定量分析，验证了 MST-NDWI 水体提取方法在延河流域水体提取效果上的优越性。梁文秀等[23]则利用更高的空间分辨率 GF-1 卫星 WFV 数据应用于中小型内陆水体提取和动态监测，与 Landsat8 OIL 数据相比，可以更好地展现河流的细节信息。

### 2.3.3 生态环境质量综合评价

遥感技术开启了区域生态环境质量研究的新时代[24]。与传统的观测手段相比，遥感技术可以快速、实时、准确、经济地获取研究对象的空间信息[25]。同时，遥感的重复观测，完整地记录了生态环境的时空变化特征。遥感技术与定量遥感理论的蓬勃发展，不仅可为区域生态环境的研究提供丰富的数据资源，同时也极大提高了区域生态环境问题研究的效率和深度。影响比较大的区域生态环境质量监测项目如美国的 EMAP。又如我国的"全国生态环境十年变化（2000—2010 年）遥感调查与评估项目"，旨在系统地获取全国生态环境 10 年动态变化信息，全面掌握 2000—2010 年来全国生态系统分布、格局、质量、生态系统服务功能等变化特点和演变规律[26, 27]。最近影响力较大的监测项目如"一带一路"区域可持续发展生态环境遥感监测[28]，该项目利用多尺度、多源遥感数据，对 2015

年"一带一路"区域的生态环境状况进行监测和分析，旨在提供可持续发展目标生态环境遥感监测的本底信息。

利用遥感技术综合评估流域（或区域）尺度生态环境质量受到广大研究者的关注。例如王思远等[14]利用黄河流域20世纪80年代末期与90年代末期的遥感数据，利用主成分分析法评价了黄河流域的生态环境质量状况，并分析了其十余年间生态环境的演变情况；为加强我国的生态环境保护，2015年3月份原环境保护部发布了《生态环境状况评价技术规范》（HJ192—2015）。王超军[15]基于该《规范》，利用多源遥感数据，综合评估了延河流域的生态环境质量状况。

## 3 典型应用三——应急与减灾遥感

### 3.1 应急与减灾遥感的特点与优势

众所周知，遥感技术具有大范围、多尺度、可重复、多探测谱段等特点，是服务应急管理工作的有效技术手段。而防灾、减灾、救灾亦是遥感技术应用的重点领域。遥感信息作为一种灾害事故监测资源，在多灾种及其灾害应急管理全过程均有重要的应用价值，应用潜力巨大。

经过多年的发展，全球遥感数据资源不断丰富，卫星遥感已进入体系化发展和全球化服务的新阶段，多维度、全过程、多要素的遥感综合观测能力正逐步形成。航空遥感快速发展，"空－天－地"一体化的灾害立体观测体系日益显现。在此基础上，遥感技术在防灾减灾救灾领域的应用范围和深度不断拓展，现已在台风、干旱、洪涝、暴雪、低温冷冻、冰凌、沙尘暴、山体崩塌、滑坡、泥石流、地震等各类自然灾害监测中得到应用。

伴随着遥感数据资源的日益丰富，遥感已实现灾前、灾中和灾后等灾害管理全过程的支撑能力，遥感减灾服务产品种类、内容日趋完善。在灾害发生前，大尺度范围的卫星遥感可用于积雪、水体、植被等灾害系统要素的持续监测，发现致灾因子的发展演变情况，为灾害风险的判识提供基础资料；而高分辨率的遥感数据可用于城乡区域的防灾减灾规划、社区灾害风险排查等，为应急管理资源的科学规划、提升抗灾救灾能力奠定基础。在灾害发生后，遥感技术能用于灾害快速定位和范围的圈定，特别是对于高山、河谷等救援人员到达困难的区域，遥感监测成果是救援人员掌握灾情，开展人员转移安置、应急搜救的有效技术手段。通过卫星遥感、无人机和现场调查等手段的综合应用，能有效确定灾区范围，评估城乡居民住宅和非住宅房屋倒损情况、农业损失情况以及交通、通信、水利等基础设施损毁情况，并能对堰塞湖等次生灾害的发展变化进行连续监测，遥感现已成为重大灾害损失评估不可或缺的技术支撑手段。当灾情稳定后，灾区进入恢复重建阶段。卫星遥感能对灾区生态环境恢复以及住房、基础设施等重建进展进行持续监测，为开展救灾效果评估提供依据。

遥感减灾服务的主体对象是多方面的，既可以是防灾减灾救灾行政指挥的决策者，又可以面向全球变化、灾害系统研究的科研人员，还可以是从事防灾减灾救灾的社会组织和普通公众。遥感监测可根据不同用户的需求，提供差异化的信息服务支持。

由于遥感监测不受地理环境、地域限制，也是开展减灾救灾国际服务的重要途径。近些年来，我国已针对地震、洪涝、干旱等国际重大灾害向受灾国提供了空间信息国际服务，树立了我国负责任大国的良好形象。随着"一带一路"倡议的实施，全球化视野的遥感减灾国际服务格局逐步形成。

### 3.2 应急与减灾遥感关键技术

自然灾害遥感理论是区域灾害系统理论和遥感理论相互结合并在实践中不断发展形成的理论，包含监测对象、分析方法、应用服务、标准规范等（图1）。

灾害是由孕灾环境、致灾因子、承灾体与灾情共同组成，灾情是孕灾环境、致灾因子和承灾体相互作用的结果。监测对象是灾害系统中通过遥感手段可获取的要素。致灾因子包括台风、洪水、滑坡、泥石流、火等对象；承灾体包括自然资源和社会资源，有住宅、交通设施、水利设施、通信设施、市政设施、农用地等；孕灾环境包含大气圈、水圈、岩石圈等；灾情则包括房屋倒损、道路损毁、生态系统损失等灾情统计指标。

自然灾害遥感分析方法是基于天基、空基、地基以及现场核查等技术手段，针对不同灾害对象和灾害管理全过程需要，遥感分析技术方法包括数据处理、信息挖掘、灾害模拟仿真、灾害应急监测、空间数据管理等技术以及灾害风险评估、灾情评估、恢复重建规划与评估等灾害遥感模型。

灾害遥感应用服务是灾害遥感理论体系的重要内容，是指集成各类软硬件平台为防

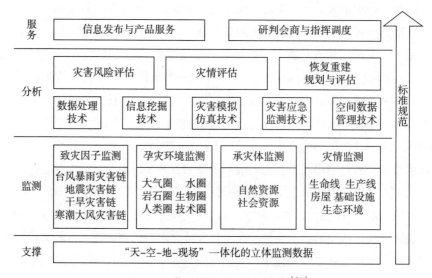

图1 灾害遥感系统理论框架图[31]

灾减灾救灾、应急管理提供支撑应用的服务，包含信息发布与产品服务、研判会商与指挥调度等内容。应用服务的对象包括应急管理人员、科研人员、教育培训人员、技术服务人员、受灾群众、社会公众等。根据不同对象的实际需要，建立灾害遥感应用服务模式，利用专线、卫星通信、互联网等渠道向各类用户终端提供高质量、多样化的灾害遥感信息服务产品。

灾害遥感标准规范是保障灾害遥感理论实践应用的基础，对于推动科研成果的业务化、产业化有重要作用。灾害遥感理论标准既包括基本术语、产品分类分级等基础类的标准，又包含遥感数据获取、遥感数据处理、遥感数据管理与服务、风险分析、灾情评估等专业性强的技术规范。灾害遥感标准规范体系的建设要加强顶层框架的设计，构建全面、协调、开放的标准体系，推动灾害遥感理论的实践和国际化发展。

由于不同灾害的形成机理存在显著差异，以下针对主要典型灾害分别介绍遥感应用方法。

### 3.2.1 洪涝灾害

洪涝灾害遥感监测主要应用在洪涝范围监测和洪涝灾害损失评估等方面。洪涝范围监测的关键问题是水体识别与提取。常见的水体提取方法有单波段阈值法、谱间关系法、水体指数法、区域生长法、图像分类等方法。单波段阈值法主要基于水体在红外波段、微波的反射特性，通过确定图像分割阈值，实现对水体范围的提取。谱间关系法则是基于水体与其他地类的波谱特征差异，通过决策树分类等方法实现水体的提取。水体指数是利用水体在红外波段的强吸收性构建水体指数，如归一化差异水体指数（NDWI）、增强型水体指数（EWI）等。区域生长法则是基于筛选的纯净水体像元，通过其与邻近像元间的关系提取水体范围。图像分类方法则是通过选取标记样本，采用神经网络、支持向量机、面向对象分类等方式提取水体范围。在完成水体范围提取后，洪涝淹没范围则可以将灾害前后获取的水体范围相减，或者将灾后的水体范围与已有的本底水体范围相减，得到的水体变化范围即为洪涝范围。

洪涝灾害损失评估是基于洪涝淹没范围和历时，运用空间统计分析等方法，针对淹没范围内的居民地、房屋、农用地、交通设施、市政设施、人口等承灾体数量、空间分布、受灾程度等进行估算，并结合实物量损失情况评估洪涝灾害造成的直接经济损失。对侧重点以通过洪涝灾害承灾体脆弱性模型为基础，通过输入淹没范围和历时，并与本底数据进行叠加分析而实现洪涝灾害的损失评估。

### 3.2.2 干旱灾害

干旱是一种大范围、缓发性自然灾害。由于干旱程度与土壤含水量、植被覆盖状况等密切相关，利用卫星遥感大区域、多谱段监测的优势，可对植被长势、土壤湿度、地表温度等干旱表征特征进行监测，进而实现干旱灾害的监测评估。从水分供需的角度，对于植被覆盖度低的区域，可用基于远红外的热惯量法、基于微波的土壤湿度反演法等监测土壤含水量，实现对旱情的监测。对于植被覆盖度好的区域，利用植被状态指数（VCI）、温度状态指数（TCI）等分析植被状态和地温信息，实现对旱情的分析。干旱灾害发生后，由于植被含水量、植株形态等较正常状态会发生变化，使得其在遥感影像上反映的图像特征不同。因而，从植被状态角度分析干旱空间分布和程度是有效的干旱监测方式，常见的方法有植被指数法、冠层温度法、植被缺水指数法等。

对于旱灾损失评估，通常是基于植被指数，通过与距平值或相同季相下的植被长势情况进行对比，分析水分胁迫条件下对作物生长的影响，评估旱灾的损失。干旱灾害的成因复杂，受季节性和地域性等因素的影响，不同的干旱遥感监测模型有其各自的适用性，还没有一种能适用于全国、全球的通用干旱监测模型。因此，干旱灾害的遥感监测要紧密结合地区、季节等特点构建专用的干旱监测模型，通过时序化的分析，并结合地面观测、现场核查等信息，实现干旱灾害监测及其损失评估。

### 3.2.3 地震灾害

地震灾害是一种突发性强、防御难度大、破坏力极强的自然灾害。遥感技术在地震灾害中的应用方向包括地震预测研究与灾后监测评估方面。利用遥感技术开展临震前的热异常和电磁异常监测是地震预测研究的重要依据。基于热异常的地震预测方法有透热指数法和均值梯度法等，而基于电磁异常的地震预测则是通过探测电磁场等异常变化预测地震的发生。

地震灾后的监测与损失评估是遥感技术在地震中应用的主要方向和重点，包括房屋和基础设施等实物量的损失评估、转移安置区规划和监测、次生灾害监测、灾后恢复重建监测等内容。房屋、重要基础设施的损毁评估主要是利用高分辨率的遥感影像，采用人工目视解译或计算机辅助目标识别、图像分类等方法，通过与震前影像的比对分析，实现对房屋、道路、桥梁等损毁目标的监测。损毁实物量评估需要将天基、空基和现场调查信息相互结合进行分析，其中，倒损房屋评估是将遥感解译的房屋倒损率与现场调查的房屋结构、层数等信息结合，实现对不同类型房屋倒损率、倒损房屋数量、间数、占地面积等评估。交通基础设施的损毁评估是通过遥感手段实现对道路、桥梁等损毁数量、长度和空间位置等监测评估。转移安置区规划和监测则结合地形地貌资料，分析灾害风险，辅助安置区的筛选，并监测帐篷、体育场馆、学校等安置场所。次生灾害监测是针对震后引发的崩塌、滑坡、堰塞湖等次生灾害，利用灾害的影像特征，通过与灾前影像的变化检测、影像分类等方法，实现对次生灾害体的空间分布、形态、规模等信息的识别提取。地震灾后恢复重建监测是通过时序化的影像对比分析，对重建房屋进度、生态系统恢复等状况进行监测，评估灾区恢复重建效果。目前，高分辨率遥感已成为地震灾害监测评估的重要技术手段，灾损评估方法日益完善，但实际应用中仍主要以人机交互的半自动化为主，多尺度、多手段的融合应用仍然有待深入研究。

#### 3.2.4 地质灾害

InSAR 是一种有效的地质灾害隐患排查手段。通过相位干涉处理、时序分析等方法，获取大范围地表形变信息，实现地表几何形态和形变的高精度测量。这种方式不仅能够发现新的地质灾害隐患点，还能对已有的地质灾害隐患点快速发展情况进行预警，从而大幅度提高复杂地理环境下地质灾害排查效率。利用光学和雷达遥感影像开展地质灾害灾后监测方法有目视解译、自动分类提取等。目视解译是根据崩塌、滑坡、泥石流等灾害体与周边区域在光谱、色调、纹理、几何等差异，通过灾害前后的信息比对，提取地质灾害体的空间分布、规模和长度等。这种方法需要先验知识和经验，尽管费时费力，但准确性高，是地质灾害灾后监测评估实践中最常用的方法。自动分类提取方法是利用监督分类、聚类分析、空间统计等方法开展地质灾害的提取。这种方法效率高，但准确性不稳定。近年来，除了将光学和 SAR 影像相结合应用于地质灾害的遥感解译和分析外，天基 SAR 和地基 SAR 的联合应用，也是滑坡等地质灾害的识别预警与监测评估的重要方向。

#### 3.2.5 森林草原火灾

火情监测是森林草原地区防灾工作的重要组成部分。森林草原火灾遥感监测的主要任务是识别火点、火线、火烧迹地等，使用的卫星资源包括静止轨道卫星、中低分辨率的极轨卫星等。风云二号、风云四号、葵花八号等静止卫星由于在地球同步轨道，可快速发现火情，实现对火点的分钟级连续跟踪成像，但分辨率较低、定位精度低，难以实现对火点的准确定位和过火范围的准确估算。资源卫星、减灾卫星、高分卫星、Landsat 卫星等国内外极轨陆地观测卫星具有中高空间分辨率，可检测热点、烟雾、植被变化等信息，能用于提取火点、火烧迹地，计算过火面积。但极轨卫星观测周期长，不能有效满足火灾应急监测需要，需要多星协同监测以缩短卫星观测时间间隔。

火点监测常用的方法有亮温阈值法和背景关联法。通常中波红外波段和热红外波段对火点敏感，因而通过对 4μm 附近中波红外亮温、11μm 附近热红外亮温以及两个通道差值设置阈值可用于剔除一些云层影响，提高火点监测准确性。但这种阈值方法通用性差，需要结合地域和经验等选择阈值。背景关联法则是利用中心像元与周边像元的辐射差异识别火点。火烧迹地的提取方法有多波段指数法、监督分类等。其中，燃烧面积指数（BAI）、归一化燃烧率指数（NBR）等遥感指数是火烧迹地范围提取的常用方法。同时，基于灾害前后植被指数的变化检测也是常用的火烧迹地监测方法。

#### 3.2.6 雪灾

雪灾是我国主要的自然灾害之一，主要类型有雪崩、风吹雪和牧区雪灾等。雪灾遥感应用的重点包括积雪监测和雪灾评估。积雪监测的任务主要是获取雪盖范围、积雪深度和雪水当量等信息。光学遥感积雪监测的基本原理是积雪在可见光波段反射很强，随着波长的增加，积雪反射率会逐渐降低，在近红外波段吸收增强，在短波红外波段（1.6μm 附近），积雪反射能力很弱，图像表现暗色调，这是积雪所特有的光谱特性。光学遥感积雪监测方法有多光谱图像分类法、单波段阈值法、雪被指数法（NDSI）、多时相合成法等。光学遥感雪深反演方法一般是通过建立积雪反射率、NDSI 等和积雪深度间经验性的统计模型来推算积雪深度。雪水当量也是通过建立多波段光谱值与雪水当量的统计模型进行估算。微波遥感能穿越云层获取地表信息，避免了云雪区分问题。其中，以微波辐射计为代表的被动微波遥感积雪深度和雪盖提取方式有：一是采用辐射传输方程进行推导计算的理论模型，如分层积雪微波辐射模型（MEMLS）和致密介质辐射传输模型（DVRT）等。这种方式计算复杂，需要详细描述的介质参数，可获取性较低，在实际应用中较少。二是利用多元统计回归分析，建立微波亮度温度与地面实测雪深间统计关系用于推算积雪深度。被动微波遥感雪水当量的计算方法有线性亮温梯度法和基于物理模型的计算法。雷达遥感可监测湿雪，监测方法多是建立在监督分类的基础上，需要对训练区有一定的先验知识，常用的 SAR 积雪监测算法有 Nagler 算法、Baghdadi 算法等。

雪灾的损失评估是开展灾区重建和救助的基础，包括人口、畜牧、生命线工程、农作物、林木等承灾体损毁评估，灾害范围评估和直接经济损失评估等。通过确定评估指标体系，建立评估模型和方法，进行损失核算，全面评估整个雪灾过程的受影响情况。

### 3.3 应急与减灾遥感应用分析

防灾减灾救灾是卫星遥感的重要应用领域之一。卫星遥感技术具有获取信息速度快、手段多、范围广和受限少等独特优势，为防灾减灾救灾工作提供了新视角和新方法，已成为指挥决策的重要技术支撑[32]。

#### 3.3.1 洪涝灾害监测

自水利部遥感技术应用中心从 20 世纪 80 年代开展防汛遥感试验，先后开展了 1991 年中国东部特大洪水、1998 年长江流域洪涝、2003 年和 2007 年淮河洪涝等重特大洪涝灾害监测[33]。

近年来，随着我国卫星遥感技术的发展，卫星资源越来越丰富，如高分辨率对地观测专项系列卫星，尤其是高分四号静止轨道卫星的发射，为大范围洪涝的动态监测提供了更加强有力的数据源。2016 年 7 月，湖北省汉江流域发生严重洪涝灾害，国家减灾中心仅利用 2 景高分四号卫星数据就完成了灾区全覆盖，有效提取了洪涝灾害动态范围[34, 35]。

#### 3.3.2 地震灾情评估

地震灾害一般造成房屋倒塌、道路、桥梁等基础设施损毁，并易引发山体崩滑、堰塞湖等次生灾害，以及生态环境破坏等，因此震后灾情的快速和精准评估就显得尤为重要。例如 2010 年 4 月 14 日，青海省玉树藏族自治州玉树县发生里氏 7.1 级地震。作为我国减灾救灾决策支持单位，地震发生后国家减灾中心立即启动《应对突发性自然灾害空间技术响应工作规程》，持续开展了灾害损失监测与评估工作，完成了灾区房屋倒损、交通线路堵塞、滑坡点分布等灾情监测和灾民安置区规划、灾民安置点监测等，为开展应急救灾和灾害损失全面评估提供了重要的依据[36]。

### 3.3.3 干旱监测

干旱遥感监测是卫星遥感技术的重要应用领域之一。卫星遥感宽覆盖、持续观测等特点恰恰成为大尺度、缓发灾害监测的优势。基于遥感技术，我国农业农村部建立了农业干旱遥感监测业务系统，防汛抗旱总指挥部建立了水利部旱情遥感监测系统建设。同时，针对严重旱灾，国家减灾中心等单位利用遥感开展了旱灾的评估工作。

遥感技术经过 60 多年的发展，已被广泛地应用于地质灾害风险管理，包括灾害识别、应急响应、恢复重建和防灾减灾，为灾害研究和决策规划提供了重要的信息。综合利用不同类型的传感器，如 SAR、LiDAR、光学和多光谱遥感等，可有效识别、发现和监测位于不同地区不同类型的灾害隐患，以及灾后应急调查[32]。

### 3.3.4 火灾监测与预警

利用遥感数据，可实现对火点、火烧迹地、灾后恢复的监测，同时结合下垫面和气象预报等信息，能够开展森林草原火灾的预报。

中国气象局结合遥感反演的森林叶面积指数（LAI）和生物量（GPP 和 NPP）数据，结合前期降雨、下垫面地理信息等[37]，每日发布全国森林火险气象预报。

近年来，随着无人机技术的发展和广泛应用，其灵活、机动、体积小等特点为火灾的精准监测现场救援提供了更好的支撑。2016 年 5 月某日，广东潮州市一锌铁皮搭建的出租屋起火，由于破坏严重，现场勘查难度大以及起火区域卫星地图模糊，无法实时反映灾后火场原貌，因此现场火灾调查组采用无人机从高空抵近勘查，寻找火场痕迹特征，分析起火原因，为事故认定提供了强有力的支撑[38]。又如 2013 年 6 月 3 日，我国首架森林防火无人机在内蒙古大兴安岭根河航空护林站投入使用，至此我国四大国有林场开始使用无人机开展森林防火监测。之后一年，内蒙古大兴安岭森林防火无人机遥感智能监控系统建成，实现了火场自动检测，火场烟雾、明火和暗火的位置、面积、温度分布等信息分析，真正做到"发现早、行动快、灭在小"，为后来多次森林大火提供了有效的侦查数据。

# 参考文献

[1] 徐冠华，柳钦火，陈良富，等. 遥感与中国可持续发展：机遇和挑战 [J]. 遥感学报，2016，20（5）：679–688.

[2] Long D, Scanlon B R, Longuevergne L, et al. GRACE satellite monitoring of large depletion in water storage in response to the 2011 drought in Texas [J]. Geophysical Research Letters, 2013, 40 (13): 3395–3401.

[3] 唐国强，龙笛，万玮，等. 全球水遥感技术及其应用研究的综述与展望 [J]. 中国科学：技术科学，2015，45：1013–1023.

[4] Sadeghi S H, Hazbavi Z. Spatiotemporal variation of watershed health propensity through reliability-resilience-

vulnerability based drought index（case study：Shazand Watershed in Iran）［J］. Science of the Total Environment，2017，587–588.

［5］张超，吕雅慧，郧文聚，等. 土地整治遥感监测研究进展分析［J］. 农业机械学报，2019（1）：1–22.

［6］李贤江，陈佑启，邹金秋，等. 卷积神经网络在高分辨率影像分类中的应用［J］. 农业大数据学报，2019，1（1）：67–77.

［7］吴薇，张源，李强子，等. 基于迭代 CART 算法分层分类的土地覆盖遥感分类［J］. 遥感技术与应用，2019，34（1）：68–78.

［8］陈斌，王宏志，徐新良，等. 深度学习 GoogleNet 模型支持下的中分辨率遥感影像自动分类［J］. 测绘通报，2019（6）：29–33.

［9］李爽兆，袁德奎，王雪. 二类水体短波红外波段大气校正方法的改进［J］. 环境科学学报，2017，37（1）：104–111.

［10］Qin P，Mou B，Hao Y L，et al. Retrieval models of total suspended matter and chlorophyll a concentration in Yellow Sea based on HJ–1 CCD data and evolutionary modeling method［J］. Acta Oceanologica Sinica，2014，36（11）：142–149.

［11］Jiang Maofei，Xu Ke，Liu Yalong，et al.Calibration and validation of reprocessed HY–2A altimeter wave height measurements using data from Buoys，Jason–2，Cryosat–2，and SARAL/AltiKa［J］. Journal of Atmospheric and Oceanic Technology，2018，35（6）：1331–1352.

［12］王振占，鲍靖华，李芸. 海洋二号卫星扫描辐射计海洋参数反演算法研究［J］. 中国工程科学，16（6）：70–82.

［13］Sun W，Wang J，Zhang J，et al. A new global gridded sea surface temperature product constructed from infrared and microwave radiometer data using the optimum interpolation method［J］. Acta Oceanologica Sinica，2018（9）：41–49.

［14］金旭晨，朱乾坤，潘德炉，等. 海表温度对 SMOS 盐度遥感反演精度的影响［J］. 遥感学报，2017（6）：119–127.

［15］高国兴，刘翠华，祝传刚. 单一海脊地形对海洋内波生成与传播影响的分析［J］. 热带海洋学报，2015，34（3）：23–29.

［16］蔡建楠，何甜辉，黄明智. 高分一、二号卫星遥感数据在生态环境监测中的应用［J］. 环境监控与预警，2018，10（6）：101–107.

［17］王桥，杨一鹏，赵少华，等. 环境减灾卫星在我国生态环境中的应用［J］. 国际太空，2018，9（477）：16–19.

［18］聂娟，邓磊，郝向磊，等. 高分四号卫星在干旱遥感监测中的应用［J］. 遥感学报，2018，22（3）：400–407.

［19］王桥，朱利，等. 城市黑臭水体遥感监测技术与应用示范［M］. 北京：中国环境出版集团，2018.

［20］王桥，厉青，高健，等. PM2.5 卫星遥感技术及其应用［M］. 北京：中国环境出版社，2017.

［21］Zhang Z，Li Z，Tian X. Vegetation change detection research of Dunhuang city based on GF–1 data［J］. International Journal of Coal Science & Technology，2018，5（1）：105–111.

［22］Zhou Y，Zhao H，Hao H，et al. A new multi–spectral threshold NDWI water extraction method – a case study in Yanhe watershed［C］. International Archives of the Photogrammetry，Remote Sensing and Spatial Information Sciences，Beijing，China，2018.

［23］梁文秀，李俊生，周德民，等. 面向内陆水环境监测的 GF–1 卫星 WFV 数据特征评价［J］. 遥感技术与应用，2015，30（4）：810–818.

［24］牛铮，李加洪，高志海，等.《全球生态环境遥感监测年度报告》进展与展望［J］. 遥感学报，2018，22（4）：672–685.

［25］任晖. 生态环境健康评价及关键参数定量遥感反演方法研究［D］. 北京：清华大学，2013.

［26］欧阳志云，王桥，郑华，等. 全国生态环境十年变化（2000—2010 年）遥感调查评估［J］. 中国科学院院刊，2014，29（4）：462–466.

［27］环境保护部，中国科学院. 全国生态环境十年变化（2000—2010 年）遥感调查与评估［M］. 北京：科学出版社，2014.

［28］柳钦火，吴俊君，李丽，等. "一带一路"区域可持续发展生态环境遥感监测［J］. 遥感学报，2018，22（4）：686–708.

［29］王思远，王光谦，陈志祥. 黄河流域生态环境综合评价及其演变［J］. 山地学报，2004，22（2）：133–139.

［30］王超军. 时间信息熵及在延河流域生态环境质量评价中的应用［D］. 北京：清华大学，2016.

［31］范一大. 重大自然灾害监测评估空间数据共享研究［J］. 地理信息世界，2013，20（3）：13–19.

［32］葛大庆. 地质灾害早期识别与监测预警中的综合遥感应用［J］. 城市与减灾，2018（6）：53–60.

［33］魏成阶，王世新. 1998 年全国洪涝灾害遥感监测评估的主要成果：基于网络的洪涝灾情遥感速报系统的应用［J］. 自然灾害学报，2000，9（2）：16–25.

［34］杨思全. 灾害遥感监测体系发展与展望［J］. 城市与减灾，2018（6）：12–19.

［35］杨思全. 聚焦业务协同着力打造全国减灾科技支撑能力［J］. 中国减灾，2016（11）：12–15.

［36］杨思全，刘三超，吴玮，等. 青海玉树地震遥感监测应用研究［J］. 航天器工程，2011（2）：90–96.

［37］杨晓丹，赵鲁强，宋建洋，等. 耦合植被与 T639 模式的森林火险气象潜势预报［J］. 科技导报，2018，36（8）：87–92.

［38］梁军. 无人机在一起疑难火灾调查中的应用［J］. 消防科学与技术，2017（11）：53.

撰稿人：卫 征 王树东 王超军 吴 纬 周 颖 聂 娟

# 人才培养研究

## 1  院校培养状况

我国摄影测量与遥感教育可以追溯到 20 世纪 30 年代，同济大学在全国高教系统中首开测量系科，开始大地测量与摄影测量教育，但发展较为缓慢。直到 20 世纪 50 年代，由于政府重视、国际摄影测量与遥感技术迅猛发展以及国家建设对摄影测量与遥感专业人才的广泛需求，推进了我国摄影测量学科的建设和教育事业的快速发展。20 世纪 70 年代起，随着卫星遥感技术的发展，学科实现了由单一航空摄影测量专业向多学科交叉融合的地球空间信息科学方向发展，教育层次由专科向本科生、研究生、博士生培养发展，教学内容由摄影测量与遥感相关课程教学向以专业、系和学院为单位的摄影测量与遥感课程体系发展，形成了相对完善的学科体系和健全的教育体制。在 1977 年我国高等院校恢复招生后，各大院校开始开设遥感相关专业。据不完全统计，1983 年全国设有摄影测量与遥感相关专业和方向的院校有 24 所。

20 世纪 80 年代初期，同摄影测量与遥感平行发展的另一空间信息处理技术——地理信息系统在中国得到了快速发展。进入 90 年代，地理信息系统开始与遥感以及全球定位技术相结合。在这期间，地理信息系统方向的研究生招生主要集中在地学类的地图学与遥感专业和测绘科学类的摄影测量专业等。1997 年，国务院学位委员会颁布《授予博士、硕士学位和培养研究生的学科、专业目录》，分别将地理学中的地图学与遥感专业名称调整为地图学与地理信息系统专业，测绘科学与技术中的地图制图学调整为地图制图学与地理信息工程。2002 年经教育部批准增设了遥感科学与技术本科专业，2003 年又增设了空间技术与数字工程本科专业。国内原有的摄影测量与遥感相关大专院校和科研机构据此纷纷进行专业改造和学科建设。据初步统计，我国约有 180 所院校设有摄影测量与遥感等空间信息相关专业，已形成从本科、硕士、博士到博士后的空间信息人才培养体系，每年招收博士生近千人、硕士生过千人、本科生约万人[1]。

## 1.1 高等院校

从高等院校的性质来看，摄影测量与遥感相关专业高等院校主要包括民用测绘类院校和军事测绘院校两大类；从领域分类来看，这些教育机构包括了综合类、测绘类、地矿类、交通类和师范类等几大专业类别。我国著名的综合类大学武汉大学（2000年武汉测绘科技大学并入）设有测绘学科的学院有遥感信息工程学院、测绘学院、资源与环境科学学院，遥感信息工程学院设有遥感科学与技术系、摄影测量与遥感系和空间信息工程系，其中摄影测量与遥感是教育部审定的首批全国重点学科，"211"和"985"工程重点建设学科，拥有从本科、硕士、博士到博士后的人才培养体系。北京大学的摄影测量与遥感学科设在地球与空间科学学院遥感与地理信息系统研究所，该所为测绘科学与技术一级工科学科硕士、博士授予权主体单位，拥有摄影测量与遥感（工学）硕士点和博士点。中国现有地矿类高校67所，其中中国地质大学等5所高校设有遥感科学与技术本科专业；中国矿业大学等18所高校设有摄影测量与遥感研究生专业。我国有12所交通类高校设有摄影测量与遥感及地理信息系统专业，或开设有这方面的相关课程，而且这两个专业基本上是以测绘科学与技术为支撑发展起来的。师范类大学开设摄影测量与遥感相关专业的院校有北京师范大学、南京师范大学、首都师范大学、上海师范大学等40多所，摄影测量与遥感相关专业一般设在这些院校的地理科学学院、资源与环境科学学院、城市与环境科学学院之中。

经过半个多世纪发展，摄影测量与遥感相关专业学科建设不断完善、教育机构和教师队伍不断壮大。据1992年统计数据，原武汉测绘科技大学、原解放军测绘学院这两所专门培养测绘人才的大学，各有大学生、研究生和博士生分别为3000名、150名、50名和2000名、100名、30名，两校都有摄影测量与遥感系。此外，还有30多所大学中有摄影测量与遥感系或测量系，如同济大学测量系、西南交通大学测量工程系、北京交通大学测量系等都培养摄影测量与遥感人才。进入21世纪，摄影测量与遥感及相关测量专业教育得到全面发展，无论是规模、层次都达到了前所未有的水平。以2002年统计数据为例：共招收博士生236人，硕士生777人，本科生7318人，专科生1191人。1998年教育部发布的普通高校专业目录中将"遥感科学与技术"设为目录外专业；2012年教育部正式批准在普通高校设置"遥感科学与技术"专业，遥感正式作为单独专业开始招生。许多高校瞄准国家经济发展建设的需求以及学科发展，根据各自院校的学科特点陆续增设了遥感科学与技术专业。

2016年，我国共有28所高校开设了遥感科学与技术专业。按院校类型可分为：综合性大学3所、理工类院校22所、师范类院校3所。按院校所属类型，可分为全国重点大学13所、省（市）属重点大学8所、一般院校7所，其中985院校4所，211院校10所，开设遥感科学与技术专业的院校以非 211 普通院校为主。按所在院校的学科可分为地理科学类、测绘科学与技术类和电子信息类，其中地理科学类 3 所、测绘类 21 所、电子信息类 4 所。按遥感科学与技术专业所在的学院分类，以测绘工程专业为主的测绘学院占 13 所，以地质工程专业为主的地球科学学院占 3 所，以遥感专业为主的遥感学院占 2 所，以信息工程专业为主的信息工程学院占 3 所，以地理学专业为主的资源环境学院占 4 所，以电子信息专业为主的电子工程学院占 3 所。2018 年，开设遥感科学与技术专业的学校已达 30 余所。目前，遥感科学与技术专业主要设置在理工类普通高等院校中，并且是以测绘科学为背景的院校为主。

摄影测量与遥感专业课程经过多年来的改革与发展，形成了较为科学完善的课程体系，但在测绘类、地矿类、交通类和师范类院校中又各有侧重。其中，国家精品课程有：武汉大学的摄影测量学、遥感原理与应用、GPS 原理与应用、物理大地测量学等；武汉大学、南京师范大学、首都师范大学的地理信息系统；武汉大学和北京交通大学的遥感图像处理；北京大学的遥感概论和地理信息系统概论；桂林理工大学的测量学，昆明冶金专科高等学校的控制测量学，西南交通大学的工程测量等[2]。在教材方面，我国系统编撰出版了一批摄影测量与遥感专业教育需要的教材，包括摄影测量学、遥感原理与应用、空间信息学、3S 集成等专门教材与专著数十本，并且出版了 21 世纪教材系列丛书、研究生教材系列丛书、3S 新技术系列丛书、地理信息系统原理与应用系列丛书等，满足了我国摄影测量与遥感多层次人才培养需求。

在 3S 集成化技术系统中，遥感技术既是空间数据采集和分类的有效工具，又是地理信息系统重要的信息源。但近年来，随着遥感技术的快速发展，遥感图像的空间、时间、光谱以及辐射分辨率均越来越高，数据类型也越来越丰富，数据量也越来越大，这些新的特征均对遥感图像的智能处理和人才培养提出了新的挑战[3]。

## 1.2 科研院所

自 20 世纪 80 年代末以来，我国相继建成了测绘遥感信息工程国家重点实验室、资源与环境信息系统国家重点实验室、遥感科学国家重点实验室、国家遥感应用工程技术研究中心、遥感卫星应用国家工程实验室等国家级研究和应用平台，建成了数十个省部级重点实验室、工程中心。这些平台的形成为空间信息学科自主创新能力提供了源泉，成为培养遥感科学与技术和摄影测量人才的重要基地[2]。

摄影测量与遥感相关科研院所是我国应摄影测量与遥感科研和开发应用需求而设立的专门机构，也承担硕士和博士研究生的教育与培养工作，是各个部委和行业开展科学研究和培养人才的主体，如中国科学院遥感与数字地球研究所（现在为中国科学院空天信息创新研究院）、中国科学院地理科学与资源研究所、自然资源部国土卫星遥感应用中心、国家卫星环境应用中心、国家卫星减灾应用中心、国家卫星气象中心、国家卫星海洋应用中心、中国测绘科学研究院、中国农业科学研究院资源区划所、中国林业科学研究院资源信息研究所、中国水利水电科学研究院遥感技术应用中心、中国土地勘测规划院、中国地质地调局自然资源航空物探遥感中心等。这些科研院所引领我国主要行业的摄影测量与遥感应用研究，承担的大都是国家亟须解决的重大问题，与行业结合紧密，有针对性、实用性强，在实际应用中培养了大批各行各业的应用型人才，成为国家摄影测量与遥感应用的主力军和骨干力量。

## 1.3 国外相关院校

国外大部分遥感/地理信息系统方向研究都在地理系下，代表性的学校除美国外，还包括欧洲的德国慕尼黑大学、瑞典皇家科学院等。马里兰大学为美国遥感专业排名第一，在世界范围内也得到认可，其地处华盛顿哥伦比亚特区，毗邻 NASA Goddard 空间飞行中心、NOAA、USGS、美国农业部等，有充足的经费来源；波士顿大学侧重理论研究以及与物理地理过程研究，运用遥感技术进行水、气候、环境、生态的自然过程的研究；俄亥俄州立大学土木工程和环境工程及大地测量科学系主要侧重图像处理方法；加州大学圣巴巴拉分校在 20 世纪 80 年代遥感专业特色突出，现在以地理信息系统专业而著名；另外，还有北卡罗来纳大学教堂山分校、威斯康星大学麦迪逊分校、宾夕法尼亚州立大学、得克萨斯大学奥斯丁分校、犹他大学等也都开展遥感相关研究工作。

软科发布的 2018 "软科世界一流学科排名"（Shanghai Ranking's Global Ranking of Academic Subjects），覆盖 54 个学科，涉及理学、工学、生命科学、医学和社会科学五大领域。遥感技术学科排名前十的学校依次为武汉大学、马里兰大学、加州理工学院、北京师范大学、图卢兹第三大学、波士顿大学、冰岛大学、西安电子科技大学、特文特大学、里斯本大学。值得一提的是，武汉大学是遥感技术学科的"冠军高校"。该排名中，内地共有 17 所大学上榜，其中武汉大学、北京师范大学和西安电子科技大学跻身全球前 10 名，全球前 50 名大学中，中国内地高校共占据了 8 个席位。

遥感科学与技术作为一门新兴的交叉性学科，牵涉地理学、测绘科学、空间技术、计算机科学与电子信息等学科。随着遥感科学技术在国民经济社会中的广泛应用，工程应用型的复合人才成为新时期遥感科学与技术人才培养的新方向。然而，目前我国遥感科学与技术专业设置在不同学科背景的各类院校中，并以测绘科学类的理工院校为主体。在不同学科背景下，专业的培养目标不尽相同，培养目标呈现多样化、特色鲜明的特点。各院校课程体系及结构差异较大，依托自身的学科背景与特色，开设了具有各自风格的专业课程，均以摄影测量与遥感类课程为主，但由于各自的侧重点不同，在课程设置略显杂乱。因此，今后需加强健全课程体系的建设，在探讨核心课程设置的基础上，从各院校实际情况出发，做好自身特色与发展目标定位、特色课程的设置，这是遥感科学与技术专业发展亟须解决的问题，也是加快我国遥感技术领域复合型高级技术专业人才的根本所在。

## 2 人才培养发展方向

### 2.1 扩大学科应用

半个世纪以来，全球遥感科技日新月异，发展迅猛。我国的遥感事业在习近平总书记航天强国、科技创新等重要讲话精神指引下，在国家大数据、"一带一路"、京津冀协同发展等重大战略引导下，在民用航天、高分辨率对地观测系统重大专项、国家空间基础设施等重大工程推动下，不断披荆斩棘，连克难关，成果丰硕，迅速拉近乃至赶超国际先进水平，并紧密结合各行业、各区域的主体业务，加速向工程化、业务化、产业化方向发展。

遥感科学与技术和摄影测量专业系统培养掌握多种遥感图像分析与处理软件、各种等级测绘仪器操作方法，以及具备摄影测量与遥感信息获取、空间数据处理、影像解译与分析等相关的基本理论和基本技能，并能从事工程测量，控制测量、数字摄影测量、资源环境遥感应用的专门人才。通过进一步和测绘、遥感、地质、水利、交通、农业、林业、石油、矿山、煤炭、国防、军工、城建、环保、文物保护等行业和部门进行深入合作，加强摄影测量与遥感相关的科研、教学、设计、生产、管理及应用工作。

通过学习测量学、摄影测量学、遥感原理、数字图像处理、地理信息系统的基础理论与知识，以及地球科学的基本知识，使学生具有测量数据采集、处理和利用测绘相关软件进行 4D 产品生产的能力以及分析和解决摄影测量与遥感应用实际问题的能力。

### 2.2 国际合作发展

在以信息化、国际化、全球化为特征的知识经济时代，科学技术的进步、国家创新能力的提升以及工业产业的发展，都越来越依赖于工程教育的改革与进步。欧美国家确立了工程科技人才在国家发展中的战略地位，全力关注工程教育的改革与创新。摄影测量与遥感在培养人才方面很大程度上属于工程教育，因此，工程教育的国际化是摄影测量与遥感学科的重要发展方向。

中国空间遥感事业的发展离不开良好的国际合作环境。积极参加联合国外空委、国际对地观测组织（GEO）、国家摄影测量与遥感学会（ISPRS）、亚洲遥感协会（AARS）、国际数字地球学会（ISDE）、亚太空间合作组织（APSCO）等方面的活动，成为活跃成员；实施了中欧遥感合作"龙计划"、中欧伽利略合作、中巴资源卫星合作等；并在国内多次主办国际会议和研讨会，积极参加和努力推动双边和多边合作。目前，已与 20 多个国家和国际组织建立起了密切联系和内容广泛的合作关系，包括与欧共体和亚太经社会的良好关系，中美、中日、中德、中意、中比、中巴（巴西）、中澳、中法、中加、中俄、中马（马来西亚）等双边合作项目。在亚太地区的遥感应用方面我国发挥了重大作用，在人才培养、技术应用、项目实施、机构建设等方面对有关发展中国家给予友好援助。我国自主研制、开发的软以及生产的仪器设备已经销往国际市场。在这些国际合作中，不仅学习了国际先进的遥感技术，而且还进一步培养了我国遥感与摄影测量方面的人才，提高了才干和能力，也为一些国家培训了空间遥感人才。同时，我国要加强与欧美遥感发达国家的交流与合作，学习西方先进经验和先进技术，提高国内技术人员的遥感水平，加强与一带一路国家的交流和合作，推广国内遥感技术和卫星数据资源，提高国际影响力[5]。

## 2.3 学科产业化

近年来，我国航天科技飞速发展，包含通信卫星、导航卫星、遥感卫星在内的上百颗卫星在轨稳定运行，在国民经济建设多个领域发挥了重要作用。当前，在国家大力推动全面深化改革、军民融合发展等政策环境下，探索实施商业化、市场化、产业化的运作模式，建立以市场为主导、以需求为牵引，科学规范竞争的卫星应用产业，既是符合国际航天产业发展的必然趋势，也是最大程度提高我国空间基础设施的应用效能、提升我国卫星应用领域国际竞争力的一条重要途径[6]。

目前，地球空间信息技术不仅为各行各业提供着海量的基础数据，同时也显著地改善着人类的出行方式和生活理念。根据《中国地理信息产业发展前景与投资战略规划分析报告（2015—2020）》显示，我国地理信息产业发展迅速，年均产值始终保持着 25% 以上的高速增长，预计到 2020 年年底总产值将超过 1 万亿元；从业人员达 40 万左右，但地理信息系统专业人才的缺口仍高达几十万，特别是从事地理信息系统设计开发的高级人才严重供不应求。因此，加强地理信息系统专业人才的培养正受到越来越多高校的重视[2]。

为此，加强地理信息系统专业人才的培养，掌握 3S 集成技术、遥感信息的快速处理和信息提取技术、空间信息产品生产技术、大数据应用信息挖掘、数据仓库组织和管理、空间信息共享和实时服务技术、信息成果表达及可视化技术等理论技术，应受到各大高校的重视。

# 参考文献

[1] 芦少春，孟庆燕. 基于应用型人才培养的遥感课程建设与改革 [J]. 安徽工业大学学报（社会科学版），2013（4）：124–125.

[2] 本书编委会. 摄影测量与遥感在中国 [M]. 北京：测绘出版社，2008.

[3] 董灵波，刘兆刚. Matlab 软件在"遥感数字图像处理"课程教学中的应用——基于成果导向教育理念 [J]. 中国林业教育，2018（2）：44–48.

[4] 顾行发，余涛，田国良，等. 40 年的跨越——中国航天遥感蓬勃发展中的"三大战役"[J]. 遥感学报，2016，20（5）：781–793.

［5］李刚，秦昆，陈江平. 基于工程教育认证的"遥感应用综合实习"课程改革与创新［J］. 实验室研究与探索，2017（11）：220–224.

［6］李妙慈. 构建"互联网＋卫星遥感"生态圈［J］. 卫星应用，2016（2）：68–70.

撰稿人：田国良　金永涛　焦梦妍

ABSTRACTS

# Comprehensive Report

## Photogrammetry and Remote Sensing Development

Promoted by series of major projects such as Civil Aerospace, *China High-resolution Earth Observation System* (CHEOS), *National Space Infrastructure*, etc., and with the deep intersection and integration of mobile internet, cloud computing, big data, artificial intelligence and other new technologies, Photogrammetry and Remote Sensing science and technology is entering a new era basing on surveying and mapping, and realizing higher spatial resolution, higher spectral resolution, higher temporal resolution, wider coverage and automatic intelligent interpretation. Photogrammetry and Remote Sensing are playing an increasingly important role in government informatization, and forming hundreds of information products and services to support natural resource management, ecological environment protection, disaster prevention and mitigation, public security, food safety, etc., and producing considerable social and economic benefits.

## 1 Remote Sensing Sensors

Remote sensing technology has developed rapidly in the last decade, and can get mass earth observation data with dynamic, fast, multi-platform, multi-temporal, multi-scale manners. Major developed or emerging countries in the world, such as America, France, Germany, Japan, India, Israel and South Korea, are all developing their own remote sensing systems positively. China is also carrying out series of major projects, especially CHEOS, which have been breaking through

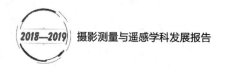

lots of key technologies promoting, launching tens of advanced remote sensing satellites and forming global atmosphere, ocean and land data acquisition capabilities with all-weather and all day long.

## 2 Research Development

### 2.1 Research of Photogrammetry and Remote Sensing

Merging with computer vision and deep learning, Photogrammetry and Remote Sensing technologies are emerging with huge new breakthroughs. For data acquisition, multi-temporal, multi-angle, multi-spectral, multi-resolution images can be quickly acquired from different scales by close-range, aeronautics and aerospace, and also maybe integrated with new hardwares such as laser radar, panoramic camera, and depth camera. For data processing, data procession and application technologies are getting great breakthroughs, such as dynamic identification technology, self-calibration, bundle adjustment and feature matching, while corresponding hardwares and softwares all get great progresses.

Our own independent Photogrammetry and Remote Sensing data is growing geometrically, which promote new demands for short period and time-sensitive tasks. Looking forward, Photogrammetry and Remote Sensing is rapidly developing in the directions of real-time, open, automatic and intelligent, and focusing on the key technologies of cluster processing, collaborative work, parallel computing, real-time processing, micro scale detection, classification and recognition, macroscopic scale targets intelligent extraction and semantic recognition, etc.

### 2.2 Research of high-resolution data processing

Research of high spatial resolution Photogrammetry and Remote Sensing data processing is mainly reflected in the following aspects:

(1) Combining star sensor and gyro to support satellite attitude measurement.

(2) Strict imaging geometric modeling.

(3) Ground-based high-precision digital geometry calibration.

(4) High-precision attitude change measurement.

(5) Forming unified platform of high-precision strict geometric model and calibration technology.

(6) High precision relative radiation correction and calibration technologies.

(7) High precision image restoration by improving the accuracy of Modulation Transfer Function (MTF) curves.

High-resolution optical satellite remote sensing is also increasing single-star performance, developing to constellation observation, and integrating with communication/navigation satellites and artificial intelligence technologies.

## 2.3 Research of hyperspectral data processing

Research of hyperspectral Photogrammetry and Remote Sensing data processing is mainly reflected in the following aspects:

(1) High efficiency noise reduction and denoising of hyperspectral data.

(2) High precision mixed pixel decomposition of hyperspectral data.

(3) High precision spectral registration and mosaic of hyperspectral data.

(4) Real-time target detection of hyperspectral data.

(5) High precision classification of hyperspectral data by combing abundance information classification methods, hyperspectral nonlinear learning theories and methods, constructing models for multi-manifold structures, and deep learning.

## 2.4 Research of Synthetic Aperture Radar (SAR) data processing

Research of SAR data processing is mainly reflected in the following aspects:

(1) High precision geometric correction of SAR data.

(2) Polarization decomposition of polarized SAR data for scattering characteristic analysis.

(3) High precision interference processing and exploration of distributed scatters.

(4) High efficiency and accuracy interpretation of SAR data.

(5) Introduction polarimetric SAR target decomposition model into polarization interferometric SAR and 3D/4D SAR to improve information acquisition accuracy.

(6) Using MT-InSAR to support disaster warning.

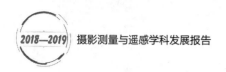

## 2.5 Research of Laser Radar data processing

Research of Laser Radar data processing is mainly reflected in the following aspects:

(1) High precision error reduction of ground 3D laser scanning point clouds.

(2) Developing deep learning processing methods by converting point cloud data into volume representation.

(3) Application technologies of Laser Radar data, such as flood depth survey, coastline extraction, forest biomass estimation, 3D reconstruction, deformation analysis, surveying and mapping, etc.

The point cloud from Laser Radar data is becoming a new type of model following the traditional vector model and grid model.

# 3 Photogrammetry and Remote Sensing Application and Education in China

## 3.1 Typical Applications

Photogrammetry and Remote sensing plays huge and even indispensable role in many application and service fields, such as natural resources (geology, forests or grasses) detection, ecological environment monitoring and quality assessment, pollution prevention, ecological protection, emergency management, transportation, water conservancy, meteorology, etc.

## 3.2 Education

The education of Photogrammetry and Remote Sensing has been experiencing booming growth with the rapid growing demands in social and economic development. According to incomplete statistics, there are more than 180 universities and colleges in China which have set up majors related to Photogrammetry and Remote Sensing. Relevant research institutes have also been established like mushrooming, such as Aerospace Information Research Institute, CAS, Land Satellite Remote Sensing Application Center, MNR. In the future, Photogrammetry and Remote Sensing is necessary to further deepen discipline research, strengthen international communication and cooperation, and cultivate talents for applied disciplines.

*Written by Xu Wen, Zhao Hongrui*

# Reports on Special Topics

## Advances in Platform and Sensor

High spatial resolution, hyperspectral, Synthetic Aperture Radar, LiDAR, stereo survey and marine remote sensing platforms and sensors are introduced in this chapter.

Since the 1990s, earth observation satellites have been developing rapidly. The application of their image is not only limited to military field, but also widely used in civil industries and departments. At present, the United States, France, Germany, Japan, India, Israel, and South Korea all have their own independent high-resolution remote sensing satellite systems, and China also attaches great importance. After years of unremitting efforts, especially since the 12th Five Year Plan, China has launched more than 40 civil land observation satellites and 40 commercial optical satellites. Promoted by technological progress and application demands, China is continuing to consolidate the high resolution level of remote sensing satellites and develop ultra-high resolution ones.

Hyperspectral technology started from aeronautics, and then entered space and other fields. The Hyperion sensor, the Fourier Transform Hyperspectral Imager (FTHSI), the "ten-year exploration" hyperspectral satellite of the United States, the Hyperspectral Imager for the Coastal Ocean (HICO), SELENE lunar probe of Japan and the Chandrayaan-1 lunar probe of Indian were launched. With the advancement of space industry, China has followed closely the development of international hyperspectral technology, and developed aeronautics and aerospace hyperspectral

sensors and satellites to meet application requirements.

In recent years, Synthetic Aperture Radar (SAR) has gotten increasing attention from many countries all over the world and developed rapidly, such as Sentinel-1, EarthCARE, ENVISAT, RADARSAT, and other SAR satellites. China has also launched several SAR satellites, including HJ-1C and GF-3 with the improvements of lifetime, high resolution wide-amplitude imaging capabilities and key technologies, such as reliable satellite hardware design and manufacturing, simulation demonstration, InSAR data processing, interferometric calibration, etc.

Due to the characteristics of high energy and short wavelength of Laser Radar, it makes up the shortcomings of microwave radar in the detection of atmospheric aerosols, molecules and other small particles and become an important tool to detect these. Laser Radar can be divided into ground-based fixed lidar, vehicular lidar, airborne lidar, shipborne lidar, spaceborne lidar, ballistic lidar and hand-held lidar according to platforms. Among them, spaceborne laser radar, such as CALIPSO, ICESat and ALADIN, has been developing rapidly and is widely being used because of its global observation capabilities. As a very effective and accurate means to obtain 3D elevation and vertical structure information, spaceborne laser radar is increasingly used in many fields, such as scientific research or military strategy, and will certainly become the development trend of future space exploration.

To meet the rapid requirements of Geographic Information Industry, stereo survey satellites have gained broad development space. Foreign stereo survey satellites have sprung up like mushrooms, such as SPOT/Pleiades satellites of France, DigitalGlobe satellites of the United States, CartosSat satellites of India, ALOS satellites of Japan and so on. In recent years, China has also launched more and more high-resolution remote sensing satellites with stereoscopic observation capabilities, including TH, ZY and GF series satellites.

At present, remote sensing has been widely used in many branchs of oceanography. Abroad ocean remote sensing satellites are very mature and stably operating, including Jason, Sentinel, GCOM, RADARSAT, ICESat, etc. China has made remarkable progress too in recent years. With the launch of TG-2, GF-3, HY-1A/B/C, HY-2A/B and CFOSAT satellites, China has initially established a satellite observation system for ocean color, ocean dynamic environment and ocean monitoring. Ocean remote sensing is playing an important role in the process of building a maritime power and a community of shared marine destiny in the new era.

*Written by Tian Qingjiu, Lu Weilin, Zhang Youguang, Chen Weirong,*

*Lin Mingsen, Yao Yi, Qin Jinchun, Xu Peng, Xu Nian Xu*

# Advances in Technology and Theory Research of Remote Sensing

The technology and theory research development of high spatial resolution remote sensing , hyperspectral technology, Synthetic Aperture Radar technology and Laser Radar technology from China and abroad are introduced in this chapter.

High spatial resolution remote sensing data has characteristics of high resolving power, high timeliness and wide application fields, and contains information of geometric, radiation, texture, dynamic changing, and so on. The research of geometric processing is mainly reflected in five aspects: attitude measurement and correction, geometric calibration, platform tremor processing, geometric modeling and sensor correction. The research of radiation processing is mainly reflected in two aspects: relative radiation correction and high-precision image restoration. In addition, deep learning technology is also a hot spot of current high spatial resolution data processing.

Hyperspectral remote sensing data has characteristics of fine band resolving power and can accurately identify the types of specific objects, while bringing many challenges to data processing and information extraction. Recent research at home and abroad mainly focus on mixed spectral decomposition, characteristic spectrum recognition, high precision registration between bands, image fusion, target detection, fine classification, etc. Hyperspectral image processing softwares in China has also been developed greatly.

There are several types of high-resolution spaceborne SAR imaging: Spot Light (SL), Ultra Fine Stripe (UFS), Extra Fine Stripe (EFS), Fine Stripe (FS, maybe including several types also), Standard Stripe (SS), Quadrature Polarized Strip (QPS, maybe including several types also), Wave imaging mode (WAV), etc., and serveral types of data products: Single Look Complex (SLC), SAR Georeferenced Fine Resolution (SGF), SAR Georefernced Extra Fine Resolution (SGX), ScanSAR Narrow Beam (SCN), ScanSAR Wide Bean (SCW), SAR Systematically Geocoded (SSG), SAR Precision Geocoded (SPG), Precision Image (PI), Geocoded Ellipsoid

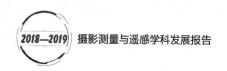

Corrected (GEC), Multi-look Ground Range Detected (MGD), Enhanced Ellipsoid Corrected (EEC), etc. Geometric correction, polarization information processing and interferometry data processing are important developing directions of SAR data. In the future, Bistatic Synthetic Aperture Radar (BiSAR), High Squint Aynthetic Aperture Radar (HS-SAR), Polarimetric Synthetic Aperture Radar (P-SAR) and other technologies will be greatly developed.

Laser Radar systems include Spaceborne Laser Radar, Airborne Laser Radar and Terrestrial Laser Radar. The research of Laser Radar data processing abroad is mainly reflected in the error processing of ground 3D laser scanning system, cross-research on multi-source data and combination with deep learning. With the expansion of Laser Radar data application, its processing technologies have also been developing to the important directions of hardware development and correction, point cloud classification and on-demand modeling, multi-source heterogeneous data fusion and engineering applications, etc.

*Written by Wang Jin, Long Xiaoxiang, Zhang Lifu, Chen Qi, Shao Yun,*
*Huang Changping, Huang Dongming, Ge Shule, Xie Junfeng*

# Advances in Development of Photogrammetry

Aerial photogrammetry, space photogrammetry and ground photogrammetry are introduced in this chapter.

Photographing mode changes from single camera to several cameras in aerial photogrammetry recently, which shows great improvement in data acquisition. In particular, UAV has been widely used, whose imaging spatial resolution, time resolution, spectral resolution and imaging positioning accuracy have been greatly improved. Refer to data processing, new progresses have been made in aerial camera calibration, regional network adjustment and image matching. The application of computer vision and deep learning effectively promotes its automation and intelligence development. In future, the integration of multi-source data and sensors and the construction of open photogrammetry platform are potential developing directions.

The developement of stereo survey satellites at home and abroad is mentioned in the space photogrammetry part, with examples of SPOT/Pleiades series satellites, TH and ZY series satellites. Looking forward to the future, there will be more ultra-high-resolution stereo survey satellites launched into orbit, with longer service life, shorter return visit period and higher mapping accuracy. Small satellite constellations will gradually replace large satellites, due to their short R & D cycle, low investment and operation cost, and more suitable for on-demand launch.

The characteristics of ground photogrammetry are different from the first two parts. With the applying of industrial cameras, laser scanners, 360° panoramic cameras, depth cameras and so on, the data acquisition ability is increasing, and many commercial ground data acquisition systems have been born. The data processing is mainly divided into close range photogrammetry and ground mobile photogrammetry. RGB-D camera, deep learning and laser scanning technology effectively promote the development of close range photogrammetry. Ground mobile photogrammetry, represented by simultaneous location and map building (SLAM), has great value for automatic driving. In post-processing, current research focus is automatic and intelligent processing of point cloud data, as well as image scene interpretation. In China, ground photogrammetry will be developed to directions of real-time, automatic and intelligent.

*Written by Wang Mi, Yang Bo, Wu Wenjia, Chen Zhenzhong, Tan Qifan*

# Advances in Development of Remote Sensing Application

Remote sensing has injected new vitality into many application fields, and in some degree, even brought a technological revolution, which has already played an indispensable role in practical applications. Due to space limitations, several typical application areas are depicted in this chapter.

Remote sensing is widely used to monitor and evaluate natural resources, and the key technologies and applicaitions relevant water resources, land resources and marine resources are mainly introduced separately in thematic chapters.

Remote sensing is widely used to monitor and evaluate environment, and the key technologies and applications relevant atmospheric, water environment and ecological environment quality are mainly introduced separately in thematic chapters.

Remote sensing is widely used to prevent and reduce disaster, and the key technologies and applications relevant floods, earthquakes, droughts and fires are mainly introduced separately in this chapters.

*Written by Wei Zheng, Wang Shudong, Wang Chaojun, Wu Wei, Zhou Ying, Nie Juan*

# Advances in Education and Training

With the rapid development of remote sensing, its education and training are meeting new challenges.

The education and training of photogrammetry in China can be traced back to the 1930s. With increasing requirements of social and economic, photogrammetry has experienced decades of vigorous development, and since 1960s, remote sensing was born and also get strong development. According to incomplete statistics, more than 180 colleges and universities in China are equipped with photogrammetry, remote sensing and relevant majors. Each year, nearly 1000 doctoral students, over 1000 master students and about 10000 undergraduate students are enrolled. After years of reform and development, the course of photogrammetry and remote sensing has formed a relatively scientific and perfect course system. Relevant research units have also been established like mushrooms, such as Aerospace Information Research Institute, CAS, Land Satellite Remote Sensing Application Center, MNR, etc.

In order to further promote further education and training of photogrammetry and remote sensing, we should carry out deep cooperation with various industries and departments, strengthen learning for application and develop vocational education, and promote internationalization. What's more, we should promote Remote Sensing Science and Technology upgrade to first-class discipline.

*Written by Tian Guoliang, Jin Yongtao, Jiao Mengyan*

# 索 引

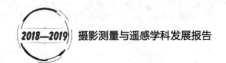